普通高等教育农业部"十二五"规划教材

教育部高等农林院校理科基础课程
教学指导委员会推荐示范教材配套辅导教材

无机及分析化学
学习指导

第2版

● 贾之慎　主编

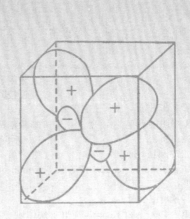

中国农业大学出版社
ZHONGGUONONGYEDAXUE CHUBANSHE

内 容 简 介

本书是普通高等教育农业部"十二五"规划教材,是普通高等教育农业部"十二五"规划教材《无机及分析化学》(贾之慎主编)的配套教学参考书。本书也可作为其他版本的无机及分析化学教材或普通化学和分析化学课程的学习指导和参考书及研究生入学考试的复习参考书。本书各章和主教材相对应,每章分内容要点,知识结构图,重点、难点和考点指南,学习效果自测练习及答案,教材习题选解等五部分。本书还提供了11套模拟试题及参考答案,题目典型、覆盖面广,主要选自历年课程考试和研究生考试真题。本书能帮助教师更有效地掌握课程教学基本要求,使学生能有效地掌握教学内容,提高学习效果,是学生全面复习的好参考。

本书层次分明,内容精练,通用性强,可供植物生产类、动物生产类、草业科学类、森林资源类、环境生态类、动物医学类、水产类以及生命科学、食品科学、资源与环境科学、制药工程、林产化工、应用化学等专业使用。

图书在版编目(CIP)数据

无机及分析化学学习指导/贾之慎主编. —2 版. —北京:中国农业大学出版社,2015.3
ISBN 978-7-5655-1202-5

Ⅰ.①无… Ⅱ.①贾… Ⅲ.①无机化学-高等学校-教学参考资料②分析化学-高等学校-教学参考资料 Ⅳ.①O61②O65

中国版本图书馆 CIP 数据核字(2015)第 049172 号

书 名	无机及分析化学学习指导 第 2 版
作 者	贾之慎 主编

策划编辑	魏秀云	责任编辑	王艳欣
封面设计	郑 川	责任校对	王晓凤
出版发行	中国农业大学出版社		
社 址	北京市海淀区圆明园西路 2 号	邮政编码	100193
电 话	发行部 010-62818525,8625	读者服务部	010-62732336
	编辑部 010-62732617,2618	出 版 部	010-62733440
网 址	http://www.cau.edu.cn/caup	e-mail	cbsszs @ cau.edu.cn
经 销	新华书店		
印 刷	北京时代华都印刷有限公司		
版 次	2015 年 3 月第 2 版 2015 年 3 月第 1 次印刷		
规 格	787×1 092 16 开本 15 印张 366 千字		
定 价	32.00 元		

图书如有质量问题本社发行部负责调换

第 2 版编写人员

主 编　贾之慎

副主编　（按姓氏拼音顺序）

　　　　郝海玲　贾佩云　刘　松

　　　　娄天军　申凤善　王日为

　　　　杨素萍　杨玉玲　银　鹏

第1版编写人员

主　　编　贾之慎

副 主 编　杨素萍　袁德凯　王日为
　　　　　李　强　贾佩云

参编人员　（按姓氏拼音顺序）
　　　　　高　爽　娄天军　申凤善
　　　　　陶建中　王小红　王天喜

出 版 说 明

在教育部高教司农林医药处的关怀指导下,由教育部高等农林院校理科基础课程教学指导委员会(以下简称"基础课教指委")推荐的本科农林类专业数学、物理、化学基础课程系列示范性教材现在与广大师生见面了。这是近些年全国高等农林院校为贯彻落实"质量工程"有关精神,广大一线教师深化改革,积极探索加强基础、注重应用、提高能力、培养高素质本科人才的立项研究成果,是具体体现"基础课教指委"组织编制的相关课程教学基本要求的物化成果。其目的在于引导深化高等农林教育教学改革,推动各农林院校紧密联系教学实际和培养人才需求,创建具有特色的数理化精品课程和精品教材,大力提高教学质量。

课程教学基本要求是高等学校制定相应课程教学计划和教学大纲的基本依据,也是规范教学和检查教学质量的依据,同时还是编写课程教材的依据。"基础课教指委"在教育部高教司农林医药处的统一部署下,经过批准立项,于 2007年底开始组织农林院校有关数学、物理、化学基础课程专家成立专题研究组,研究编制农林类专业相关基础课程的教学基本要求,经过多次研讨和广泛征求全国农林院校一线教师意见,于 2009 年 4 月完成教学基本要求的编制工作,由"基础课教指委"审定并报教育部农林医药处审批。

为了配合农林类专业数理化基础课程教学基本要求的试行,"基础课教指委"统一规划了名为"教育部高等农林院校理科基础课程教学指导委员会推荐示范教材"(以下简称"推荐示范教材")的项目。"推荐示范教材"由"基础课教指委"统一组织编写出版,不仅确保教材的高质量,同时也使其具有比较鲜明的特色。

一、"推荐示范教材"与教学基本要求并行 教育部专门立项研究制定农林类专业理科基础课程教学基本要求,旨在总结农林类专业理科基础课程教育教学改革经验,规范农林类专业理科基础课程教学工作,全面提高教育教学质量。此次农林类专业数理化基础课程教学基本要求的研制,是迄今为止参与院校和教师最多、研讨最为深入、时间最长的一次教学研讨过程,使教学基本要求的制定具有扎实的基础,使其具有很强的针对性和指导性。通过"推荐示范教材"的使用推动教学基本要求的试行,既体现了"基础课教指委"对推行教学基本要求的决心,又体现了对"推荐示范教材"的重视。

二、规范课程教学与突出农林特色兼备 长期以来各高等农林院校数理化基础课程在教学计划安排和教学内容上存在着较大的趋同性和盲目性,课程定位不准,教学不够规范,必须科学地制定课程教学基本要求。同时由于农林学科的特点和专业培养目标、培养规格的不同,对相关数理化基础课程要求必须突出农林类专业特色。这次编制的相关课程教学基本要求最大限度地体现了各校在此方面的探索成果,"推荐示范教材"比较充分地反映了农林类专业教学改革的新成果。

三、教材内容拓展与考研统一要求接轨 2008年教育部实行了农学门类硕士研究生统一入学考试制度。这一制度的实行,促使农林类专业理科基础课程教学要求作必要的调整。"推荐示范教材"充分考虑了这一点,各门相关课程教材在内容上和深度上都密切配合这一考试制度的实行。

四、多种辅助教材与课程基本教材相配 为便于导教导学导考,我们以提供整体解决方案的模式,不仅提供课程主教材,还将逐步提供教学辅导书和教学课件等辅助教材,以丰富的教学资源充分满足教师和学生的需求,提高教学效果。

乘着即将编制国家级"十二五"规划教材建设项目之机,"基础课教指委"计划将"推荐示范教材"整体运行,以教材的高质量和新型高效的运行模式,力推本套教材列入"十二五"国家级规划教材项目。

"推荐示范教材"的编写和出版是一种尝试,赢得了许多院校和老师的参与和支持。在此,我们衷心地感谢积极参与的广大教师,同时真诚地希望有更多的读者参与到"推荐示范教材"的进一步建设中,为推进农林类专业理科基础课程教学改革,培养适应经济社会发展需要的基础扎实、能力强、素质高的专门人才做出更大贡献。

中国农业大学出版社

2009 年 8 月

第 2 版前言

《无机及分析化学学习指导》自 2009 年作为教育部高等农林院校理科基础课程教学指导委员会组织编写的理科基础课程示范教材《无机及分析化学》(贾之慎主编)的配套辅导教材以来,在无机及分析化学教学中取得了较好的使用效果,受到了广大师生的欢迎。在农业部和中国农业大学出版社的支持下,本书又被列为普通高等教育农业部"十二五"规划教材。在广泛征求相关院校使用意见的基础上,在北京召开了《无机及分析化学学习指导》的修订会议,根据近年来教材使用的情况,大家对教材提出了修改意见,制订了编写的计划。会议对北京林业大学、东北林业大学、河北北方学院、河南科技学院等校教师多年来对教材的关心和支持表示感谢。

本次修订保持了第 1 版的基本框架和主要内容。本书各章和主教材相对应,每章分内容要点,知识结构图,重点、难点和考点指南,学习效果自测练习及答案,教材习题选解等五部分。为了帮助教师更有效地掌握课程教学基本要求,使学生能有效地掌握教学内容,提高学习效果,对教材中部分内容和文字做了适当的修改、润色,使本书的知识关系更加合理,表述更加通顺,增强了可读性。参考近年课程考试和研究生考试真题,对自测题和模拟试题进行了修改和补充。对大量覆盖面广、类型多、技巧性强的习题的解答和分析,对于提高读者分析问题的能力、深入了解基本理论和概念、全面增强综合素质都会起到良好的效果。

本书是普通高等教育农业部"十二五"规划教材《无机及分析化学》(贾之慎主编)的配套教学参考书。本书也可作为其他版本的无机及分析化学教材或普通化学和分析化学课程的学习指导和参考书及研究生入学考试的复习参考书。

本次修订由贾之慎(浙江大学)担任主编,郝海玲(河南科技学院)、贾佩云(东北林业大学)、刘松(北京林业大学)、娄天军(河南科技学院)、申凤善(延边大学)、王日为(山东农业大学)、杨素萍(河北北方学院)、杨玉玲(东北农业大学)、银鹏(南京林业大学)担任副主编。

本书在申请普通高等教育农业部"十二五"规划教材立项过程中得到了中国农业大学出版社的支持和指导,在修订过程中,许多兄弟院校给予了热情的支持,在此一并致以衷心的感谢。

尽管作者在修订过程中力求完美,但限于水平,仍难免有不足和疏漏,恳请广大师生和其他读者批评指正。

编 者

2015 年 1 月

第 1 版前言

无机及分析化学是农林院校一门重要的基础课,是植物生产类、动物生产类、草业科学类、森林资源类、环境生态类、动物医学类、水产类、生命科学、食品科学、资源与环境科学、制药工程、林产化工、应用化学等专业学生学习后续课程必修的基础课。无机及分析化学课程内容多,课时少,教学进度快,教师没有机会在课堂上讲解一定数量的例题,也没有充足的时间对课程内容归纳总结。同时,本课程一般在大学第一学期开设,学生还没有完全适应大学的教学、学习方式,在学习该课程时往往感到基本概念多、重点难于掌握。为配合中国农业大学出版社出版的教育部高等农林院校理科基础课程教学指导委员会推荐示范教材《无机及分析化学》,帮助教师更有效地掌握教材的内容和教学基本要求,使学生能更有效地掌握课程的内容,提高学习效果,培养学生的独立学习能力,特编写了这本《无机及分析化学学习指导》。

本书共 11 章,主要内容包括:气体、溶液和胶体,化学反应的基本原理,酸碱平衡,沉淀溶解平衡,氧化还原平衡,配位化合物和配位平衡,分析化学概论,滴定分析法,仪器分析法选介,物质结构基础,重要的生命元素。每章都分为五个部分,分别为:

内容要点　简要介绍本章内容,列出基本概念、重要定理和公式,突出考点的核心知识。

知识结构图　用框图形式列出本章的主要内容,并指出各知识点的有机联系。

重点、难点和考点指南　明确本章教学内容的重点、知识内容的难点、适合考查的知识点,使学生能正确掌握教学、学习和考试的要求。

学习效果自测练习及答案　在完成每章的学习任务后,根据课程教学和考核的要求,检测学生的学习效果,提高学生的解题能力。自测题具有判断题、选择题、填空题、计算题、问答题等五种类型,共计 433 题。

教材习题选解　对示范教材的部分习题(包括全部计算题)做了详细解答,对一些典型题目进行了评注,说明了解题思路和相关的知识点。希望读者在学习过程中先独立解题,然后再对照检查,不要依赖习题解答。

书中附有 11 套模拟试题,题目典型、覆盖面广,主要选自历年课程考试真题,是学生全面复习的好参考,能对课程内容的掌握程度进行全面的了解,以便进一步进行有针对性的复习。

本学习指导根据 2009 年 4 月教育部高等农林院校理科基础课程教学指导委员会编制的普通高等农林学校非化学专业化学教学基本要求编写,因此可作为高等农林院校各专业本、专科生学习无机及分析化学(或普通化学和分析化学)课程的学习辅助材料,也可作为其他版本的无机及分析化学教材的教学参考书。同时该书可为教师教学提供有益的参考,有助于教师在无机及分析化学课程教学中把握教学重点、难点。书中还附有教师教学进度安排和学生课外学习课时的建议。

　　参加本书编写的有袁德凯（编写第 1 章,中国农业大学）,申凤善（编写第 2 章,延边大学）,贾佩云（编写第 3 章,东北林业大学）,王小红（编写第 4 章,海南大学）,王日为（编写第 5 章,山东农业大学）,娄天军（编写第 6 章,河南科技学院）,杨素萍（编写第 7 章,河北北方学院）,高爽（编写第 8 章,东北农业大学）,陶建中、王天喜（编写第 9 章,河南科技学院）,贾之慎（编写第 10 章,浙江大学）,李强（编写第 11 章,北京林业大学）。贾之慎担任主编,杨素萍、袁德凯、王日为、李强、贾佩云任副主编。

　　本书的编写与出版得到全国高等农林院校理科基础课程示范教材编审委员会、参编学校各级领导、中国农业大学出版社的指导和支持,在编写过程中参阅了国内外的相关教材和学习指导材料,吸取了许多有益的精华,在此一并表示衷心的感谢!

　　限于编者水平,书中仍会有疏漏甚至错误之处,恳请读者和专家批评指正。

编　者

2009 年 9 月

C目录
ONTENTS

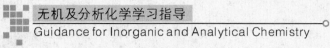

气体、溶液和胶体

Gas，Solution and Colloid

（建议课外学习时间：8 h）

1.1　内容要点

1.分散系

分散系是由一种（或多种）物质分散于另一种物质所构成的系统。在分散系中，被分散的物质称为分散相（分散质），容纳分散质的物质称为分散介质（分散剂）。多数情况下，分散相处于分割成粒子的不连续状态，而分散介质则处于连续状态。

分散相和分散介质可以是固体、气体或液体。分散系可以按照聚集状态或分散相粒子的大小进行分类。本章所涉及的分散系包括：理想气体混合物、非电解质稀溶液、胶体溶液、高分子溶液和乳浊液等，讨论的内容是上述分散系的一些重要的性质。

2.气体

（1）理想气体状态方程　气体的基本特征是扩散性和可压缩性。气体没有固定的形状和体积，另外，不同种类的气体能以任意比例均匀混合。分子本身不占有体积、分子间没有相互作用力的气体称为理想气体。理想气体在实际中并不存在，但低压高温下的实际气体可近似看作理想气体。

理想气体的压力 p、体积 V、温度 T 和物质的量 n 之间的函数关系式称为理想气体状态方程，形式如下：

$$pV = nRT$$

上式中，应注意各物理量的单位：p 的单位为 Pa，V 的单位为 m^3，T 的单位为 K，n 的单位为 mol，摩尔气体常数 $R=8.314\ J\cdot mol^{-1}\cdot K^{-1}$。

（2）道尔顿理想气体分压定律　多种相互不发生反应的理想气体混合后形成的体系被称为理想气体混合物。该体系中任一组分气体的分压与该组分在相同温度下独占整个容器

所产生的压力相同,理想气体混合物的总压力等于混合体系中各组分气体的分压之和:

$$p_i = \frac{n_i}{V}RT$$

$$p = p_1 + p_2 + p_3 + \cdots + p_n = \sum_{i=1}^{n} p_i$$

上述规律被称为道尔顿理想气体分压定律。结合理想气体状态方程,可以得到分压定律的两个重要推论:

$$p = \sum_{i=1}^{n} p_i = \sum_{i=1}^{n} n_i \frac{RT}{V} = n\frac{RT}{V} \qquad ①$$

$$p_i = \frac{n_i}{n}p = x_i p \qquad ②$$

对于实际气体,只有在高温、低压条件下才近似适用分压定律。

3. 溶液浓度的表示方法

溶液的性质常与溶液的浓度有关。溶液浓度的常见表示方法有:物质的量浓度、质量摩尔浓度、质量分数和摩尔分数等(表 1-1)。

表 1-1　各类浓度的定义和计算公式

浓度种类	定　义	计算公式	常用单位
物质的量浓度(c_B)	单位体积溶液中所含溶质 B 的物质的量。使用该量时应指明物质的基本单元	$c_B = \dfrac{n_B}{V} = \dfrac{m_B}{M_B V}$	$mol \cdot L^{-1}$
质量摩尔浓度(b_B)	单位质量溶剂 A 中所含溶质 B 的物质的量。与温度无关的物理量;使用该量时应指明物质的基本单元	$b_B = \dfrac{n_B}{m_A}$	$mol \cdot kg^{-1}$
质量分数(w_B)	单位质量溶液中所含物质 B 的质量	$w_B = \dfrac{m_B}{m}$	1
摩尔分数(x_B)	物质 B 的物质的量与混合物总的物质的量之比,又称物质的量分数	$x_B = \dfrac{n_B}{n_总}$	1

若已知质量分数为 w_B 的溶液的密度 ρ,则可得到 c_B 与 w_B 的关系式:

$$c_B = \frac{n_B}{V} = \frac{m_B}{M_B V} = \frac{\rho m_B}{M_B m} = \frac{w_B \rho}{M_B}$$

当两组分溶液中溶质 B 的含量较少时,溶液的质量 m 近似等于溶剂的质量 m_A,则有:

$$c_B = \frac{n_B \rho}{m} = \frac{n_B \rho}{m_A + m_B} \approx \frac{n_B \rho}{m_A} = b_B \rho$$

稀的水溶液,因其密度 ρ 的数值约等于 1,当 c_B 的单位为 $mol \cdot L^{-1}$,b_B 的单位为 $mol \cdot kg^{-1}$ 时,二者数值近似相等。

4.稀溶液的通性

对于难挥发的非电解质稀溶液,溶液的某些性质只与溶液中溶质的独立质点数有关,而与溶质本性无关,这类性质被称为稀溶液的通性,包括蒸气压下降、沸点升高、凝固点降低和渗透压现象。

(1)溶液的蒸气压下降　在一定温度下,液体与其蒸气平衡时的蒸气压力为该温度下液体的饱和蒸气压,简称蒸气压。作为液体的重要性质之一,蒸气压与液体的本质和温度有关。液体分子间的引力较强,则一定温度下其蒸气压较低,反之则较高;对于同种液体,其蒸气压会随着温度的升高而增大。

在纯溶剂中加入一定量的难挥发溶质后,溶液的蒸气压要比相同温度下纯溶剂的饱和蒸气压低,该现象称为溶液的蒸气压下降。拉乌尔发现:一定温度下,稀溶液的蒸气压 p 等于纯溶剂饱和蒸气压 p^* 与溶液中溶剂的摩尔分数 x_A 的乘积。

$$p = p^* x_A$$

一定温度下,难挥发非电解质稀溶液的蒸气压下降值 Δp 与溶质的摩尔分数 x_B 成正比。这个结论通常称为拉乌尔定律。

$$\Delta p = p^* x_B$$

在稀溶液中,存在下述近似关系:

$$x_B = \frac{n_B}{n_A + n_B} \approx \frac{n_B}{n_A} = \frac{n_B M_A}{n_A M_A} = \frac{n_B M_A}{m_A} = b_B M_A$$

因此,拉乌尔定律又可表述为:一定温度下,难挥发非电解质稀溶液的蒸气压下降与溶质的质量摩尔浓度成正比:

$$\Delta p = p^* x_B = p^* b_B M_A = k b_B$$

拉乌尔定律只适用于非电解质稀溶液体系。

(2)溶液的沸点升高和凝固点降低　当液体的蒸气压与外压相等时,液体表面和内部同时发生气化现象,该过程被称为沸腾,沸腾时的温度称为沸点。

难挥发非电解质稀溶液的蒸气压比纯溶剂低,当达到纯溶剂的沸点时,溶液不能沸腾。为了使溶液也能在此压力下沸腾,就必须升高溶液的温度。其定量关系为:

$$\Delta T_b = K_b b_B$$

式中:ΔT_b 为溶液沸点的升高值,单位为 K 或℃;K_b 为溶剂沸点升高常数,单位为 K·kg·mol^{-1}或℃·kg·mol^{-1};b_B 为溶质的质量摩尔浓度。

K_b 只与溶剂性质有关,而与溶质本性无关。不同的溶剂具有不同的 K_b 值。

一定温度下,固体与其蒸气平衡时的蒸气压力称为固体的饱和蒸气压。在 $p = 101.325$ kPa 的空气中,纯液体与其固相平衡的温度就是该液体的正常凝固点,也称为液体的冰点或固体的熔点。

向一纯溶剂与其固相共存的平衡体系中加入溶质,会引起溶剂的蒸气压下降,导致平衡破坏。此时,固相溶剂融化以降低溶液的浓度、抵消溶质加入引起的蒸气压下降作用。固相溶剂融化时要大量吸热,导致体系在重新平衡时温度降低,溶剂的蒸气压下降。此即溶液的凝固点降低现象。

溶液凝固点下降的数值与溶质的质量摩尔浓度成正比关系:

$$\Delta T_f = K_f b_B$$

式中:ΔT_f 为凝固点下降值,单位为 K 或 ℃;K_f 为溶剂的凝固点下降常数,单位为 K·kg·mol^{-1} 或 ℃·kg·mol^{-1};b_B 为溶质的质量摩尔浓度。

K_f 为一个只与溶剂性质有关,而与溶质本性无关的常数。不同的溶剂有不同的 K_f 值。

我们可通过溶液沸点升高和凝固点降低的测定来估算溶质的摩尔质量。但同一物质的凝固点下降常数要比沸点升高常数大,且凝固点的测定是在低温下进行的,不会破坏试样的结构和组成,故凝固点下降法常用于测定溶质的摩尔质量。

(3)溶液的渗透压 物质自发由高浓度处向低浓度处迁移的现象称为扩散。能选择性通过某种粒子的膜称为半透膜。物质粒子通过半透膜的单向扩散称为渗透。为维持半透膜两侧的渗透平衡而需要施加的额外压力称为渗透压。渗透压现象不仅存在于溶剂与溶液之间,也存在于不同浓度的溶液之间。渗透压相等的溶液称为等渗溶液。稀溶液的渗透压与浓度、温度之间的关系为:

$$\Pi = c_B RT$$

式中:Π 为溶液的渗透压,SI 单位为 Pa;R 为摩尔气体常数,为 8.314 J·mol^{-1}·K^{-1};c_B 为溶质的物质的量浓度,SI 单位为 mol·m^{-3};T 为体系的热力学温度,单位为 K。

通过对渗透压的测定,可以估算出溶质的摩尔质量。

应该指出的是,稀溶液的依数性定律并不适用于浓溶液及电解质溶液。这是因为,溶液浓度增大时,溶剂与溶质间的作用不可忽略;电解质溶液的蒸气压、凝固点、沸点和渗透压的变化要比相同浓度的非电解质都大。这是因为电解质在溶液中会电离产生正负离子,因此其总的粒子数大为增加。对于浓度相同的溶液,强电解质的粒子数>弱电解质的粒子数>非电解质的粒子数,此时稀溶液的依数性取决于溶质分子、离子的总粒子数,我们可以根据溶液中粒子数的多少来定性比较溶液的蒸气压、凝固点、沸点和渗透压的变化。

5.胶体溶液

胶体分散系是由粒径在 $10^{-9} \sim 10^{-7}$ m 的分散质组成的体系。它可以分为两大类:一类是胶体溶液,又称为溶胶,为多相体系;另一类是高分子溶液,为均相的真溶液。

(1)固体在溶液中的吸附 分散系的分散度常用比表面积来衡量,比表面积就是单位体积分散质的总表面积,其定义式为:

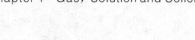

$$s=\frac{S}{V}$$

物质的表面积越大，其表面能越高，体系也越不稳定。液体和固体都有自动减少其表面能的趋势。凝聚和表面吸附是降低表面能的两种途径。吸附是指各种气体、蒸气以及溶液里的溶质被吸着在固体或液体表面上的作用。具有吸附性的物质叫作吸附剂，被吸附的物质叫吸附质。吸附剂的总面积愈大，吸附的能力愈强。对于特定吸附剂在吸附质的浓度和压强一定时，温度越高，吸附能力越弱，故低温对吸附作用有利；当温度一定时，吸附质的浓度和压强越高，吸附能力越强。根据作用方式不同，吸附作用分为物理吸附和化学吸附；根据吸附对象不同，又可分为分子吸附与离子吸附。

（2）胶团的结构　胶体溶液中的粒子具有巨大的表面积及表面能。为减小其表面能，溶胶粒子会吸附体系中的其他离子，其表面就会带电，而带电的表面又会与体系中其他带相反电荷的离子发生作用，形成双电层结构。图1-1是碘化银溶胶的结构示意图。

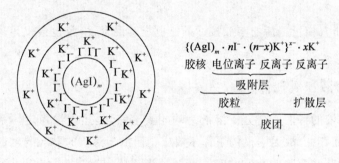

图1-1 碘化银溶胶的结构示意图

上述胶团结构中 AgI 颗粒称为胶核。当 KI 过量时，胶核优先吸附 I^-，胶核表面带负电，被胶核所吸附的离子称为电位离子。由于胶核表面带有相对集中的负电荷，所以它会以静电引力吸引带正电的 K^+。这些带相反电荷的离子称为反离子。胶核与被其吸附的电位离子和部分被较强吸附的反离子，统称为胶粒，胶粒与被吸附较弱的反离子共同构成中性的胶团。

（3）**胶体溶液的性质**

①光学性质——丁铎尔效应　丁铎尔效应的产生来源于胶体颗粒对光的散射作用。为胶体所特有，可用来区分溶液与胶体。

②动力学性质——布朗运动　其本质为分散相粒子对分散介质无规则热运动的反映。

③电学性质——电泳与电渗　电泳是指溶胶体系的胶粒在分散介质中能发生定向迁移，可通过胶粒的迁移方向来判断其带电情况；电渗是指分散介质在电场作用下发生定向移动的现象，表明胶体溶液中分散介质也是带电的。电泳与电渗现象说明在胶体溶液中，自由运动的粒子为胶粒，而非胶团。胶粒带电的原因来自于吸附作用与电离作用。

（4）溶胶的稳定性和聚沉　溶胶的稳定性包括动力学稳定性和聚结稳定性两个方面。动力学稳定性是指胶粒不会因重力作用而从分散剂中分离出来。聚结稳定性是指溶胶在放置过程中,不会发生分散质粒子的相互聚结而产生沉淀。溶胶的聚结稳定性来自于胶粒的双电层结构和溶剂化膜的共同作用。

若溶胶的动力学稳定性与聚结稳定性遭到破坏,胶粒就会因碰撞而聚结沉降,这一分散质从分散剂中分离出来的过程称为聚沉。造成胶体聚沉的因素很多,如:胶体本身的浓度过高、溶胶被长时间加热以及溶胶中加入强电解质等。

电解质中对溶胶起聚沉作用的主要是与胶粒所带电荷相反的离子。一般来说,离子带电越高,聚沉作用越大。对带有相同电荷的离子来说,它们的聚沉能力与离子在水溶液中的实际大小(水合离子半径,又称水化半径)有关。离子在水溶液中都会形成水合离子,水合离子半径越大,其聚沉能力越小。在同价离子中,离子半径越小,电荷密度越大,其水合离子半径也越大,因而离子的聚沉能力就越小。例如,碱金属离子在相同阴离子的条件下,对带负电溶胶的聚沉能力大小为:$Rb^+ > K^+ > Na^+ > Li^+$,Li^+ 的离子半径最小,相应的水合离子半径最大,因此它的聚沉能力最小。同样,碱土金属离子的聚沉能力大小为:$Ba^{2+} > Sr^{2+} > Ca^{2+} > Mg^{2+}$。

如果将两种带有相反电荷的溶胶按适当比例相互混合,溶胶也会发生聚沉,这种现象称为溶胶的互聚。

6. 高分子溶液和乳浊液

(1)高分子溶液的特性　高分子溶液为均相真溶液,是热力学稳定体系;溶质与溶剂之间无明显的相界面存在,故无明显的丁铎尔效应。但由于溶质的粒径与溶胶相近,故属于胶体分散系,表现出某些溶胶的性质,如:不能透过半透膜、扩散速率慢等。另外,高分子化合物还具有很大的黏度,这与它的链状结构和高度溶剂化的性质有关。

(2)高分子溶液的盐析和保护作用　通过加入大量电解质使高分子化合物聚沉的作用称为盐析。盐析作用的本质是大量电解质破坏了高分子表面的水化膜。与溶胶的聚沉作用不同,盐析之后的高分子沉淀仍可溶解形成高分子溶液。在溶胶中加入适量的高分子化合物,就会提高溶胶对电解质的稳定性,这就是高分子化合物的保护作用。

(3)高分子化合物的絮凝作用　如果在溶胶中加入少量的高分子化合物,就会出现一个高分子化合物附着几个胶粒的现象。此时,高分子化合物非但不能保护胶粒,反而使胶粒相互黏结形成大颗粒而发生聚沉作用。这种由于高分子溶液的加入使得溶胶稳定性减弱的作用称为絮凝作用。

(4)乳浊液与乳化剂　乳浊液是分散相和分散介质均为液体的粗分散系。分为水包油型(以 O/W 表示)和油包水型(W/O)两大类。若使乳浊液形成较为稳定的分散体系,需向体系中加入稳定剂,这种稳定剂称为乳化剂。许多乳化剂都是表面活性物质。乳化剂根据其亲和能力的差别分为亲水性乳化剂和亲油性乳化剂。

制备不同类型的乳浊液,要选择不同类型的乳化剂。亲水性乳化剂适合制备水包油型乳浊液;在制备油包水型乳浊液时,应选择亲油性乳化剂。

1.2　知识结构图

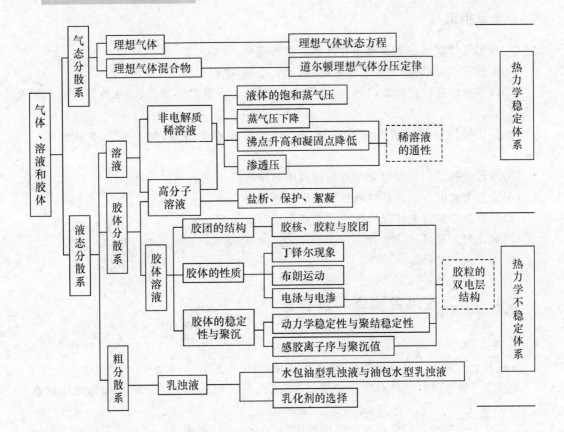

1.3　重点、难点和考点指南

1.重点

(1)分散系的种类及其主要特征。

(2)理想气体状态方程；道尔顿分压定律。

(3)溶液浓度的表示方法。

(4)溶液的蒸气压下降、沸点升高和凝固点降低、渗透压现象等稀溶液的通性及其重要应用。

(5)胶体的典型性质与胶体的稳定性。

(6)胶团的结构。

2.难点

(1)液体的饱和蒸气压。

(2)稀溶液依数性的产生原因及依数性公式的适用范围。

(3)胶体溶液的稳定性与胶体的性质及胶粒双电层结构的内在联系。

(4)高分子溶液与胶体溶液的异同点及产生原因。

3.考点指南

(1)理想气体状态方程及道尔顿分压定律的应用。

(2)溶液沸点、凝固点和渗透压的高低(或大小)的比较。

(3)稀溶液依数性定律的应用:①求算相关常数;②计算溶液浓度;③估算溶质的相对分子质量。

(4)运用稀溶液的依数性定性解释一些自然界的重要现象,解决生产中遇到的一些问题。

(5)根据溶胶的制备写出常见溶胶的胶团的结构式。

(6)根据溶胶的电学性质判断胶粒的带电情况。

(7)根据胶粒的带电情况选择适宜电解质使溶胶聚沉。

(8)乳化剂的选择。

(9)溶液浓度的计算。

1.4 学习效果自测练习及答案

一、是非题

1.高分子溶液属于胶体分散系,为多相体系。(   )

2.理想气体和实际气体在实际中都是存在的,其区别仅在于是否符合理想气体状态方程。(   )

3.高分子溶液的盐析作用在少量电解质的存在下即可实现。(   )

4.质量摩尔浓度是表示溶液浓度的常用方法,其数值不受温度的影响。(   )

5.蒸气压是液体的重要性质,它与液体的本质和温度有关。(   )

6.难挥发非电解质稀溶液的依数性规律既与溶质的种类有关,又与溶液的浓度有关。(   )

7.凝固点下降常数与沸点升高常数是溶剂的重要特征常数。(   )

8.渗透压现象只发生在由半透膜隔开的纯溶剂与溶液之间。(   )

9.胶体的稳定性包括动力学稳定性和聚结稳定性。(   )

10.聚沉值越大的电解质对特定溶胶的聚沉能力越强。(   )

二、选择题

1.给定一定物质的量的理想气体,影响其所占体积大小的主要因素是____。

A.分子直径的大小   B.分子间距离的大小

C.分子间引力的大小   D.分子数目的多少

2.将某聚合物 2.5 g 溶于 100.0 mL 水中,在 20℃时测得的渗透压为 101.325 Pa。已知 $R=8.314 \text{ kPa} \cdot \text{L} \cdot \text{mol}^{-1} \cdot \text{K}^{-1}$,该聚合物的摩尔质量是____。

A.$6.0 \times 10^2 \text{ g} \cdot \text{mol}^{-1}$ B.$4.2 \times 10^4 \text{ g} \cdot \text{mol}^{-1}$

C. 6.0×10^5 g·mol^{-1}　　　　　　　　D. 2.1×10^6 g·mol^{-1}

3. 对于胶体分散系和高分子溶液，下列描述正确的是____。

A. 高分子溶液与胶体分散系一样是多相体系

B. 高分子溶液与胶体分散系都具有明显的丁铎尔现象

C. 高分子溶液中的粒子大小与胶体分散系中胶粒的大小相当

D. 胶体分散系的稳定性一般高于高分子溶液

4. 下列现象与胶粒的双电层结构无关的是____。

A. 丁铎尔现象　　　　　　　　　　　B. 电泳现象

C. 电渗现象　　　　　　　　　　　　D. 溶胶的互聚作用

5. 对于非电解质稀溶液，当温度降至其凝固点以下时，首先析出的固体是____。

A. 与溶液组成相同的固态物质　　　B. 溶质含量略低于溶液组成的固态物质

C. 溶质　　　　　　　　　　　　　　D. 固态溶剂

6. 关于比表面积的叙述正确的是____。

A. 比表面积是一特殊的面积表示方法，单位为 m^2

B. 比表面积越大，分散度越大，体系能量越低

C. 比表面积越大，分散度越小，体系能量越高

D. 比表面积越大，固体的表面吸附作用越强

7. 高分子化合物的保护作用是指____。

A. 适量高分子化合物能提高溶胶对电解质的稳定性

B. 少量高分子化合物附着胶粒的现象

C. 植物细胞中的天然高分子化合物对植物细胞的保护作用

D. 少量电解质不能使高分子化合物发生盐析作用

8. 在 KBr 溶液中，加入稍过量的 AgNO$_3$ 溶液，制得 AgBr 溶胶，则其胶团结构为____。

A. $[(\text{AgBr})_m \cdot n\text{Br}^- \cdot (n-x)\text{K}^+]^{x-} \cdot x\text{K}^+$

B. $[(\text{AgBr})_m \cdot n\text{Ag}^+ \cdot (n-x)\text{NO}_3^-]^{x+} \cdot x\text{NO}_3^-$

C. $[(\text{AgBr})_m \cdot n\text{Br}^-]^{n-} \cdot n\text{K}^+$

D. $[(\text{AgBr})_m \cdot n\text{NO}_3^-]^{n+} \cdot n\text{NO}_3^-$

9. 有关稀溶液依数性的正确表述是____。

A. 稀溶液的依数性只与溶质的摩尔分数有关，而与溶质的本性无关

B. 任何情况下，稀溶液的依数性均与溶质的本性有关

C. 稀溶液的依数性也适用于浓度较大的体系

D. 电解质稀溶液不存在依数性现象

10. 在胶团结构中，电位离子位于____。

A. 胶粒表面　　　B. 扩散层　　　C. 吸附层　　　D. B 和 C

11. 在胶团结构中，反离子位于____。

A. 胶核表面　　　B. 扩散层　　　C. 吸附层　　　D. B 和 C

12. 在相同条件下，水溶液甲的凝固点比水溶液乙的高，则两水溶液的沸点相比为____。

A. 甲的较低　　　B. 甲的较高　　　C. 两者相等　　　D. 无法确定

13. 温度相同时,物质的量浓度相同的下列物质的水溶液,其渗透压按从大到小的顺序排列正确的是____。

    A. $C_{12}H_{22}O_{11} > CO(NH_2)_2 > NaCl > CaCl_2$

    B. $CaCl_2 > NaCl > CO(NH_2)_2 = C_{12}H_{22}O_{11}$

    C. $CaCl_2 > CO(NH_2)_2 > NaCl > C_{12}H_{22}O_{11}$

    D. $NaCl > C_{12}H_{22}O_{11} = CO(NH_2)_2 > CaCl_2$

14. 将 $0.001\ mol \cdot L^{-1}$ 的 NaI 和 $0.002\ mol \cdot L^{-1}$ 的 $AgNO_3$ 等体积混合制成溶胶,分别用下列电解质使其聚沉,聚沉能力最大的为____。

    A. Na_3PO_4 B. NaCl   C. $MgSO_4$ D. Na_2SO_4

15. $0.001\ mol \cdot L^{-1}$ 的 NaCl 水溶液与 $0.001\ mol \cdot L^{-1}$ 的葡萄糖溶液相比____。

    A. 沸点更高   B. 凝固点更高   C. 蒸气压更高   D. 渗透压相同

16. 将 $AgNO_3$ 溶液和 KI 溶液混合制得 AgI 溶胶,测得该溶胶的聚沉值为:Na_2SO_4,140 mmol;$Mg(NO_3)_2$,6.0 mmol。该溶胶的胶团结构式为____。

    A. $[(AgI)_m \cdot nI^- \cdot (n-x)K^+]^{x-} \cdot xK^+$

    B. $[(AgI)_m \cdot nI^- \cdot (n-x)NO_3^-]^{x-} \cdot xNO_3^-$

    C. $[(AgI)_m \cdot nAg^+ \cdot (n-x)NO_3^-]^{x+} \cdot xNO_3^-$

    D. $[(AgI)_m \cdot nAg^+ \cdot (n-x)I^-]^{x+} \cdot xI^-$

17. 渗透压最接近于 0.58% 的 NaCl 溶液的系统是____。

    A. 0.58% 的 $C_{12}H_{22}O_{11}$ 溶液   B. 0.58% 的 $C_6H_{12}O_6$ 溶液

    C. $0.2\ mol \cdot L^{-1}$ 的 $C_{12}H_{22}O_{11}$ 溶液   D. $0.1\ mol \cdot L^{-1}$ 的 $C_6H_{12}O_6$ 溶液

18. 难挥发物质的水溶液在不断沸腾时,它的沸点将____。

    A. 不断上升   B. 不断下降

    C. 恒定不变   D. 不断上升,至溶液饱和后恒定不变

19. 下列物质各 1 g,分别溶于 100 g 苯中,凝固点最高的是____。

    A. CCl_4 B. $CHCl_3$ C. CH_2Cl_2 D. CH_3Cl

20. $0.01\ mol \cdot kg^{-1}$ 的 AB 水溶液的凝固点为 $-0.0186℃$,水的 K_f 值为 $1.86\ K \cdot kg \cdot mol^{-1}$,则 AB 分子的解离度是____。

    A. 100%   B. 99%   C. 1.0%   D. 0%

21. 用亲水性乳化剂可制备的乳浊液为____。

    A. 水/油型   B. 油/水型   C. 混合型   D 无法判断

22. 若两种电解质稀溶液之间不发生渗透现象,下列叙述正确的是____。

    A. 两溶液凝固点下降值相等   B. 两溶液物质的量浓度相等

    C. 两溶液体积相等   D. 两溶液质量摩尔浓度相等

三、填空题

1. 实际气体在_____、_____条件下,可作为理想气体进行近似处理。

2. 依据分散相粒子的大小,分散系可以分为_____、_____、_____。

3. 稀溶液的依数性包括_____、_____、_____。

4. 溶胶粒子带电的原因来自_____和_____两个方面。

5.乳浊液分为_____和_____两大类型。

6.0.01 mol·L^{-1}的 NaCl、CaCl$_2$ 蔗糖溶液,蒸气压由大到小的顺序为:_____,凝固点由高到低的顺序为:_____。

7.质量分数为 68% 的浓硝酸,密度为 1.40 g·mL^{-1},则该硝酸的质量摩尔浓度为_____,物质的量浓度为_____。

8.胶体具有相对稳定性的原因是_____、_____和_____。

9.胶团由胶粒和_____构成,胶粒由_____和_____组成,电位离子和反粒子位于_____中。

10.FeCl$_3$ 溶液滴入沸水中可以制得 Fe(OH)$_3$ 溶胶,其胶团结构为_____,电位离子为_____,反离子为_____,在电场中胶粒向_____极移动。

11.将过量 Ba(SCN)$_2$ 溶液滴加到 K$_2$SO$_4$ 溶液中可以得到 BaSO$_4$ 溶胶,其胶团结构式为_____。在 NaCl、MgCl$_2$、Al$_2$(SO$_4$)$_3$ 三种物质中,对上述胶体聚沉能力最强的是_____。

12.68% HNO$_3$(相对分子质量为 63,密度为 1.40 g·mL^{-1})水溶液,硝酸的摩尔分数为_____,该溶液的质量摩尔浓度为_____。

13.人们常利用稀溶液的依数性原理中的_____和_____来测定大分子化合物的摩尔质量。

14.高分子化合物常用作胶体的_____。

15.固体的表面吸附作用产生的根本原因在于_____。

16.将 10.0 mL 0.10 mol·L^{-1} KBr 溶液与 8.0 mL 0.050 mol·L^{-1} AgNO$_3$ 溶液混合,制备 AgBr 溶胶。该溶胶的胶团结构式为_____,稳定剂是_____。

17.将物质的量浓度相同的 60 mL KI 稀溶液与 40 mL AgNO$_3$ 稀溶液混合制得 AgI 溶胶,该溶胶进行电泳时,胶粒向_____极移动。

四、计算题

1.取 0.324 g Hg(NO$_3$)$_2$ 溶于 100 g 水,其凝固点为 −0.058 8℃;0.542 g HgCl$_2$ 溶于 50 g 水,凝固点为 −0.074 4℃,用计算结果判断二者在水中的电离状态。(水的 K_f 值为 1.86 K·kg·mol^{-1},Hg(NO$_3$)$_2$ 的摩尔质量为 324.60 g·mol^{-1},HgCl$_2$ 的摩尔质量为 271.50 g·mol^{-1})

2.人体血液的凝固点为 −0.280℃,计算 37℃时血液的渗透压。(水的 K_f 值为 1.86 K·kg·mol^{-1})

3.樟脑的熔点是 178℃,取某有机物晶体 0.014 g 与 0.20 g 樟脑熔融混合,测得其熔点为 162℃,求此物质的摩尔质量。(樟脑的 K_f 值为 40 K·kg·mol^{-1})

4.配制 2.2 L 浓度为 c(HCl)=2.0 mol·L^{-1} 盐酸,问:

(1)需 w(HCl)=20%,ρ(HCl)=1.10 g·mL^{-1} 的浓盐酸多少毫升?

(2)现有 550 mL c(HCl)=1.0 mol·L^{-1} 盐酸,需取用 w(HCl)=20% 的浓盐酸多少毫升?

5.今有两种溶液为等渗溶液,一为 1.5 g 尿素溶于 200 g 水得到,一为 42.8 g 未知物溶于 1 000 g 水得到,近似求算未知物的摩尔质量。

6. 在 26.6 g $CHCl_3$ 中溶解 0.402 g 萘（$C_{10}H_8$），溶液沸点较 $CHCl_3$ 升高 0.445 K，计算 $CHCl_3$ 的 K_b。

7. 在 100 g 乙醇中加入 12.2 g 苯甲酸，沸点升高了 1.13℃；在 100 g 苯中加入 12.2 g 苯甲酸，沸点升高了 1.21℃。计算苯甲酸在两种溶剂中的摩尔质量。计算结果说明了什么？已知：乙醇的 $K_b = 1.19$ K·kg·mol^{-1}，苯的 $K_b = 2.53$ K·kg·mol^{-1}。

8. 已知蛙肌细胞内液的渗透浓度为 240 mol·L^{-1}，若把蛙肌细胞分别置于质量浓度为 10.01 g·L^{-1}，7.02 g·L^{-1}，3.05 g·L^{-1} 的 $NaCl$ 溶液中，将会发生什么现象？已知：$M(NaCl) = 58.5$ g·mol^{-1}。

自测题答案

一、是非题

1. × 　2. × 　3. × 　4. √ 　5. √ 　6. × 　7. √ 　8. × 　9. √ 　10. ×

二、选择题

1. D 　2. C 　3. C 　4. A 　5. D 　6. D 　7. A 　8. B 　9. A 　10. C 　11. D 　12. A 　13. B 　14. A 　15. A 　16. A 　17. C 　18. D 　19. A 　20. D 　21. B 　22. A

三、填空题

1. 高温；低压

2. 小分子或离子分散系；胶体分散系；粗分散系

3. 蒸气压下降；沸点升高和凝固点降低；渗透压现象

4. 表面吸附；电离作用

5. 油包水型；水包油型

6. 蔗糖＞$NaCl$＞$CaCl_2$；蔗糖＞$NaCl$＞$CaCl_2$

7. 33.7 mol·kg^{-1}；15.11 mol·L^{-1}

8. 布朗运动；双电层结构；水化作用

9. 扩散层；胶核；吸附层；吸附层和扩散层

10. $\{[Fe(OH)_3]_m \cdot nFeO^+ \cdot (n-x)Cl^-\}^{x+} \cdot xCl^-$；$FeO^+$；$Cl^-$；负

11. $\{(BaSO_4)_m \cdot nSCN^- \cdot (n-x)K^+\}^{x-} \cdot xK^+$；$Al_2(SO_4)_3$

12. 0.38；33.70 mol·kg^{-1}

13. 凝固点降低；渗透压

14. 保护剂

15. 表面能现象

16. $[(AgBr)_m \cdot nBr^- \cdot (n-x)K^+]^{x-} \cdot xK^+$；$KBr$

17. 正

四、计算题

1. $b_{分析}\{Hg(NO_3)_2\} = 0.01$ mol·kg^{-1}，$b_{表观}\{Hg(NO_3)_2\} = 0.031\,6$ mol·kg^{-1}，$b_{表观}\{Hg(NO_3)_2\} \approx 3b_{分析}\{Hg(NO_3)_2\}$，$Hg(NO_3)_2$ 在水中完全电离，为强电解质；$b_{分析}(HgCl_2) = 0.039\,9$ mol·kg^{-1}，$b_{表观}(HgCl_2) = 0.04$ mol·kg^{-1}，

$b_{表观}(HgCl_2) \approx b_{分析}(HgCl_2)$，$HgCl_2$ 在水中几乎不电离，为弱电解质

2.388 kPa

3.175 g·mol^{-1}

4.730 mL；638.75 mL

5.342.4 g·mol^{-1}

6.3.854 K·kg·mol^{-1}

7.$M_1 = 128$ g·mol^{-1}，$M_2 = 255$ g·mol^{-1}，因为 M_2 约为 M_1 的两倍，说明苯甲酸在乙醇中是以单分子形式存在，而在苯中主要以双分子缔合形式存在。

8.蛙肌细胞将分别出现萎缩（细胞液中的水渗出）、正常和膨胀（NaCl 溶液的水渗入细胞内）。

1.5 教材习题选解

基本题

1-1 （1）B （2）D （3）A （4）C （5）C （6）B （7）C （8）A

1-2 作为高度分散的体系，胶体为何具有稳定性，试举例说明。

答：胶体具有动力学稳定性和聚结稳定性。由于胶体颗粒的质量小，其运动主要受布朗运动的控制，故不易发生沉淀；由于胶体的胶粒中具有双电层结构，因此胶粒间存在静电斥力，不易发生碰撞，再有胶粒表面存在的溶剂化膜也是阻止胶粒碰撞的重要原因，因此胶体虽然具有大的表面能，为热力学不稳定体系，但由于其自身特点，不易发生聚沉。常见例子有：卤化银溶胶、氢氧化铁和氢氧化铝胶体等。

【评注】该题考查胶体的动力学稳定性和聚结稳定性。

1-3 胶体的聚沉作用和高分子溶液的盐析作用的区别是什么？

答：胶体的聚沉作用是指胶体的胶粒因碰撞聚结而沉淀的现象。该现象是由胶体浓度过高、长时间加热、胶体中加入强电解质或带相反电荷的不同胶粒互聚所致。胶体聚沉的根本原因是胶体较高的表面能导致的。由于胶粒具有相互结合降低体系表面能的趋势，而浓度过大、长时间加热会使胶粒间碰撞几率增加，加入电解质又会破坏胶粒的双电层结构，这都有利于胶粒间的聚结而发生聚沉，而且由于构成胶核的物质是难溶于溶剂的，故聚沉作用是不可逆的。

盐析作用是向高分子溶液中加入大量电解质使高分子物质聚沉的现象。其原因是电解质能中和高分子化合物所带电荷。更重要的是，由于电解质在溶解时需要大量溶剂进行溶剂化，这样就破坏了高分子表面的水化膜，使之聚沉。另外，由于高分子溶液是真溶液，高分子化合物是溶于溶剂的，故盐析作用是可逆的。

【评注】该题考查胶体与高分子溶液的热力学稳定性和动力学稳定性及胶体聚沉和高分子盐析的概念。

1-4 解释下列现象：

（1）明矾能净水；

（2）井水洗衣服时，肥皂的去污能力变差；

(3)江河入海口处常常形成三角洲;

(4)农作物施用化肥过量会发生"烧苗"现象。

答:(1)明矾的净水作用来自其水解生成的氢氧化铝胶体对水中悬浮物所产生的吸附作用;

(2)肥皂的主要成分为脂肪酸的钾盐,而井水中的 Ca^{2+} 和 Mg^{2+} 能与之生成难溶于水的脂肪酸的钙盐和镁盐,而不能发挥其表面活性剂的作用;

(3)这是一种胶体聚沉现象的体现,在水中含有大量胶体物质,在海口处由于大量电解质的存在而发生聚沉,同时吸附泥沙等物,经过长时间的沉积演变形成三角洲;

(4)当农作物施用化肥过量时,植物根部土壤溶液的渗透压比植物细胞渗透压高时会使其水分大量流失,植株枯萎甚至死亡,这就是"烧苗"现象。

1-5 胶体溶液与真溶液有何区别?

答:主要区别为:(1)分散质粒径不同;(2)稳定性不同;(3)相态不同;(4)透过性不同。具体可参照主教材表1-2。

1-6 请解释为何稀溶液的凝固点和沸点不像纯溶剂一样能保持恒定,而是在溶剂凝固和蒸发过程中不断变化直至溶液饱和。

答:这是因为无论是稀溶液溶剂的蒸发还是凝固,都会引起溶液浓度的变化,故稀溶液的凝固点和沸点不像纯溶剂一样能保持恒定,而在溶液饱和后,溶液浓度将不再变化,此时凝固点和沸点也就不再变化了。

【评注】这是溶剂与溶液间重要的区别之一。在敞开体系中,稀溶液随着溶剂的蒸发,浓度会不断变化,因此溶液的沸点会不断升高至饱和,饱和溶液随着溶剂的蒸发,会析出溶质,但溶液的浓度不再变化,因此沸点不再变化;在稀溶液凝固时,析出的是溶剂的固态形式,而不是固态溶液,因此溶液的浓度不断变大,凝固点也就不断变低,当溶液饱和后,会有溶剂与溶质同时析出,凝固点也不再变化。

1-7 比较下列水溶液的指定性质的递变次序:

(1)凝固点:$0.1\ mol \cdot kg^{-1}$ 的蔗糖溶液,$0.1\ mol \cdot kg^{-1}$ 醋酸溶液,$0.1\ mol \cdot kg^{-1}$ 的 KCl 溶液;

(2)渗透压:$0.1\ mol \cdot L^{-1}$ 的葡萄糖溶液,$0.1\ mol \cdot L^{-1}$ 的 $CaCl_2$ 溶液,$0.1\ mol \cdot L^{-1}$ 的 KCl 溶液。

答:(1)蔗糖在水中不解离,醋酸部分解离,KCl 完全解离,因此从粒子数目上,$0.1\ mol \cdot kg^{-1}$ 的蔗糖溶液$<0.1\ mol \cdot kg^{-1}$ 醋酸溶液$<0.1\ mol \cdot kg^{-1}$ 的 KCl 溶液,凝固点:$0.1\ mol \cdot kg^{-1}$ 的 KCl 溶液$<0.1\ mol \cdot kg^{-1}$ 醋酸溶液$<0.1\ mol \cdot kg^{-1}$ 的蔗糖溶液;

(2)渗透压顺序:$0.1\ mol \cdot L^{-1}$ 的 $CaCl_2$ 溶液$>0.1\ mol \cdot L^{-1}$ 的 KCl 溶液$>0.1\ mol \cdot L^{-1}$ 的葡萄糖溶液。

【评注】该题目考查的是依数性与溶质粒子数目间的本质联系。在相同质量的溶剂中,溶质的粒子数目越多,依数性现象越明显。

1-8 试估算在 10 kg 水中加入多少乙二醇($C_2H_6O_2$),才能保证水在 $-15℃$ 时不结冰。

解:水的凝固点下降常数 $K_f = 1.86\ K \cdot kg \cdot mol^{-1}$,根据凝固点下降公式:

$$\Delta T_f = K_f b_B \Rightarrow b_B = \frac{\Delta T_f}{K_f} \Rightarrow \frac{m_B}{M_B m_A} = \frac{\Delta T_f}{K_f} \Rightarrow$$

$$m_B = \frac{\Delta T_f M_B m_A}{K_f} = \frac{15\ K \times 62\ g \cdot mol^{-1} \times 10\ kg}{1.86\ K \cdot kg \cdot mol^{-1}} = 5\ 000\ g$$

【评注】该题考查凝固点下降公式和溶液浓度的表示方法,解题关键是相关的方程求解。

1-9　市售浓硫酸的质量分数为 98%,密度为 1.84 g·mL^{-1}:

(1)求算 H_2SO_4 的物质的量浓度。

(2)欲配制 $c\left(\frac{1}{2}H_2SO_4\right) = 2.00\ mol \cdot L^{-1}$ 的稀硫酸溶液 200 mL,应量取上述浓硫酸多少毫升?

解:(1)设取用浓硫酸 1 kg

$$c(H_2SO_4) = n(H_2SO_4)/V = (m/M)/(m/\rho)$$
$$= (0.98 \times 10^3\ g /98.0\ g \cdot mol^{-1})/[1.0 \times 10^3\ g/(1.84 \times 10^3\ g \cdot L^{-1})]$$
$$= 18.4\ mol \cdot L^{-1}$$

(2)$c_2 V_2 = c_1 V_1$

$$V_1 = \frac{c_2 V_2}{c_1} = \frac{0.2\ L \times 2.00\ mol \cdot L^{-1}}{18.4\ mol \cdot L^{-1} \times 2} = 0.010\ 87\ L = 10.87\ mL$$

【评注】该题考查物质的量浓度的表示方法和一定浓度溶液的配制方法。

1-10　医学上使用的葡萄糖($C_6H_{12}O_6$)注射液是血液的等渗溶液,测得其凝固点下降值为 0.543℃。

(1)计算葡萄糖注射液的质量分数;

(2)计算血液在 37℃时的渗透压。

解:(1)根据凝固点下降公式:

$$\Delta T_f = K_f b_B$$

$$b_B = \frac{\Delta T_f}{K_f} = \frac{0.543\ K}{1.86\ K \cdot kg \cdot mol^{-1}} = 0.292\ mol \cdot kg^{-1}$$

$$w_B = \frac{m_B}{m_B + m_A} = \frac{b_B \cdot M_B}{b_B \cdot M_B + m_A} = \frac{0.292\ mol \cdot kg^{-1} \times 1\ kg \times 180\ g \cdot mol^{-1}}{0.292\ mol \cdot kg^{-1} \times 1\ kg \times 180\ g \cdot mol^{-1} + 1\ 000\ g}$$
$$= 0.049\ 9$$

(2)由于是稀溶液体系,可近似认为在数值上 $b_B \approx c_B$,根据渗透压公式:

$$\Pi = c_B RT = 0.292 \times 10^3\ mol \cdot m^{-3} \times 8.314\ J \cdot mol^{-1} \cdot K^{-1} \times (273.15 + 37)\ K$$
$$= 7.53 \times 10^5\ Pa = 753\ kPa$$

【评注】该题目考查的是等渗溶液及渗透压公式,浓度间的换算以及稀水溶液中的浓度近似。

1-11 烟草中的主要有害成分为尼古丁,其最简式为 C_5H_7N,今将 496 mg 尼古丁溶于 10.0 g 水中,所得溶液在 101.325 kPa 下的沸点是 100.17℃,求该化合物的化学式。

解: $\Delta T_b = K_b b_B$

$$b_B = \frac{\Delta T_b}{K_b}$$

$$\frac{m_B}{M_B m_A} = \frac{\Delta T_b}{K_b}$$

$$M_B = \frac{m_B K_b}{\Delta T_b m_A} = \frac{496 \times 10^{-3}\,g \times 0.52\,K \cdot kg \cdot mol^{-1}}{0.17\,K \times 10.0 \times 10^{-3}\,kg} = 151.72\,g \cdot mol^{-1}$$

$$\frac{151.72}{12 \times 5 + 7 + 14} = 1.87 \approx 2$$

即尼古丁分子式为 $(C_5H_7N)_2$。

【评注】 该题是利用沸点升高原理近似测定物质的摩尔质量。解决该题的关键是对沸点升高公式及溶液浓度表示方法的掌握。

提高题

1-12 有一容积为 30 L 的高压气体钢瓶,可以耐压 2.5×10^4 kPa。问在 298 K 时,可装多少千克 O_2,而不致发生危险。

解: 根据理想气体状态方程:

$$pV = nRT$$

$$pV = \frac{m}{M}RT$$

$$m = \frac{pVM}{RT} = \frac{2.5 \times 10^7\,Pa \times 30 \times 10^{-3}\,m^3 \times 32 \times 10^{-3}\,kg}{8.314\,J \cdot mol^{-1} \cdot K^{-1} \times 298\,K} = 9.68\,kg$$

1-13 在一定温度下将 0.66 kPa 的氮气 3.0 L,1.0 kPa 氢气 1.0 L 混合在 2.0 L 的密闭容器中。假定混合前后的温度不变,则混合气体的总压力为多少?

解: $p_{总} = p(N_2) + p(H_2) = \frac{0.66 \times 3.0}{2.0} + \frac{1.0 \times 1.0}{2.0} = 0.99 + 0.5 = 1.49(kPa)$

【评注】 密闭容器中混合气体的总压力等于各组分气体分压之和。

1-14 密闭钟罩内有两杯溶液,甲杯中含有 1.68 g 蔗糖($C_{12}H_{22}O_{11}$)和 20.00 g 水,乙杯中含有 2.45 g 某非电解质和 20.00 g 水。在恒温下放置足够长的时间达到平衡,甲杯水溶液总质量增加为 24.90 g,求该非电解质的近似摩尔质量。

解: $\dfrac{n_1}{n_1 + n_{A1}} = \dfrac{n_2}{n_2 + n_{A2}}$

$$\frac{\dfrac{m_1}{M_1}}{\dfrac{m_1}{M_1} + \dfrac{(24.9 - 1.68)\,g}{18.0\,g \cdot mol^{-1}}} = \frac{\dfrac{m_2}{M_2}}{\dfrac{m_2}{M_2} + \dfrac{\{20.00 - (24.90 - 20.00 - 1.68)\}\,g}{18.0\,g \cdot mol^{-1}}}$$

$$\frac{\dfrac{1.68\,g}{342\,g \cdot mol^{-1}}}{\dfrac{1.68\,g}{342\,g \cdot mol^{-1}} + \dfrac{(24.9 - 1.68)\,g}{18.0\,g \cdot mol^{-1}}} = \frac{\dfrac{2.45\,g}{M_2}}{\dfrac{2.45\,g}{M_2} + \dfrac{\{20.00 - (24.90 - 20.00 - 1.68)\}g}{18.0\,g \cdot mol^{-1}}}$$

解得：$M_2 \approx 690 \ \text{g} \cdot \text{mol}^{-1}$

【评注】题目所涉及的体系为封闭体系，在达到平衡时两杯水的蒸气压是相同的，由拉乌尔定律逆推可知平衡后两溶液中溶质的摩尔分数相同。以此为依据可通过解方程求算出另一物质的摩尔质量。

1-15　海水中含有下列离子，它们的质量摩尔浓度分别为：

$b(\text{Cl}^-)=0.57 \ \text{mol} \cdot \text{kg}^{-1}$，$b(\text{SO}_4^{2-})=0.029 \ \text{mol} \cdot \text{kg}^{-1}$，$b(\text{HCO}_3^-)=0.002 \ \text{mol} \cdot \text{kg}^{-1}$，$b(\text{Na}^+)=0.49 \ \text{mol} \cdot \text{kg}^{-1}$，$b(\text{Mg}^{2+})=0.055 \ \text{mol} \cdot \text{kg}^{-1}$，$b(\text{K}^+)=0.011 \ \text{mol} \cdot \text{kg}^{-1}$，$b(\text{Ca}^{2+})=0.011 \ \text{mol} \cdot \text{kg}^{-1}$，试计算海水的近似凝固点和沸点。

解：由于稀溶液依数性：

$$\Delta T_f=K_f b_B=K_f \cdot \sum_i b_i = 1.86 \ \text{K} \cdot \text{kg} \cdot \text{mol}^{-1} \times (0.57+0.029+0.002+0.49+0.055+0.011+0.011) \text{mol} \cdot \text{kg}^{-1}=2.17 \ \text{K}$$

$$\Delta T_b=K_b b_B=K_b \cdot \sum_i b_i = 0.52 \ \text{K} \cdot \text{kg} \cdot \text{mol}^{-1} \times (0.57+0.029+0.002+0.49+0.055+0.011+0.011) \text{mol} \cdot \text{kg}^{-1}=0.61 \ \text{K}$$

海水凝固点为：$273.15 \ \text{K} - 2.17 \ \text{K} = 270.98 \ \text{K}$，海水沸点为：$373.15 \ \text{K} + 0.61 \ \text{K} = 373.76 \ \text{K}$。

【评注】该题目的关键是理解依数性与溶质粒子数目间的本质联系。在电解质的浓度很低时，可忽略电解质离子间的作用，把体系作为稀溶液做近似处理，可得上述结果。

1-16　$1.00 \ \text{g}$ HAc 分别溶于 $100 \ \text{g}$ 水和苯中，测得它们的凝固点分别为 $-0.314℃$ 和 $4.972℃$。已知纯水和纯苯的凝固点分别为 $0.000℃$ 和 $5.400℃$。计算两种溶液的质量摩尔浓度，并解释为何存在上述差别。

解：根据凝固点降低原理：

$$\Delta T_f=K_f b_B$$

$$b_B=\frac{\Delta T_f}{K_f}$$

将水中和苯中的相关数据代入上式，可解得水中醋酸的质量摩尔浓度为 $0.169 \ \text{mol} \cdot \text{kg}^{-1}$，苯中的质量摩尔浓度为 $0.083\ 6 \ \text{mol} \cdot \text{kg}^{-1}$，与醋酸实际的质量摩尔浓度 $0.167 \ \text{mol} \cdot \text{kg}^{-1}$ 相比，可知在水中有少量醋酸离解，在苯中醋酸为二聚体形式。

【评注】弱电解质在溶液中的存在状态与溶剂的性质有密切关系，在极性溶剂中，弱电解质会有部分电离，在非极性溶剂中，可能会有缔合作用。利用稀溶液的依数性来近似测定同一弱电解质在不同溶剂中的表观质量摩尔浓度，再与其分析浓度对比，可推导出不同溶剂中溶质的存在形式。

1-17　摩尔质量为 $120 \ \text{g} \cdot \text{mol}^{-1}$ 的弱酸 HA $3.00 \ \text{g}$ 溶于 $100 \ \text{g}$ 水中，在 $p=101.325 \ \text{kPa}$ 时测定溶液的沸点为 $100.180℃$，近似求此弱酸的解离度。

解：$b_B=\dfrac{\Delta T_b}{K_b}=\dfrac{0.18 \ \text{K}}{0.52 \ \text{K} \cdot \text{kg} \cdot \text{mol}^{-1}}=0.346 \ \text{mol} \cdot \text{kg}^{-1}$

设该化合物的解离度为 α，则：

$$\frac{\frac{m_b}{M_b} \times (1+\alpha)}{m_A} = 0.346 \text{ mol} \cdot \text{kg}^{-1}$$

可解得：$\alpha = 0.384$

【评注】弱酸溶于水后，由于解离作用导致溶液中溶质的粒子数目增多，因此相同浓度的弱电解质溶液与非电解质溶液相比，其沸点下降的现象更为明显。解决该题的关键所在是找到解离度与弱电解质在溶液中表观质量摩尔浓度的关系，代入沸点升高公式，解相关方程可得到答案，该法是近似计算弱电解质解离度的方法之一，但误差较大。

1-18　将 101 mg 胰岛素溶于 10.0 mL 水中，测得该溶液在 25℃时的渗透压为 4.34 kPa，求：

(1)胰岛素的摩尔质量；

(2)求溶液的蒸气压下降值 Δp(25℃时水的饱和蒸气压为 3.17 kPa)。

解：$\Pi = c_B RT = \dfrac{m_B}{M_B V_A} RT$

$$M_B = \frac{m_B}{\Pi V_A} RT = \frac{101 \times 10^{-3} \text{ g}}{4.34 \times 10^3 \text{ Pa} \times 10 \times 10^{-6} \text{ m}^3} \times 8.314 \text{ J} \cdot \text{mol}^{-1} \cdot \text{K}^{-1} \times (273.15 + 25) \text{K}$$
$$= 5\ 768 \text{ g} \cdot \text{mol}^{-1}$$

$$\Delta p = p^* x_B = p^* \frac{n_B}{n_A + n_B} = p^* \frac{\frac{m_B}{M_B}}{\frac{m_B}{M_B} + \frac{m_A}{M_A}} = 3.17 \text{ kPa} \times \frac{\frac{101 \times 10^{-3} \text{ g}}{5\ 768 \text{ g} \cdot \text{mol}^{-1}}}{\frac{101 \times 10^{-3} \text{ g}}{5\ 768 \text{ g} \cdot \text{mol}^{-1}} + \frac{10 \text{ g}}{18.0 \text{ g} \cdot \text{mol}^{-1}}}$$
$$= 9.9 \times 10^{-5} \text{ kPa}$$

【评注】该题是渗透压在生物大分子摩尔质量测定中的应用，解题的关键在于对渗透压公式的掌握，另外还应掌握溶液浓度的表示方法，列出方程后可求得摩尔质量；对蒸气压下降的计算依据是拉乌尔定律，解题关键是摩尔分数的正确表示。

1-19　将 10 mL 0.02 mol·L^{-1}的 $AgNO_3$ 溶液与 100 mL 0.005 mol·L^{-1}的 KCl 溶液混合以制备 AgCl 溶胶，请写出胶团的结构式，问胶粒通电后向哪一极移动？

解：Cl^- 过量，胶粒带负电，向正极移动。(胶团结构略)

【评注】胶粒的结构和胶体的制备方法密切相关，在题目中，胶核优先吸附过量的氯离子，因此胶粒带负电。

1-20　The two solutions pictured here are separated by a semi-permeable membrane that permits only the passage of water molecules. In what direction will a net flow of water occur, that is, from left to right, or right to left?

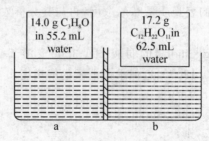

Solution：$c_a = 4.23$ mol • L^{-1}，$c_b = 0.804$ mol • L^{-1}，$\Pi_a > \Pi_b$，the direction of net water flow is from right to left.

【评注】渗透压现象不仅存在于溶剂与溶液之间，也存在于不同浓度的溶液之间。水自发扩散的方向是由水在溶液中的摩尔分数决定的，方向为：由所占摩尔分数大的溶液进入所占摩尔分数小的溶液。

化学反应的基本原理

The Basic Principle of Chemical Reactions

（建议课外学习时间：28 h）

2.1 内容要点

1.热力学基本概念

（1）系统与环境

系统：所研究的物质部分。

环境：未被选为系统部分，且与系统有关的其他物质部分。

系统分三类：

敞开系统：系统与环境之间既有物质交换，又有能量交换。

封闭系统：系统与环境之间没有物质交换，但却有能量交换。

孤立系统：系统与环境之间既无物质交换，也无能量交换。

（2）状态与状态函数

状态：系统的物理性质和化学性质（所有宏观性质）的综合表现。

状态函数：确定系统状态的物理量。

容量性质：与物质的量成正比，具有加和性，如 V、n。

强度性质：与物质的量无关，不具有加和性，如 T。

状态函数的特点：状态一定，状态函数一定，状态函数的改变量只与变化的始态和终态有关，与变化的途径无关。

热力学能 U、焓 H、熵 S、吉布斯函数 G 均是状态函数，具有容量性质。

（3）过程与途径

过程：系统由一种状态变化到另一种状态，我们就说它经历了一个过程。

恒温过程：$T_{始} = T_{终} = T_{环}$

恒压过程：$p_{始} = p_{终} = p_{环}$

恒容过程：$V_{始} = V_{终}$

途径:完成变化过程的每一种具体路线。

(4)反应进度 反应进度是描述化学反应进行程度的量,是化学反应的最基础的量,用符号 ξ 表示。对任一化学反应

$$a\mathrm{A} + d\mathrm{D} = g\mathrm{G} + h\mathrm{H}$$

反应进度定义为:

$$\xi = \frac{\Delta n_{\mathrm{B}}}{\nu_{\mathrm{B}}}$$

式中:B 为反应中任一种物质;Δn_{B} 为其物质的量变化;ν_{B} 为其化学计量数,对反应物而言,ν_{B} 为负值,例如物质 A 的化学计量数为 $-a$,物质 D 的化学计量数为 $-d$;当 B 为生成物时,ν_{B} 为正值,例如物质 G 的化学计量数为 g,物质 H 的化学计量数为 h。

2. 热力学第一定律

自然界中一切物质都具有能量,能量有各种不同的形式,可以从一种形式转化为另一种形式,从一个物体传递给另一个物体,在转化和传递的过程中能量的总和保持不变,这就是著名的能量守恒定律(energy conservation law)。这个定律应用于宏观的热力学系统就是热力学第一定律。数学表达式为:

$$\Delta U = Q + W$$

ΔU:系统热力学改变量。

Q(热):系统吸热,$Q > 0$;系统放热,$Q < 0$。

W(功):系统向环境做功,$W < 0$;环境向系统做功,$W > 0$。

Q 和 W 不是状态函数,其数值大小与过程有关。

3. 恒容反应热(Q_V)

封闭系统,恒温恒容,不做非体积功的条件下:$\Delta U = Q_V$。

4. 恒压反应热(Q_p)与焓变(ΔH)

热力学将 $U + pV$ 组合后的状态函数定义为焓(enthalpy),用符号 H 表示,即:$H = U + pV$,焓的绝对值无法确定。焓是容量性质的状态函数,其 SI 单位为 J 或 kJ。

封闭系统,恒温恒压,不做非体积功的条件下:

$$\Delta H = Q_p = \Delta U + p\Delta V$$

5. 热化学

(1)盖斯定律 一个反应,不论一步完成,还是分几步完成,反应的热效应总是相同的。

(2)标准摩尔生成焓 在指定温度 T 及标准状态下,由元素最稳定单质生成 1 mol 某物质时反应的焓变。用 $\Delta_f H_m^\ominus(T)$ 表示,单位为 $\mathrm{J \cdot mol^{-1}}$ 或 $\mathrm{kJ \cdot mol^{-1}}$,并规定最稳定单质的 $\Delta_f H_m^\ominus(T) = 0$。

(3)标准摩尔燃烧焓 在指定温度及标准状态下,1 mol 物质完全燃烧时反应的焓变。用符号 $\Delta_c H_m^\ominus$ 表示,其单位是 kJ·mol^{-1}。热力学规定,完全燃烧产物及 O_2 的 $\Delta_c H_m^\ominus = 0$。

(4)标准摩尔反应焓变的计算

$$\Delta_r H_m^\ominus = \sum \nu_B \Delta_f H_m^\ominus(B)$$

$$\Delta_r H_m^\ominus = -\sum \nu_B \Delta_c H_m^\ominus(B)$$

式中:B 为反应中任一种物质;ν_B 为其化学计量数,当 B 为反应物时,ν_B 为负值,当 B 为生成物时,ν_B 为正值。

用盖斯定律,将一个总反应分解成若干个步骤,设计成一个热力学循环过程来间接求算反应热。

6. 熵

熵是表示系统混乱度大小的状态函数,用符号 S 表示,其单位是 J·K^{-1}。系统混乱度越大熵值越大。

(1)热力学第三定律 在绝对零度时,任何纯物质的完美晶体的熵值都等于零。

熵与热力学能、焓、吉布斯函数不同,可以得到绝对值。1 mol 纯物质的熵值称为该物质的标准摩尔熵,用符号 $S_m^\ominus(T)$ 表示,其单位是 J·K^{-1}·mol^{-1}。

(2)标准摩尔反应熵变 $\Delta_r S_m^\ominus(T)$

$$\Delta_r S_m^\ominus(T) = \sum \nu_B S_m^\ominus(B)$$

(3)热力学第二定律 在孤立系统中发生的任何变化,总是自发地向着熵增加的方向进行。

$$\Delta S_{孤立} > 0 \qquad 自发过程$$
$$\Delta S_{孤立} = 0 \qquad 平衡态$$
$$\Delta S_{孤立} < 0 \qquad 非自发过程$$

7. 化学反应方向的判断

(1)吉布斯函数(G)

$$G = H - TS$$

(2)标准摩尔生成吉布斯函数 指定温度及标准状态下,由元素最稳定单质生成 1 mol 处于标准状态下的化合物时的吉布斯函数变,用符号 $\Delta_f G_m^\ominus(T)$ 表示,其单位是 kJ·mol^{-1}。

(3)标准摩尔反应吉布斯函数变 $\Delta_r G_m^\ominus$

$$\Delta_r G_m^\ominus = \sum \nu_B \Delta_f G_m^\ominus(B)$$

(4)吉布斯-亥姆霍兹方程

$$\Delta_r G_m^\ominus = \Delta_r H_m^\ominus - T\Delta_r S_m^\ominus$$

(5)恒温恒压下化学反应自发进行的判据:

$\Delta_r G_m < 0$ 　　　正反应可自发进行

$\Delta_r G_m = 0$ 　　　反应处于平衡态

$\Delta_r G_m > 0$ 　　　正反应不能自发进行,逆反应自发进行

(6)温度对化学反应自发性的影响　见表 2-1。

表 2-1　温度对化学反应自发性的影响

类型	$\Delta_r H_m^{\ominus}$	$\Delta_r S_m^{\ominus}$	$\Delta_r G_m^{\ominus}$		评述
1	−	+		−	任何温度下自发
2	+	−		+	任何温度下非自发
3	−	−	低温	−	低温下自发
			高温	+	高温下非自发
4	+	+	高温	−	高温下自发
			低温	+	低温下非自发

当 $\Delta_r H_m^{\ominus} < 0, \Delta_r S_m^{\ominus} < 0$ 时,反应自发进行的温度为 $T \leqslant \Delta_r H_m^{\ominus}/\Delta_r S_m^{\ominus}$;

当 $\Delta_r H_m^{\ominus} > 0, \Delta_r S_m^{\ominus} > 0$ 时,反应自发进行的温度为 $T \geqslant \Delta_r H_m^{\ominus}/\Delta_r S_m^{\ominus}$。

8.化学平衡的特点

对于可逆反应,当正反应速率与逆反应速率相等时,反应系统中各物质的分压(或浓度)不再随时间变化而改变,这时反应所处状态叫化学平衡状态。

(1)恒温,封闭系统,可逆反应是平衡建立的前提。

(2)$v_{正} = v_{逆}$ 是平衡建立的条件。

(3)各物质浓度不再随时间改变而改变是平衡建立的标志。

(4)平衡态是封闭系统可逆反应的最大限度。

(5)化学平衡是动态平衡。

9.标准平衡常数

可逆反应达到平衡时,以相对浓度或相对分压表示的平衡常数称为标准平衡常数。

液相反应　　　　　　　　　$HAc = H^+ + Ac^-$

$$K^{\ominus} = \frac{[c(H^+)/c^{\ominus}] \cdot [c(Ac^-)/c^{\ominus}]}{[c(HAc)/c^{\ominus}]}$$

气相反应　　　　　　　　$2SO_2(g) + O_2(g) = 2SO_3(g)$

$$K^{\ominus} = \frac{[p(SO_3)/p^{\ominus}]^2}{[p(SO_2)/p^{\ominus}]^2 \cdot [p(O_2)/p^{\ominus}]}$$

$p^{\ominus} = 100.00 \text{ kPa}, c^{\ominus} = 1 \text{ mol} \cdot L^{-1}, K^{\ominus}$ 无单位。

书写平衡常数表达式时,只包括气态物质相对分压和溶液中各溶质的相对浓度,固体、

纯液体、溶剂不出现在平衡关系式中。

同一反应以不同化学反应方程式表示时，$K^\ominus$ 值不同。

10. 多重平衡规则

在许多常见的化学平衡系统中，往往同时包含多个相互关联的平衡，系统内有的物质同时参与多个化学反应，此种平衡系统，称为多重平衡系统。

在多重平衡系统中，若某反应可以表示成几个反应之和（或之差）的形式时，则其平衡常数等于各个反应平衡常数的积（或商），此种关系称为多重平衡规则。如：

反应（3）＝反应（1）＋反应（2），则 $K_3^\ominus = K_1^\ominus \times K_2^\ominus$。

反应（3）＝反应（1）－反应（2），则 $K_3^\ominus = K_1^\ominus / K_2^\ominus$。

反应（1）＝2 反应（2），则 $K_1^\ominus = (K_2^\ominus)^2$。

反应（3）是反应（1）的逆反应，则 $K_3^\ominus = 1/K_1^\ominus$。

11. 化学反应等温式

在恒温恒压、任意状态下化学反应的 $\Delta_r G_m$ 与其标准状态下的 $\Delta_r G_m^\ominus$ 的关系为

$$\Delta_r G_m(T) = \Delta_r G_m^\ominus(T) + RT\ln Q$$

该式称化学反应等温式，式中 Q 为反应商，其表达式与 $K^\ominus$ 完全一致，不同的是 Q 的表达式中的浓度或分压为任意态。

（1）$\Delta_r G_m^\ominus$ 与 $K^\ominus$ 的关系

$$\Delta_r G_m^\ominus(T) = -RT\ln K^\ominus(T)$$

（2）Q、$K^\ominus$、$\Delta_r G_m$ 之间的关系

$$\Delta_r G_m(T) = -RT\ln K^\ominus(T) + RT\ln Q$$

$Q < K^\ominus$ 时，$\Delta_r G_m(T) < 0$，自发

$Q > K^\ominus$ 时，$\Delta_r G_m(T) > 0$，非自发

$Q = K^\ominus$ 时，$\Delta_r G_m(T) = 0$，平衡态

12. 化学平衡的移动

（1）浓度对化学平衡的影响（恒温条件下）

增加反应物的浓度（或分压）或减少产物的浓度（或分压），平衡将向正反应方向移动。

减少反应物的浓度（或分压）或增加产物的浓度（或分压），平衡将向逆反应方向移动。

（2）压力对化学平衡的影响（恒温条件下的气相反应）

增加系统的总压时，平衡向气体物质的量少的方向移动。

减小系统的总压时，平衡向气体物质的量多的方向移动。

$\Delta n = 0$ 的化学反应不受压力变化的影响。

（3）温度对化学平衡的影响　由 $\Delta_r H_m^\ominus - T\Delta_r S_m^\ominus = -RT\ln K^\ominus$

整理得

$$\ln K^\ominus = -\frac{\Delta_r H_m^\ominus}{RT} + \frac{\Delta_r S_m^\ominus}{R}$$

$$\ln \frac{K_2^{\ominus}}{K_1^{\ominus}} = \frac{\Delta_r H_m^{\ominus}}{R}\left(\frac{1}{T_1} - \frac{1}{T_2}\right)$$

吸热反应,随反应温度的升高,$K^{\ominus}$值变大,平衡正向移动;

放热反应,随反应温度的升高,$K^{\ominus}$值变小,平衡逆向移动。

(4)化学平衡移动原理　假如改变平衡系统的条件之一,如温度、浓度或压强,平衡就向减弱这个改变的方向移动。

13.化学反应速率的表示方法

对于任一反应　　　　　　　　$aA + dD = gG + hH$

$$\bar{v} = -\frac{1}{a} \times \frac{\Delta c_A}{\Delta t} = -\frac{1}{d} \times \frac{\Delta c_D}{\Delta t} = \frac{1}{g} \times \frac{\Delta c_G}{\Delta t} = \frac{1}{h} \times \frac{\Delta c_H}{\Delta t}$$

反应速率由试验测定,画出浓度-时间曲线,曲线上任意点切线斜率除以该物质的化学计量数即为该时间的瞬时速率。

14.影响反应速率的因素

(1)浓度的影响　对于任意一个反应

$$aA + dD = gG + hH$$

速率方程　　　　　　　　$v = kc_A^m c_D^n$

式中:m、n分别为反应物 A、D 的级数($m+n$ 为反应的总级数);k 为速率常数,其大小与浓度无关,与温度和催化剂有关,其单位取决于反应总级数。

基元反应可由质量作用定律写出速率方程,复杂反应要根据实验数据写出速率方程。

质量作用定律:基元反应的化学反应速率与反应物浓度以其化学计量数的绝对值为指数的幂的乘积成正比。

(2)温度的影响　阿仑尼乌斯方程

$$k = Ae^{-\frac{E_a}{RT}}$$

$$\ln k = \ln A - \frac{E_a}{RT}$$

$$\lg \frac{k_2}{k_1} = \frac{E_a}{2.303R}\left(\frac{1}{T_1} - \frac{1}{T_2}\right)$$

式中:E_a 为反应的活化能(活化分子最低能量与反应物分子平均能量差值);A 为频率因子,对于给定的反应 E_a 和 A 不随温度变化而变化。

$$\Delta_r H_m = E_a - E_a'$$

式中:E_a 为正反应的活化能;E_a' 为逆反应的活化能。

$E_a > E_a'$,$\Delta_r H_m > 0$,正反应吸热。

$E_a < E_a'$,$\Delta_r H_m < 0$,正反应放热。

（3）催化剂的影响

机理：催化剂参与化学反应，改变反应历程，降低反应活化能，使活化分子的百分数增加，反应速率加快。

特征：①对于可逆反应，同等程度改变正逆反应速率；②只改变反应途径，不能改变反应的方向和限度，只能缩短到达化学平衡的时间；③催化剂具有一定的选择性。

2.2　知识结构图

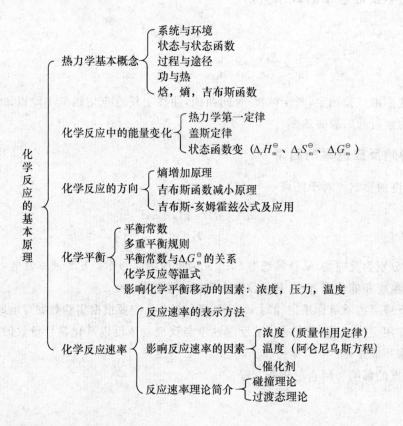

2.3　重点、难点和考点指南

1.重点

（1）状态函数的特点。

（2）运用盖斯定律计算焓变，标准状态下焓变、熵变、吉布斯函数变的计算。

（3）吉布斯-亥姆霍兹公式的运用。

（4）运用化学反应等温式求算 $\Delta_r G_m$、$\Delta_r G_m^\ominus$、$K^\ominus$。

（5）化学平衡移动方向的判断。

（6）运用质量作用定律对基元反应的反应速率进行有关计算。

(7)阿仑尼乌斯方程。

2.难点

(1)热力学能、焓、吉布斯函数等概念的物理意义。

(2)温度对化学反应自发性的影响及有关计算。

(3)化学反应等温式的应用及解题思路。

(4)根据阿仑尼乌斯方程求算反应的活化能及不同温度下的速率常数。

3.考点指南

(1)运用盖斯定律计算各种状态函数。

(2)用吉布斯函数变化判断恒温恒压下化学反应方向。

(3)运用吉布斯-亥姆霍兹公式计算各状态函数变及自发进行的转化温度。

(4)掌握标准平衡常数的表示方法,运用化学反应等温式求算 $\Delta_r G_m$、$\Delta_r G_m^{\ominus}$、$K^{\ominus}$。

(5)运用范特霍夫方程进行 $\Delta_r H_m^{\ominus}$、$K^{\ominus}$ 的相关计算。

(6)运用阿仑尼乌斯方程进行反应的活化能、速率常数及温度的计算。

2.4   学习效果自测练习及答案

一、是非题

1.纯单质的 $\Delta_f H_m^{\ominus}$、$S_m^{\ominus}$、$\Delta_f G_m^{\ominus}$ 皆为零。（   ）

2.反应的 $\Delta_r G_m^{\ominus} > 0$,该反应是不能自发进行的。（   ）

3.如反应的 $\Delta_r H$、$\Delta_r S$ 皆为正值,室温下 $\Delta_r G$ 也必为正值。（   ）

4.成键反应 $\Delta_r H$ 为负值,断键反应 $\Delta_r H$ 为正值。（   ）

5.吸热反应的平衡常数随温度的升高而增大。（   ）

6.$\Delta_r G_m^{\ominus}$ 的正值越大,则 $K^{\ominus}$ 越小,表示标准状态下,正向反应进行的程度越小。（   ）

7.改变压力,对 $C(s) + H_2O(l) = CO(g) + H_2(g)$ 的平衡无影响。（   ）

8.知道了化学反应方程式,就可知道反应的级数。（   ）

9.在化学反应中使用催化剂提高反应速率,是因为使 $k_{正}$ 增大而 $k_{逆}$ 减小。（   ）

10.化学反应速率很快,则反应的活化能一定很小。（   ）

二、选择题

1.某系统吸热 2.15 kJ,同时环境对系统做功 1.88 kJ,此系统的热力学能改变为____。

A.0.27 kJ   B.−0.27 kJ   C.4.03 kJ   D.−4.03 kJ

2.将固体 NH_4NO_3 溶于水中,溶液变冷,则该过程的 $\Delta_r G$、$\Delta_r H$、$\Delta_r S$ 的符号依次是____。

A.+ − −   B.+ + −   C.− + −   D.− − +

3.下列物质中,$\Delta_f H_m^{\ominus}$ 不等于零的是 ____。

A.Fe(s)   B.C(石墨)   C.Ne(g)   D.$Cl_2(l)$

4.在恒温恒压下,已知反应 A→2B 的反应热为 $\Delta_r H_1$,反应 2A→C 的反应热为 $\Delta_r H_2$,则

27

反应 $C \rightarrow 4B$ 的反应热 $\Delta_r H_3$ 为____。

A. $\Delta_r H_1 + \Delta_r H_2$ B. $2\Delta_r H_1 + \Delta_r H_2$ C. $2\Delta_r H_1 - \Delta_r H_2$ D. $\Delta_r H_2 - 2\Delta_r H_1$

5. 一种反应在任何条件下都能自发进行的条件是____。

A. $\Delta_r H > 0, \Delta_r S > 0$ B. $\Delta_r H < 0, \Delta_r S < 0$

C. $\Delta_r H > 0, \Delta_r S < 0$ D. $\Delta_r H < 0, \Delta_r S > 0$

6. 已知 $\Delta_f G_m^{\ominus}(AgCl) = -109.8 \ kJ \cdot mol^{-1}$,则反应 $2AgCl(s) = 2Ag(s) + Cl_2(g)$ 的 $\Delta_r G_m^{\ominus}$ 应为____。

A. $109.8 \ kJ \cdot mol^{-1}$ B. $219.6 \ kJ \cdot mol^{-1}$

C. $-109.8 \ kJ \cdot mol^{-1}$ D. $-219.6 \ kJ \cdot mol^{-1}$

7. 反应 $CaO(s) + H_2O(l) = Ca(OH)_2(s)$ 在 298 K 时是自发的,其逆反应在高温下是自发的,这说明反应的____。

A. $\Delta_r H = 0, \Delta_r S > 0$ B. $\Delta_r H > 0, \Delta_r S < 0$

C. $\Delta_r H < 0, \Delta_r S < 0$ D. $\Delta_r H > 0, \Delta_r S > 0$

8. 反应 $2HCl(g) = H_2(g) + Cl_2(g)$ 的 $\Delta_r G_m^{\ominus} = 190.44 \ kJ \cdot mol^{-1}$,则 $HCl(g)$ 的 $\Delta_f G_m^{\ominus}$ 为____。

A. $-95.22 \ kJ \cdot mol^{-1}$ B. $+95.22 \ kJ \cdot mol^{-1}$

C. $-190.44 \ kJ \cdot mol^{-1}$ D. $+190.44 \ kJ \cdot mol^{-1}$

9. 一个反应达到平衡的标志是____。

A. 各物质浓度等于常数   B. 各物质浓度相等

C. 各物质浓度不随时间而改变   D. $\Delta_r G_m^{\ominus} = 0$

10. 根据公式 $\Delta_r G_m(T) = -RT \ln K^{\ominus}(T) + RT \ln Q$ 可知,在恒温下反应能正反应方向自发进行的条件是____。

A. $Q < K^{\ominus}$ B. $Q = K^{\ominus}$ C. $Q > K^{\ominus}$ D. 无法判断

11. 在一定条件下,可逆反应其正反应的标准平衡常数与逆反应的标准平衡常数的关系是____。

A. 它们总是相等   B. 它们的和等于 1

C. 它们的积等于 1   D. 它们没有关系

12. 下列关于化学反应熵变 $\Delta_r S_m^{\ominus}$ 与温度关系的叙述中,正确的是____。

A. 化学反应的熵变与温度无关   B. 化学反应的熵变随温度升高而显著增加

C. 化学反应的熵变随温度降低而增大   D. 化学反应的熵变随温度变化不明显

13. 某一反应的速率常数 k 很大,则____。

A. 反应速率一定很快   B. 反应速率很慢

C. 反应速率不一定快或慢   D. 前三者都错

14. 某一化学反应的活化能为 $90 \ kJ \cdot mol^{-1}$,升高温度平衡常数变小,表明逆反应的活化能____。

A. $> 90 \ kJ \cdot mol^{-1}$ B. $= 90 \ kJ \cdot mol^{-1}$

C. $< 90 \ kJ \cdot mol^{-1}$ D. 无法判断

15. $\Delta_r G_m^{\ominus}>0$ 的反应使用正催化剂可以____。

A. $v_{正}$ 大大加速 　　　　　　　　　B. $v_{负}$ 减速

C. $v_{正}$、$v_{负}$ 皆加速 　　　　　　　D. 无影响

16. 化学反应 aA ＋ bB ＝ cC ＋dD 的反应级数____。

A. 等于 $a+b$ 　　　　　　　　　　　B. 等于 $(a+b)-(c+d)$

C. 有可能等于 $a+b$ 　　　　　　　　D. 不可能等于 $a+b$

17. 某反应在 716 K 时，$k_1=3.10\times10^{-3}$ mol^{-1}·L·min^{-1}；745 K 时，$k_2=6.78\times10^{-3}$ mol^{-1}·L·min^{-1}。该反应的反应级数和活化能分别为____。

A. 1 和 -119.7 kJ·mol^{-1} 　　　　　B. 1 和 119.7 kJ·mol^{-1}

C. 2 和 -119.7 kJ·mol^{-1} 　　　　　D. 2 和 119.7 kJ·mol^{-1}

18. 某基元反应 2A(g)＋B(g)＝C(g)＋D(g) 的初始分压 $p_A=81.04$ kPa，$p_B=60.78$ kPa。当反应至 $p_C=20.2$ kPa 时，反应速率大约是初始速率的____。

A. 1/6 　　　　　　B. 1/16 　　　　　　C. 1/24 　　　　　　D. 1/48

19. 生物化学工作者常将 37℃ 时的速率常数与 27℃ 时的速率常数之比称 Q_{10}。若某反应的 Q_{10} 为 2.5，则反应的活化能约为____。

A. 15 kJ·mol^{-1} 　　B. 26 kJ·mol^{-1} 　　C. 54 kJ·mol^{-1} 　　D. 71 kJ·mol^{-1}

20. 等温等压下，已知反应 A ＝ 2B 的 $\Delta_r H_m^{\ominus}(1)$ 及反应 2A ＝ C 的 $\Delta_r H_m^{\ominus}(2)$，则反应 C＝4B 的 $\Delta_r H_m^{\ominus}$ 为____。

A. $2\Delta_r H_m^{\ominus}(1)-\Delta_r H_m^{\ominus}(2)$ 　　　　　B. $\Delta_r H_m^{\ominus}(2)-2\Delta_r H_m^{\ominus}(1)$

C. $\Delta_r H_m^{\ominus}(1)+\Delta_r H_m^{\ominus}(2)$ 　　　　　D. $2\Delta_r H_m^{\ominus}(1)+\Delta_r H_m^{\ominus}(2)$

三、填空题

1. 反应 $MgCl_2(s)=Mg(s)+Cl_2(g)$，$\Delta_r H_m^{\ominus}>0$，标准状态下此反应____下自发进行，____下不能自发进行。

2. 已知反应 $N_2+2O_2 \rightleftharpoons N_2O_4$ 的 $\Delta_r H_m^{\ominus}=9.16$ kJ·mol^{-1}。若降低温度，反应速率将____，化学平衡将向____方向移动。

3. 描述系统状态的宏观性质可分为____和____两类。

4. 标准状态下，自发进行的聚合反应 $\Delta_r G_m^{\ominus}$ ____ 0，$\Delta_r H_m^{\ominus}$ ____ 0，$\Delta_r S_m^{\ominus}$ ____ 0。

5. 298 K 时，反应 $P(红磷)+\dfrac{3}{2}Cl_2(g)=PCl_3(s)$ 的 $\Delta_r G_m^{\ominus}$ ____ 生成物的 $\Delta_f G_m^{\ominus}$，反应 $2C(石墨)+H_2(g)=C_2H_2(g)$ 的 $\Delta_r G_m^{\ominus}$ ____ 生成物的 $\Delta_f G_m^{\ominus}$。（填等于或不等于）

6. 改变压力或浓度，可以使化学平衡____，但不能改变____，而改变温度，既可以使化学平衡____，又可改变____。

7. 反应 $H_2S=H^++HS^-$ 标准平衡常数为 $K_1^{\ominus}$，则反应 $2H^++2HS^-=2H_2S$ 的标准平衡常数 $K_2^{\ominus}$ 等于____。

8. 已知 298 K 时，HAc 的解离常数 $K_a^{\ominus}=1.76\times10^{-5}$，则反应 HAc(1 mol·L^{-1})＝H$^+$(0.05 mol·L^{-1})＋Ac$^-$(0.02 mol·L^{-1}) ____ 向自发进行。

9. 基元反应 $2NO(g)+O_2(g)=2NO_2(g)$，其速率方程为____，反应级数

为_____级,若体积缩小一半,则正反应速率是原来的_____倍。

10. 一定温度下,化学反应的 $\Delta_r G_m^{\ominus}$ 越负,反应的标准平衡常数越_____;活化能越小,反应的速率常数越_____。

11. 已知反应 $Fe_3O_4(s) + CO(g) \Longrightarrow 3FeO(s) + CO_2(g)$ 的 $\Delta_r H_m^{\ominus} > 0$。在恒压降温时,平衡向_____移动。

12. 在相同温度下,$Cl_2O(g)$、$F_2(g)$、$Cl_2(g)$ 和 $H_2(g)$ 的 $S_m^{\ominus}$ 由大到小的顺序是_____。

四、计算题和问答题

1. 分析下列反应自发进行的温度条件。

(1) $2N_2(g) + O_2(g) = 2N_2O(g)$ $\Delta_r H_m^{\ominus} = 163\ kJ \cdot mol^{-1}$

(2) $Ag(s) + \frac{1}{2}Cl_2(g) = AgCl(s)$ $\Delta_r H_m^{\ominus} = -127\ kJ \cdot mol^{-1}$

(3) $HgO(s) = Hg(l) + \frac{1}{2}O_2(g)$ $\Delta_r H_m^{\ominus} = 91\ kJ \cdot mol^{-1}$

(4) $H_2O_2(l) = H_2O(l) + \frac{1}{2}O_2(g)$ $\Delta_r H_m^{\ominus} = -98\ kJ \cdot mol^{-1}$

2. 根据热力学数据,下列反应的平衡常数在升温时会增大还是减小? 说明理由。

(1) $C(s,石墨) + CO_2(g) = 2CO(g)$

(2) $NO(g) + \frac{1}{2}O_2(g) = NO_2(g)$

3. 试求反应 $CaCO_3(s) = CaO(s) + CO_2(g)$ 在 298 K 及 800 K 时的 $K_p^{\ominus}$。

4. 已知大气中含 CO_2 约 0.031% 体积,试用化学热力学分析说明,菱镁矿($MgCO_3$)能否稳定存在于自然界。

5. Ag_2CO_3 遇热易分解,$Ag_2CO_3(s) = Ag_2O(s) + CO_2(g)$,其中 $\Delta_r G_m^{\ominus}(383\ K) = 14.8\ kJ \cdot mol^{-1}$。在 110℃ 烘干时,空气中掺入一定量的 CO_2 就可避免 Ag_2CO_3 的分解。请问空气中掺入多少 CO_2 可避免 Ag_2CO_3 的分解?

6. 温度相同时,三个基元反应的活化能数据如下:

反应	$E_a/(kJ \cdot mol^{-1})$	$E_a'/(kJ \cdot mol^{-1})$
1	30	55
2	70	20
3	16	35

(1) 哪个反应的正反应速率最大?

(2) 反应 1 的 $\Delta_r H_m^{\ominus}$ 为多大?

(3) 哪个反应的正反应是吸热反应?

7. $A(g) \rightarrow B(g)$ 为二级反应,当 A 的浓度为 $0.050\ mol \cdot L^{-1}$ 时其反应速率为 $1.2\ mol \cdot L^{-1} \cdot min^{-1}$。

(1) 写出该反应的速率方程;

(2) 计算速率常数;

(3)温度不变时欲使反应速率加倍,A 的浓度应多大?

8.在 523 K、2.0 L 的密闭容器中装入 0.7 mol $PCl_5(g)$,平衡时则有 0.5 mol $PCl_5(g)$ 按反应式 $PCl_5(g) \Longleftrightarrow PCl_3(g) + Cl_2(g)$ 分解。

(1)求该反应在 523 K 时的平衡常数 $K^{\ominus}$ 和 PCl_5 的转化率。

(2)在上述平衡系统中,使 $c(PCl_5)$ 增加到 0.2 mol·L^{-1} 时,求 523 K 时再次达到平衡时各物质的浓度和 PCl_5 的转化率。

(3)若在密闭容器中有 0.7 mol 的 PCl_5 和 0.1 mol 的 Cl_2,求 523 K 时 PCl_5 的转化率。

自测题答案

一、是非题

1.× 2.× 3.× 4.√ 5.√ 6.√ 7.× 8.× 9.× 10.×

二、选择题

1.C 2.D 3.D 4.C 5.D 6.B 7.C 8.A 9.C 10.A 11.C 12.D 13.C
14.A 15.C 16.C 17.D 18.A 19.D 20.A

三、填空题

1.高温;低温

2.降低;逆反应

3.容量性质;强度性质

4.小于;小于;小于

5.不等于;等于

6.移动;平衡常数;移动;平衡常数

7.$(K_1^{\ominus})^{-2}$

8.逆

9.$v = kc^2(NO) \cdot c(O_2)$;3;8

10.大;大

11.左

12.$Cl_2O(g) > Cl_2(g) > F_2(g) > H_2(g)$

四、计算题和问答题

1.(1)$\Delta_r H_m^{\ominus} > 0$,$\Delta_r S_m^{\ominus} < 0$,在任何温度下 $\Delta_r G_m^{\ominus} > 0$,反应都不能自发进行。

(2)$\Delta_r H_m^{\ominus} < 0$,$\Delta_r S_m^{\ominus} < 0$,在较低温度下 $\Delta_r G_m^{\ominus} < 0$,低温下反应自发进行。

(3)$\Delta_r H_m^{\ominus} > 0$,$\Delta_r S_m^{\ominus} > 0$,在较高温度下 $\Delta_r G_m^{\ominus} < 0$,高温下反应自发进行。

(4)$\Delta_r H_m^{\ominus} < 0$,$\Delta_r S_m^{\ominus} > 0$,在任何温度下 $\Delta_r G_m^{\ominus} < 0$,反应都能自发进行。

2.(1)$\Delta_r H_m^{\ominus} = 2 \times (-110.5) - (-393.5) = 172.5 (kJ \cdot mol^{-1}) > 0$

是吸热反应,因而升温时,平衡常数增大。

(2)$\Delta_r H_m^{\ominus} = 33.2 - 90.3 = -57.1 (kJ \cdot mol^{-1}) < 0$

是放热反应,因而升温时,平衡常数减小。

3.(1)298 K,$K_p^{\ominus} = 1.66 \times 10^{-23}$

(2)$800 \text{ K}, K_p^{\ominus} = 5.5 \times 10^{-4}$

4. $Q = \dfrac{p(CO_2)}{p^{\ominus}} = \dfrac{100 \times 0.031\%}{100} = 3.1 \times 10^{-4}$

$\Delta_r G_m(T) = 28.2 \text{ kJ} \cdot \text{mol}^{-1} > 0$

正向反应不能自发进行,所以 $MgCO_3$ 能稳定存在于自然界中。

5. 空气中掺入大于 0.95% 的 CO_2 即可避免 Ag_2CO_3 烘干时分解。

6. (1)反应 3 的正反应速率最大

(2)$\Delta_r H_m^{\ominus} = -25 \text{ kJ} \cdot \text{mol}^{-1}$

(3)反应 2 是吸热反应:$\Delta_r H_m^{\ominus} = 50 \text{ kJ} \cdot \text{mol}^{-1}$

7. (1)$v = k c^2(A)$

(2)$k = 480 \text{ L} \cdot \text{mol}^{-1} \cdot \text{min}^{-1}$

(3)$c_1 = 0.071 \text{ mol} \cdot \text{L}^{-1}$

8. (1)$0.625; 71.4\%$

(2)$Cl_2 : 0.30 \text{ mol} \cdot \text{L}^{-1}; PCl_3 : 0.30 \text{ mol} \cdot \text{L}^{-1}; PCl_5 : 0.15 \text{ mol} \cdot \text{L}^{-1}; 66.7\%$

(3)68.6%

2.5 教材习题选解

基础题

2-1 (1)A (2)C (3)C (4)C (5)B (6)C (7)A (8)C (9)A (10)C
(11)B (12)C

2-2 不查表,判断下列过程中,系统是熵增还是熵减。

(1)KNO_3 溶于水

(2)$NH_3(g) + HCl(g) = NH_4Cl(s)$

(3)$2Cu(NO_3)_2(s) = 2CuO(s) + 4NO_2(g) + O_2(g)$

(4)石灰石分解

解:(1)熵增。【评注】KNO_3 解离为离子,粒子数增多且生成混合物系。

(2)熵减。【评注】气体分子数减少。

(3)熵增。【评注】气体分子数增加。

(4)熵增。【评注】$CaCO_3(s) = CaO(s) + CO_2(g)$,气体分子数增加。

2-3 已知在温度为 298 K,压力为 100 kPa 下

(1)$2P(s) + 3Cl_2(g) = 2PCl_3(g)$ $\Delta_r H_m^{\ominus}(1) = -574 \text{ kJ} \cdot \text{mol}^{-1}$

(2)$PCl_3(g) + Cl_2(g) = PCl_5(g)$ $\Delta_r H_m^{\ominus}(2) = -88 \text{ kJ} \cdot \text{mol}^{-1}$

试求(3)$2P(s) + 5Cl_2(g) = 2PCl_5(g)$ 的 $\Delta_r H_m^{\ominus}(3)$ 的值。

解:反应(3) = 反应(1) + 2 × 反应(2),由盖斯定律得

$\Delta_r H_m^{\ominus}(3) = \Delta_r H_m^{\ominus}(1) + 2 \times \Delta_r H_m^{\ominus}(2)$

$\qquad\qquad = -574 + 2 \times (-88) = -750 \text{ (kJ} \cdot \text{mol}^{-1})$

2-4 根据有关热力学数据,求在 298 K,100 kPa 时,下列反应的反应热:

$$4NH_3(g) + 5O_2(g) = 4NO(g) + 6H_2O(g)$$

解：

$$\begin{aligned}
\Delta_r H_m^\ominus &= [4 \times \Delta_f H_m^\ominus(NO) + 6 \times \Delta_f H_m^\ominus(H_2O)] + [(-4) \times \Delta_f H_m^\ominus(NH_3) + (-5) \times \Delta_f H_m^\ominus(O_2)] \\
&= [4 \times 90.25 + 6 \times (-241.82)] + [(-4) \times (-46.11) + 0] \\
&= -905.48 \ (kJ \cdot mol^{-1})
\end{aligned}$$

2-5 填空题

(1) 绝热过程是系统和环境之间没有热量交换的过程，其结果是 ΔU 与_____相等。

(2) 不查表，下列物质其标准熵值由大到小的顺序为_____。

$$K(s); Br(l); Br(g); KCl(s); K_3PO_4(s)$$

(3) 反应 $CaO(s) + H_2O(l) = Ca(OH)_2(s)$ 在室温自发，在高温逆反应自发，该反应的 $\Delta_r H_m$ _____ 0，$\Delta_r S_m$ _____ 0(填写：大于，小于)。

(4) 对于反应：$3H_2(g) + N_2(g) = 2NH_3(g)$，$\Delta_r H_m^\ominus(298 \text{ K}) = -92.2 \text{ kJ} \cdot mol^{-1}$。

若升高温度，则下列各项将如何变化(填写：不变，基本不变，增大或减小)。

$\Delta_r H_m^\ominus$ _____；$\Delta_r G_m^\ominus$ _____；$K^\ominus$ _____。

(5) 某反应的速率方程式为 $v = kc^{1/2}(A) \cdot c^2(B)$，若将反应物 A 的浓度增加到原来的 4 倍，则反应速率为原来的_____倍；若将反应的总体积(若 A、B 均为气体)增加到原来的 4 倍，则反应速率为原来的_____倍。

(6) 反应速率常数 k 的单位为 s^{-1}，该反应为_____级反应；若 k 的单位为 $mol \cdot L^{-1} \cdot s^{-1}$，该反应为_____级反应。

解：(1)W。

【评注】绝热过程 $Q = 0$，所以 $\Delta U = Q + W = W$

(2)$Br(g) > Br(l) > K_3PO_4(s) > KCl(s) > K(s)$

【评注】同种物质，聚集状态不同，熵值不同，规律是 $S(s) < S(l) < S(g)$；聚集状态相同的不同物质，分子越大，结构越复杂，熵值越大。

(3)小于；大于

【评注】$\Delta_r G_m^\ominus = \Delta_r H_m^\ominus - T\Delta_r S_m^\ominus$，要使反应低温自发($\Delta_r G_m^\ominus < 0$)、高温不自发 ($\Delta_r G_m^\ominus > 0$)，应 $\Delta_r H_m < 0$，$\Delta_r S_m > 0$。

(4)基本不变；增大；减小

【评注】反应的 $\Delta_r H_m^\ominus$ 受温度影响很小；$\Delta_r H_m^\ominus < 0$，$\Delta_r S_m^\ominus < 0$，$\Delta_r G_m^\ominus = \Delta_r H_m^\ominus - T\Delta_r S_m^\ominus$，$T$ 增大时 $\Delta_r G_m^\ominus$ 增大；$\ln \dfrac{K_2^\ominus}{K_1^\ominus} = \dfrac{\Delta_r H_m^\ominus}{R}\left(\dfrac{1}{T_1} - \dfrac{1}{T_2}\right)$，放热反应 $\Delta_r H_m^\ominus < 0$，当升高温度时($T_2 > T_1$) $K_2^\ominus < K_1^\ominus$。

(5)2；$\dfrac{1}{32}$

【评注】总体积增加到原来的 4 倍，相当于总压减小到原来的 $\dfrac{1}{4}$。

(6)1；零

【评注】反应速率单位为 $mol \cdot L^{-1} \cdot s^{-1}$，反应级数为 n 级时速率常数单位是$(mol \cdot L^{-1})^{1-n} \cdot s^{-1}$。

2-6 已知 $\Delta_f G_m^{\ominus}(N_2O_4) = 97.8\ kJ \cdot mol^{-1}$，$\Delta_f G_m^{\ominus}(NO_2) = 51.3\ kJ \cdot mol^{-1}$。

计算反应 $2NO_2(g) \rightleftharpoons N_2O_4(g)$ 在 298 K 时的平衡常数 $K^{\ominus}$。

解：$\Delta_r G_m^{\ominus} = \Delta_f G_m^{\ominus}(N_2O_4) - 2\Delta_f G_m^{\ominus}(NO_2) = 97.8 - 2 \times 51.3 = -4.8\ (kJ \cdot mol^{-1})$

$\Delta_r G_m^{\ominus} = -2.303\ RT \lg K^{\ominus}$

$$\lg K^{\ominus} = \frac{-4.8 \times 10^3}{-2.303 \times 8.314 \times 298} = 0.84 \qquad K^{\ominus} = 6.9$$

提高题

2-7 1 mol 水在 373 K 标准压力下加热至完全变为 373 K 水蒸气，计算此变化的 Q、W、ΔU、ΔH（1 g 水的汽化热为 2.26 kJ，水的体积忽略不计）。

解：$Q_p = 2.26 \times 18 = 40.68\ kJ$

$W = -p\Delta V = -\Delta nRT = -1 \times 8.314 \times 373 = -3.101(kJ)$

$\Delta H = 40.68(kJ)$

$\Delta U = \Delta H - \Delta nRT = 40.68 - 3.101 = 37.579(kJ)$

2-8 根据有关热力学数据，计算下列反应

$$2SO_2(g) + O_2(g) = 2SO_3(g)$$

(1)在 298 K 时的 $\Delta_r H_m^{\ominus}$，$\Delta_r S_m^{\ominus}$，$\Delta_r G_m^{\ominus}$；

(2)在 500 K 时的 $K^{\ominus}$；

(3)分别说明增大压力、升高温度对平衡移动的影响。

解：(1) $\Delta_r S_m^{\ominus} = [2 \times S_m^{\ominus}(SO_3)] - [2 \times S_m^{\ominus}(SO_2) + S_m^{\ominus}(O_2)]$

$\qquad = 2 \times 256.7 - (2 \times 248.22 + 205.14)$

$\qquad = -188.06\ (J \cdot mol^{-1} \cdot K^{-1})$

$\Delta_r H_m^{\ominus} = [2 \times \Delta_f H_m^{\ominus}(SO_3)] - [2 \times \Delta_f H_m^{\ominus}(SO_2) + \Delta_f H_m^{\ominus}(O_2)]$

$\qquad = 2 \times (-395.72) - [2 \times (-296.83) + 0]$

$\qquad = -197.78\ (kJ \cdot mol^{-1})$

$\Delta_r G_m^{\ominus} = \Delta_r H_m^{\ominus} - T\Delta_r S_m^{\ominus}$

$\qquad = -197.78 - 298 \times (-188.06) \times 10^{-3}$

$\qquad = -141.74\ (kJ \cdot mol^{-1})$

(2)500 K 时，$\Delta_r G_m^{\ominus} = \Delta_r H_m^{\ominus} - T\Delta_r S_m^{\ominus}$

$\qquad\qquad = -197.78 - 500 \times (-188.06) \times 10^{-3}$

$\qquad\qquad = -103.75\ (kJ \cdot mol^{-1})$

$\Delta_r G_m^{\ominus} = -2.303RT \lg K^{\ominus}$

$$\lg K^{\ominus} = \frac{-103.75 \times 10^3}{-2.303 \times 8.314 \times 500} = 10.84 \qquad K^{\ominus} = 6.9 \times 10^{10}$$

(3)右移；左移

【评注】当增加系统总压时，平衡向气体物质的量少的方向移动。对放热反应
（$\Delta_r H_m^{\ominus} < 0$），升高温度时平衡向逆反应方向移动。

2-9 根据有关热力学数据，通过计算说明下列问题：

$$C_2H_5OH(l) \rightarrow C_2H_5OH(g)$$

(1)在 298 K 及 100 kPa 下，$C_2H_5OH(l)$能否自发地变成 $C_2H_5OH(g)$？

(2)在 373 K 及 100 kPa 下，$C_2H_5OH(l)$能否自发地变成 $C_2H_5OH(g)$？

(3)估算乙醇的沸点。

解：(1)$\Delta_r S_m^{\ominus}(298\ K)=282.70-160.78=121.90\ (J \cdot mol^{-1} \cdot K^{-1})$

$\Delta_r H_m^{\ominus}(298\ K)=(-235.10)-(-277.69)=42.5\ (kJ \cdot mol^{-1})$

$\Delta_r G_m^{\ominus}(298\ K)=\Delta_r H_m^{\ominus}(298\ K)-T\Delta_r S_m^{\ominus}(298\ K)$

$\qquad\qquad\quad =42.5-298 \times 121.90 \times 10^{-3}$

$\qquad\qquad\quad =6.17\ (kJ \cdot mol^{-1})>0$

在 298 K 及 100 kPa 下，$C_2H_5OH(l)$不能自发地变成 $C_2H_5OH(g)$。

【评注】标准状态下 $\Delta_r G_m^{\ominus}<0$，正反应可自发进行。

(2)$\Delta_r G_m^{\ominus}(T) \approx \Delta_r H_m^{\ominus}(298\ K)-T\Delta_r S_m^{\ominus}(298\ K)$

$\Delta_r G_m^{\ominus}(373\ K) \approx 42.5-373 \times 121.90 \times 10^{-3}$

$\qquad\qquad\quad \approx -2.97\ (kJ \cdot mol^{-1})<0$

在 373 K 及 100 kPa 下，$C_2H_5OH(l)$可以自发地变成 $C_2H_5OH(g)$。

【评注】反应的 ΔH 和 ΔS 受温度的影响很小，在温度变化不太大的范围内，可以认为 $\Delta_r H_m^{\ominus}(T) \approx \Delta_r H_m^{\ominus}(298\ K)$，$\Delta_r S_m^{\ominus}(T) \approx \Delta_r S_m^{\ominus}(298\ K)$。

(3)设在 100 kPa 下，乙醇在温度 T 时沸腾，则 $\Delta_r G_m^{\ominus}(T)=0$。

$\Delta_r G_m^{\ominus}(T) \approx \Delta_r H_m^{\ominus}(298\ K)-T\Delta_r S_m^{\ominus}(298\ K)=0$

$T \approx \Delta_r H_m^{\ominus}(298\ K)/\Delta_r S_m^{\ominus}(298\ K)$

$\quad \approx 42.5/(121.90 \times 10^{-3})=348.6(K)$

乙醇的沸点约为 348.6 K（实验值为 351 K）。

【评注】乙醇的沸点可视为反应自发进行时的转换温度。

2-10　根据下列反应的热力学数据

$$MgCO_3(s)=MgO(s)+CO_2(g)$$

(1)在 100 kPa，298 K、600 K 时反应能否自发进行？

(2)在 100 kPa 时，$MgCO_3(s)$分解的最低温度是多少？

解：(1)$\Delta_r H_m^{\ominus}=(-601.7)+(-393.5)-(-1\ 095.8)$

$\qquad\quad =100.6\ (kJ \cdot mol^{-1})$

$\Delta_r S_m^{\ominus}=26.94+213.74-65.7$

$\qquad =174.98\ (J \cdot mol^{-1} \cdot K^{-1})$

$\Delta_r G_m^{\ominus}(298\ K)=\Delta_r H_m^{\ominus}(298\ K)-T\Delta_r S_m^{\ominus}(298\ K)$

$\qquad\qquad\qquad =100.6-298 \times 174.98 \times 10^{-3}$

$\qquad\qquad\qquad =48.0\ (kJ \cdot mol^{-1})>0$，298 K 时反应不能自发进行。

$\Delta_r G_m^{\ominus}(600\ K) \approx 100.6-600 \times 174.98 \times 10^{-3}$

$\qquad\qquad\qquad \approx -4.39\ (kJ \cdot mol^{-1})<0$，600 K 时反应能自发进行。

(2)设 $MgCO_3(s)$分解的最低温度为 T，

$\Delta_r G_m^{\ominus}(T) \approx \Delta_r H_m^{\ominus}(298\ K)-T\Delta_r S_m^{\ominus}(298\ K)=0$

$100.6-T \times 174.98 \times 10^{-3}=0$

$T = 574.92(K)$

$MgCO_3(s)$分解的最低温度是 574.92 K。

2-11 反应 $\frac{1}{2}N_2(g) + \frac{1}{2}O_2(g) = NO(g)$ 在 1 800 K 时的平衡常数为 1.11×10^{-2},在 2 000 K 时的平衡常数为 2.02×10^{-2},计算反应的 $\Delta_r H_m^\ominus$ 及 2 000 K 时的 $\Delta_r G_m^\ominus$。

解: $\lg \frac{K_2^\ominus}{K_1^\ominus} = \frac{\Delta_r H_m^\ominus}{2.303 R}\left(\frac{1}{T_1} - \frac{1}{T_2}\right)$

$\lg \dfrac{2.02 \times 10^{-2}}{1.11 \times 10^{-2}} = \dfrac{\Delta_r H_m^\ominus}{2.303 \times 8.314 \times 10^{-3}}\left(\dfrac{1}{1\ 800} - \dfrac{1}{2\ 000}\right)$

$\Delta_r H_m^\ominus = 89.65$ (kJ · mol^{-1})

2 000 K 时,$\Delta_r G_m^\ominus = -2.303 RT \lg K^\ominus = -2.303 \times 8.314 \times 10^{-3} \times 2\ 000 \times \lg(2.02 \times 10^{-2})$

$\qquad\qquad = 64.9$ (kJ · mol^{-1})

2-12 已知反应 $H_2(g) + I_2(g) = 2HI(g)$,在 628 K 时 $K^\ominus = 54.4$,现混合 H_2 和 I_2 的量各为 0.2 mol,并在该温度和 5.10 kPa 下达到平衡,求 I_2 的转化率。

解: $\qquad\qquad H_2(g) \quad + \quad I_2(g) \quad \Longrightarrow \quad 2HI(g)$

平衡时: $\qquad\qquad 0.2-x \qquad\quad 0.2-x \qquad\qquad 2x$

$n_\text{总} = 0.2 - x + 0.2 - x + 2x = 0.4$ (mol)

$K^\ominus = \dfrac{\{p(HI)/p^\ominus\}^2}{\{p(H_2)/p^\ominus\}\{p(I_2)/p^\ominus\}} = \dfrac{\left(p_\text{总}\dfrac{2x}{0.4}/100\right)^2}{\left(p_\text{总}\dfrac{0.2-x}{0.4}/100\right)^2}$

$\sqrt{K^\ominus} = \dfrac{2x}{0.2-x} = \sqrt{54.4} = 7.38$

$x = 0.157\ 4$

$\alpha = \dfrac{0.157\ 4}{0.2} \times 100\% = 78.7\%$

【评注】有关气相反应化学平衡的计算,一般的解题思路是:(1)写出气相反应化学方程式 $A(g) \Longleftrightarrow 2B(g)$;(2)设初始物质的量;(3)设平衡时转化率为 α,则 A、B 的量分别为 $n(1-\alpha)$ 和 $2n\alpha$;(4)计算平衡系统总物质的量 $n_\text{总} = n(1-\alpha) + 2n\alpha = n(1+\alpha)$;(5)计算各组分分压 $p_A = \dfrac{n(1-\alpha)}{n(1+\alpha)} \cdot p = \dfrac{(1-\alpha)}{(1+\alpha)} \cdot p$,$p_B = \dfrac{2n\alpha}{n(1+\alpha)} \cdot p = \dfrac{2\alpha}{1+\alpha} \cdot p$,代入平衡常数公式。

2-13 已知 $\Delta_f H_m^\ominus(NO,g) = 90.25$ kJ · mol^{-1},在 2 273 K 时,反应 $N_2(g) + O_2(g) = 2NO(g)$ 的 $K^\ominus = 0.100$。

(1)在 2 273 K 时,若 $p(N_2) = p(O_2) = 10$ kPa,$p(NO) = 20$ kPa,判断反应自发进行的方向。

(2)在 2 000 K 时,若 $p(NO) = 10$ kPa,$p(N_2) = p(O_2) = 100$ kPa,判断反应自发进行的方向。

解:(1)$Q = \dfrac{[p(NO)/100]^2}{[p(N_2)/100] \cdot [p(O_2)/100]} = \dfrac{(20/100)^2}{(10/100) \cdot (10/100)} = 4.0$

$Q > K^{\ominus}$，故反应逆向自发进行。

(2)由于 $\Delta_f H_m^{\ominus}(\text{NO,g}) = 90.25\ \text{kJ} \cdot \text{mol}^{-1}$，反应 $N_2(g) + O_2(g) = 2NO(g)$ 的 $\Delta_r H_m^{\ominus} = 180.5\ \text{kJ} \cdot \text{mol}^{-1}$。

计算 2 000 K 时的 $K^{\ominus}$，$\lg \dfrac{0.100}{K^{\ominus}} = \dfrac{180.5}{2.303 \times 8.314 \times 10^{-3}}\left(\dfrac{1}{2\ 000} - \dfrac{1}{2\ 273}\right)$

$$K^{\ominus} = 0.027$$

$$Q = \frac{[p(\text{NO})/100]^2}{[p(N_2)/100] \cdot [p(O_2)/100]} = \frac{(10/100)^2}{(100/100) \cdot (100/100)} = 0.010$$

$Q < K^{\ominus}$，故反应正向自发进行。

【评注】反应商 Q 的表达式与标准平衡常数 $K^{\ominus}$ 的表达式完全一致，不同之处在于 Q 表达式中的浓度或分压为任意态的(包括平衡态)，而 $K^{\ominus}$ 表达式中的浓度或分压是平衡态的。当 $Q < K^{\ominus}$ 时，$\Delta_r G_m(T) < 0$，正反应自发进行；当 $Q > K^{\ominus}$ 时，$\Delta_r G_m(T) > 0$，逆反应自发进行，当 $Q = K^{\ominus}$ 时，$\Delta_r G_m(T) = 0$，反应处于平衡状态。

2-14　对反应 $A(g) + B(g) = AB(g)$ 进行反应速率的测定，某温度下有关数据如表所示：

$c(A)/(\text{mol} \cdot L^{-1})$	$c(B)/(\text{mol} \cdot L^{-1})$	反应速率/$(\text{mol} \cdot L^{-1} \cdot s^{-1})$
0.500	0.400	6.00×10^{-3}
0.250	0.400	1.50×10^{-3}
0.250	0.800	3.00×10^{-3}

(1)写出反应的速率方程；

(2)求反应级数及该温度下的速率常数；

(3)求该温度下，$c(A) = c(B) = 0.20\ \text{mol} \cdot L^{-1}$ 时的反应速率。

解：(1)设 A 和 B 的级数分别为 m, n，

$6.00 \times 10^{-3} = 0.500^m \cdot 0.400^n$　　　　　　　　　　　　①

$1.50 \times 10^{-3} = 0.250^m \cdot 0.400^n$　　　　　　　　　　　　②

①÷② 得 $4 = 2^m$，$m = 2$；

同理　$1.50 \times 10^{-3} = 0.250^m \cdot 0.400^n$　　　　　　　　　③

　　　$3.00 \times 10^{-3} = 0.250^m \cdot 0.800^n$　　　　　　　　　④

④÷③ 得 $2 = 2^n$，$n = 1$

速率方程为 $v = kc^2(A) \cdot c(B)$

(2)反应级数 $= 2 + 1 = 3$；

$6.00 \times 10^{-3} = k \times 0.500^2 \times 0.400$，$k = 0.06(\text{mol} \cdot L^{-1})^{-2} \cdot s^{-1}$

(3)$v = kc^2(A) \cdot c(B) = 0.06 \times 0.200^2 \times 0.200 = 4.8 \times 10^{-4}(\text{mol} \cdot L^{-1} \cdot s^{-1})$

【评注】任选两组数据代入速率方程，即可求得 m 和 n 值。反应级数为 3 级，速率常数单位为 $(\text{mol} \cdot L^{-1})^{1-3} \cdot s^{-1}$，即 $(\text{mol} \cdot L^{-1})^{-2} \cdot s^{-1}$。

2-15　反应 $C_2H_5I + OH^- \rightarrow C_2H_5OH + I^-$，在 298 K 时的 $k = 5.03 \times 10^{-2}\ \text{mol} \cdot L^{-1} \cdot s^{-1}$，而在 333 K 时的 $k = 6.71\ \text{mol} \cdot L^{-1} \cdot s^{-1}$，计算该反应在 305 K 时的速率常数。

解：$T_1 = 298$ K $k_1 = 5.03 \times 10^{-2}$ mol $\cdot$ L^{-1} $\cdot$ s^{-1}

$\quad\quad T_2 = 333$ K $k_2 = 6.71$ mol $\cdot$ L^{-1} $\cdot$ s^{-1}

$\quad\quad T_3 = 305$ K

$$\lg \frac{k_2}{k_1} = \frac{E_a}{2.303R}\left(\frac{1}{T_1} - \frac{1}{T_2}\right)$$

将已知数据代入，得：

$$\lg \frac{6.71}{5.03 \times 10^{-2}} = \frac{E_a}{2.303 \times 8.314 \times 10^{-3}}\left(\frac{1}{298} - \frac{1}{333}\right)$$

$E_a = 115.4 (\text{kJ} \cdot \text{mol}^{-1})$

$$\lg \frac{k_3}{k_1} = \frac{E_a}{2.303R}\left(\frac{1}{T_1} - \frac{1}{T_3}\right)$$

将已知数据代入，得：

$$\lg \frac{k_3}{5.03 \times 10^{-2}} = \frac{115.4}{2.303 \times 8.314 \times 10^{-3}}\left(\frac{1}{298} - \frac{1}{305}\right)$$

$k_3 = 0.146 (\text{mol} \cdot \text{L}^{-1} \cdot \text{s}^{-1})$

【评注】 根据式 $\lg \dfrac{k_2}{k_1} = \dfrac{E_a}{2.303R}\left(\dfrac{1}{T_1} - \dfrac{1}{T_2}\right)$，只要知道反应的活化能 E_a 及 T_1 时的速率常数 k_1，就可以计算另一温度 T_2 时的速率常数 k_2。同样，若已知两个温度下的速率常数，也可求得反应的活化能。

2-16　在 303 K 时鲜牛奶经 3 h 变酸，在 280 K 的冰箱内，可保持 48 h 才变酸。试计算该条件下牛奶酸变反应的活化能。

解：$T_1 = 280$ K $T_2 = 303$ K

$\quad\quad t_1 = 48$ h $t_2 = 3$ h

$\quad\quad k_1 \propto \dfrac{1}{48}$ $k_2 \propto \dfrac{1}{3}$

$$\lg \frac{k_2}{k_1} = \frac{E_a}{2.303R}\left(\frac{1}{T_1} - \frac{1}{T_2}\right)$$

将已知数据代入得：

$$E_a = \frac{2.303 \times 8.314 \times 10^{-3} \times 280 \times 303}{303 - 280} \lg 16$$

$$= 77.7 (\text{kJ} \cdot \text{mol}^{-1})$$

【评注】 $v \propto k, v \propto \dfrac{1}{t}$，故 $k \propto \dfrac{1}{t}$。

2-17　It is difficult to prepare many compounds directly from the elements, so $\Delta_f H_m^{\ominus}$ values for these compounds cannot be measured directly. For many organic compounds, it is easier to measure the standard enthalpy of combustion $\Delta_c H_m^{\ominus}$ by reaction of the compounds with excess $O_2(g)$ to form $CO_2(g)$ and $H_2O(l)$. From the following standard enthalpies of combustion at 298.15 K, determine $\Delta_f H_m^{\ominus}$ for the compound.

(1)cyclohexane，$C_6H_{12}(l)$，a useful organic solvent：$\Delta_c H_m^\ominus = -3\ 920$ kJ $\cdot$ mol^{-1}

(2)phenol，$C_6H_5OH(s)$，used as a disinfectant and in the production of thermo-setting plastics：$\Delta_c H_m^\ominus = -3\ 053$ kJ $\cdot$ mol^{-1}

Solution：$(1)C_6H_{12}(l) + 9O_2(g) = 6CO_2(g) + 6H_2O(g)$

$-3\ 920 = 6 \times (-393.509) + 6 \times (-241.818) - \Delta_f H_m^\ominus(C_6H_{12}(l))$

$\Delta_f H_m^\ominus(C_6H_{12}(l)) = 108$ (kJ $\cdot$ mol^{-1})

$(2)C_6H_5OH(s) + 7O_2(g) = 6CO_2(g) + 3H_2O(g)$

$-3\ 053 = 6 \times (-393.509) + 3 \times (-241.818) - \Delta_f H_m^\ominus(C_6H_5OH(s))$

$\Delta_f H_m^\ominus(C_6H_5OH(s)) = -34$ (kJ $\cdot$ mol^{-1})

第 3 章
酸碱平衡
Acid-Base Equilibrium

（建议课外学习时间：20 h）

3.1 内容要点

1.酸碱质子理论

酸碱质子理论认为：能给出质子的物质是酸，能接受质子的物质是碱；酸失去一个质子变为其共轭碱，碱得到一个质子变成其共轭酸；酸碱之间这种相互联系、相互依存的关系称为共轭关系，可以表示为：$HA \rightleftharpoons H^+ + A^-$。酸碱反应的实质就是酸和碱之间通过相互作用，发生质子转移，分别转化为其共轭碱和共轭酸的反应。

2.酸碱电子理论

酸碱电子理论认为：酸是电子对的接受体，是任何可以接受外来电子对的分子或离子，通常称为路易斯酸；碱是电子对的给予体，是可以给出电子对的分子或离子，通常称为路易斯碱。路易斯酸提供空轨道，路易斯碱提供电子对，它们之间通过配位键相结合，生成酸碱加和物，反应过程中不发生电子转移。以 A 表示路易斯酸，:B 表示路易斯碱，A:B 表示酸碱加和物。

3.水的离子积常数

在纯水中，水分子之间也存在质子的传递反应：

$$H_2O(酸) + H_2O(碱) \rightleftharpoons OH^-(碱) + H_3O^+(酸)$$

其中一个水分子作为酸给出一个质子变成其共轭碱 OH^-，另一个水分子作为碱接受一个质子成为其共轭酸 H_3O^+。我们称这种在水分子之间存在的质子传递反应为水的质子自递反应。该反应的平衡常数称为水的质子自递常数或者水的离子积，通常以 $K_w^\ominus$ 来表示。

$$K_w^\ominus = c(H^+) \cdot c(OH^-)$$

$K_w^\ominus$ 与浓度、压力无关,而与温度有关,温度一定时,$K_w^\ominus$ 是一个常数,常温下 $K_w^\ominus = 1.0 \times 10^{-14}$。

4. 一元弱酸(碱)的解离常数

一元弱酸 HA 的解离过程和解离常数分别表示为:

$$HA + H_2O \Longrightarrow H_3O^+ + A^- \qquad K_a^\ominus(HA) = \frac{c(H^+) \cdot c(A^-)}{c(HA)}$$

一元弱碱 A^- 的解离过程和解离常数分别表示为:

$$A^- + H_2O \Longrightarrow OH^- + HA \qquad K_b^\ominus(A^-) = \frac{c(OH^-) \cdot c(HA)}{c(A^-)}$$

5. 多元弱酸(碱)的解离常数

多元弱酸(碱)的解离过程是分步进行的,例如二元弱酸 $H_2C_2O_4$ 的解离过程和解离常数表示为:

$$H_2C_2O_4 + H_2O \Longrightarrow H_3O^+ + HC_2O_4^- \qquad K_{a_1}^\ominus(H_2C_2O_4) = \frac{c(H^+) \cdot c(HC_2O_4^-)}{c(H_2C_2O_4)}$$

$$HC_2O_4^- + H_2O \Longrightarrow H_3O^+ + C_2O_4^{2-} \qquad K_{a_2}^\ominus(H_2C_2O_4) = \frac{c(H^+) \cdot c(C_2O_4^{2-})}{c(HC_2O_4^-)}$$

二元弱碱 S^{2-} 的解离过程和解离平衡常数分别表示为:

$$S^{2-} + H_2O \Longrightarrow OH^- + HS^- \qquad K_{b_1}^\ominus(S^{2-}) = \frac{c(OH^-) \cdot c(HS^-)}{c(S^{2-})}$$

$$HS^- + H_2O \Longrightarrow OH^- + H_2S \qquad K_{b_2}^\ominus(S^{2-}) = \frac{c(OH^-) \cdot c(H_2S)}{c(HS^-)}$$

6. 共轭酸碱对 $K_a^\ominus$ 和 $K_b^\ominus$ 之间的关系

共轭酸碱对 HA 和 A^- 的解离常数 $K_a^\ominus$ 和 $K_b^\ominus$ 之间存在如下关系: $K_a^\ominus(HA) \times K_b^\ominus(A^-) = K_w^\ominus$。

7. 弱酸(碱)的解离度

弱酸(碱)的解离度是指弱酸或弱碱在水溶液中达到解离平衡时,已解离的部分的浓度占其总浓度的百分数,通常用 α 来表示。解离度 α 的大小除与弱酸(碱)的本性及温度有关以外,还与溶液的浓度有关。

8. 稀释定律

一元弱酸的解离度与其浓度间存在如下关系:

$$K_a^\ominus(HA) \approx c_0\alpha^2, \text{或者 } \alpha = \sqrt{K_a^\ominus/c_0}$$

这就是稀释定律,它说明,在一定温度下,弱酸或者弱碱的解离度与其浓度的平方根成反比,即浓度越稀,解离度越大。

9. 同离子效应

在弱酸或者弱碱中加入其共轭碱或者共轭酸,从而使平衡向着降低弱酸或者弱碱解离度方向移动的作用称为同离子效应。例如在 HAc 溶液中加入固体 NaAc,由于平衡体系中 Ac⁻ 的浓度增大,平衡向降低 HAc 解离度的方向移动。

10. 盐效应

在弱电解质溶液中加入不含共同离子的强电解质,从而使弱电解质的解离度增大的效应称为盐效应。例如在 HAc 溶液中加入一定量的固体 KCl,由于溶液中离子浓度增加,从而使得 H⁺ 周围阴离子的浓度增大,Ac⁻ 周围阳离子的浓度增大,进而减小了 H⁺ 和 Ac⁻ 结合形成 HAc 的机会,增大了 HAc 的解离度。盐效应与同离子效应相比要小得多。

11. 一元弱酸溶液中各型体的分布

一元弱酸 HA 在水溶液中的两种型体的分布系数可以表示为:

$$\delta(HA) = \frac{c(H^+)}{c(H^+) + K_a^\ominus}$$

$$\delta(A^-) = \frac{K_a^\ominus}{c(H^+) + K_a^\ominus}$$

各种型体的分布系数之和为 1,各型体的分布系数只与酸度有关,而与其浓度无关。

12. 多元弱酸溶液中各型体的分布

二元弱酸 H_2A 在水溶液中的三种型体的分布系数可以表示为:

$$\delta(H_2A) = \frac{c^2(H^+)}{c^2(H^+) + K_{a_1}^\ominus c(H^+) + K_{a_1}^\ominus K_{a_2}^\ominus}$$

$$\delta(HA^-) = \frac{K_{a_1}^\ominus c(H^+)}{c^2(H^+) + K_{a_1}^\ominus c(H^+) + K_{a_1}^\ominus K_{a_2}^\ominus}$$

$$\delta(A^{2-}) = \frac{K_{a_1}^\ominus K_{a_2}^\ominus}{c^2(H^+) + K_{a_1}^\ominus c(H^+) + K_{a_1}^\ominus K_{a_2}^\ominus}$$

三元弱酸 H_3A 在水溶液中的四种型体的分布系数可以表示为:

$$\delta(H_3A) = \frac{c^3(H^+)}{c^3(H^+) + K_{a_1}^\ominus c^2(H^+) + K_{a_1}^\ominus K_{a_2}^\ominus c(H^+) + K_{a_1}^\ominus K_{a_2}^\ominus K_{a_3}^\ominus}$$

$$\delta(H_2A^-) = \frac{K_{a_1}^\ominus c^2(H^+)}{c^3(H^+) + K_{a_1}^\ominus c^2(H^+) + K_{a_1}^\ominus K_{a_2}^\ominus c(H^+) + K_{a_1}^\ominus K_{a_2}^\ominus K_{a_3}^\ominus}$$

$$\delta(HA^{2-}) = \frac{K_{a_1}^\ominus K_{a_2}^\ominus c(H^+)}{c^3(H^+) + K_{a_1}^\ominus c^2(H^+) + K_{a_1}^\ominus K_{a_2}^\ominus c(H^+) + K_{a_1}^\ominus K_{a_2}^\ominus K_{a_3}^\ominus}$$

$$\delta(A^{3-}) = \frac{K_{a_1}^{\ominus}K_{a_2}^{\ominus}K_{a_3}^{\ominus}}{c^3(H^+) + K_{a_1}^{\ominus}c^2(H^+) + K_{a_1}^{\ominus}K_{a_2}^{\ominus}c(H^+) + K_{a_1}^{\ominus}K_{a_2}^{\ominus}K_{a_3}^{\ominus}}$$

同一元弱酸一样,各种型体的分布系数之和为1,各型体的分布系数只与酸度有关,而与其浓度无关。

13. 质子平衡式

根据酸碱质子理论,酸碱反应的实质是酸碱之间的质子转移过程,因此当酸碱反应达到平衡时,酸给出的质子的量应该等于碱所接受的质子的量,这种关系称为质子平衡式,又称质子条件式,简写为 PBE。

14. 质子平衡式的书写方法

要写出质子条件式首先必须选择一些物质作为参考,来考虑质子的得失,这个水准称为质子参考水平,又称零水准。通常选择在溶液中大量存在的参与了质子传递反应的物质作为质子参考水平,一般选择溶剂和酸碱的初始组分。其次根据酸碱反应达到平衡后各种质子参考水平得失质子的情况绘制得失质子关系示意图。最后根据得失质子的量相等的原则写出 PBE。注意在正确的 PBE 中不应该包括属于质子参考水平的物质,也不应该包括与质子传递无关的组分。对于多元酸碱组分一定要注意各浓度项前面的系数,它等于与零水准相比较时该型体得失质子的量。

15. 一元弱酸(碱)溶液酸度的计算

对于分析浓度为 c_0 的某一元弱酸 HA,

如果 $c_0 K_a^{\ominus} \geqslant 20 K_w^{\ominus}$,$c_0/K_a^{\ominus} < 500$,则 $c(H^+) = \sqrt{c(HA)K_a^{\ominus}}$,此式为计算一元弱酸酸度的近似式。

如果 $c_0 K_a^{\ominus} \geqslant 20 K_w^{\ominus}$,$c_0/K_a^{\ominus} \geqslant 500$,则 $c(H^+) = \sqrt{c_0 K_a^{\ominus}}$,此式为计算一元弱酸酸度的最简式。

如果 $c_0 K_a^{\ominus} < 20 K_w^{\ominus}$,$c_0/K_a^{\ominus} > 500$,则 $c(H^+) = \sqrt{c_0 K_a^{\ominus} + K_w^{\ominus}}$,此式为计算一元弱酸酸度的近似式。

一元弱碱的 $c(OH^-)$ 的计算,方法与上述方法完全相同,只是将上述各公式中的 $c(H^+)$ 和 $K_a^{\ominus}$ 分别以 $c(OH^-)$ 和 $K_b^{\ominus}$ 代替即可。

16. 多元弱酸(碱)溶液酸度的计算

多元弱酸(碱)在水溶液中是分步解离的,通常其第一级解离常数远大于第二级解离常数;而且第一级解离所解离出的氢离子对第二级解离的同离子效应,进一步降低了第二级解离的解离度,因此可以近似认为溶液中的氢离子主要是由第一级解离生成的,其他各级解离可以忽略不计,所以对于多元弱酸的氢离子浓度的计算可以按照一元弱酸来处理,同理,多元弱碱的酸度计算按照一元弱碱来处理。

17. 酸式盐溶液酸度的计算

对于分析浓度为 c_0 的二元弱酸的酸式盐 NaHA，

如果 $c_0 K_{a_2}^{\ominus} \geqslant 20 K_w^{\ominus}$，$c_0 < 20 K_{a_1}^{\ominus}$，则 $c(H^+) = \sqrt{\dfrac{c_0 K_{a_1}^{\ominus} K_{a_2}^{\ominus}}{K_{a_1}^{\ominus} + c_0}}$，这是多元酸酸式盐 H^+ 浓度计算的近似式。

如果 $c_0 K_{a_2}^{\ominus} \geqslant 20 K_w^{\ominus}$，$c_0 \geqslant 20 K_{a_1}^{\ominus}$，则 $c(H^+) = \sqrt{K_{a_1}^{\ominus} K_{a_2}^{\ominus}}$，这是多元酸酸式盐 H^+ 浓度计算的最简式。

如果 $c_0 K_{a_2}^{\ominus} < 20 K_w^{\ominus}$，$c_0 \geqslant 20 K_{a_1}^{\ominus}$，则 $c(H^+) = \sqrt{\dfrac{K_{a_1}^{\ominus}(c_0 K_{a_2}^{\ominus} + K_w^{\ominus})}{c_0}}$，这是多元酸酸式盐 H^+ 浓度计算的近似式。

18. 弱酸弱碱盐溶液的酸度计算

弱酸弱碱盐也是两性物质，可以按照酸式盐的公式进行计算。以弱碱的共轭酸的解离常数作为 $K_{a_1}^{\ominus}$，弱酸的解离常数作为 $K_{a_2}^{\ominus}$，计算公式使用的判断标准与酸式盐完全相同。

19. 缓冲溶液

缓冲溶液可以在一定的程度和范围内稳定溶液的酸度，减小和消除因加入少量酸、碱（或因化学反应产生的少量酸、碱）或适度稀释对溶液 pH 的影响，使其不致发生显著变化，它通常是由一定浓度的相互共轭的弱酸和弱碱所组成的混合体系。

20. 缓冲作用原理

对于由一定浓度的 HA 和其共轭碱 A^- 组成的缓冲体系，其中存在如下平衡：

$$HA + H_2O \Longrightarrow A^- + H_3O^+$$

当向该缓冲体系中加入少量强酸时，H_3O^+ 的浓度增大，由于同离子效应，平衡将向能够减小 H_3O^+ 浓度的方向移动，从而部分抵消了外加少量强酸对体系中 H_3O^+ 的浓度的影响，维持缓冲体系 pH 基本不变。

当向该缓冲体系中加入少量强碱时，OH^- 浓度增大，H_3O^+ 的浓度减小，平衡向能够增加 H_3O^+ 浓度的方向移动，从而部分抵消了外加少量强碱对体系中 H_3O^+ 的浓度的影响，维持缓冲体系的 pH 基本不变。

当向该缓冲体系中加入一定量的水进行稀释，一方面溶液体积的增大降低了 H_3O^+ 的浓度，另一方面由于溶液浓度减小，解离度增大，同离子效应减弱，使得平衡向 H_3O^+ 浓度增大的方向移动，从而维持了缓冲体系 pH 基本不变。

21. 缓冲溶液 pH 的计算

由一元弱酸 HA 及其共轭碱 NaA 组成的缓冲溶液，其 pH 可以通过如下公式进行近似计算：

$$pH = pK_a^\ominus - \lg \frac{c_a}{c_b}$$

式中：c_a 和 c_b 分别为 HA 和 NaA 的初始浓度。

22.缓冲容量

缓冲容量是衡量缓冲溶液缓冲能力大小的尺度。通常缓冲溶液的总浓度越大,或者缓冲溶液中共轭酸碱组分浓度的比值越接近 1∶1,溶液的缓冲容量越大,缓冲能力越强。

23.缓冲范围

一般说来,当缓冲溶液中 c_a 和 c_b 的比值在 10∶1 和 1∶10 之间时,缓冲溶液的缓冲容量不会太小,超出这个范围,缓冲溶液的缓冲容量会很小甚至失去缓冲作用。所以缓冲溶液的有效缓冲范围为 $pH = pK_a^\ominus \pm 1$。

3.2 知识结构图

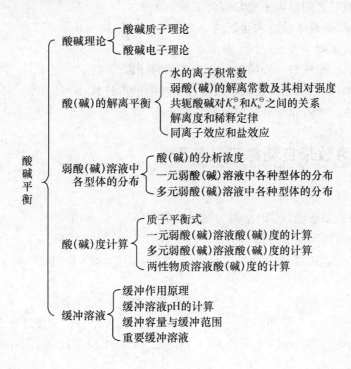

3.3 重点、难点和考点指南

1.重点

(1)酸碱质子理论中酸、碱、共轭酸碱对的概念以及酸碱反应的实质。

(2)酸碱解离平衡、酸碱解离平衡常数以及共轭酸碱对之间解离平衡常数的关系。

(3)解离度及稀释定律。

(4)同离子效应和盐效应。

(5)一元或者多元弱酸(碱)的型体分布。

(6)质子平衡式及各种酸碱的酸度计算。

(7)缓冲溶液的缓冲原理,缓冲容量、缓冲范围的概念以及缓冲溶液酸度的计算。

2. 难点

(1)一元或者多元弱酸(碱)的型体分布。

(2)质子平衡式的书写方法。

(3)一元弱酸(碱)、多元弱酸(碱)及两性物质的酸度计算。

(4)缓冲溶液的缓冲原理及其酸度计算。

3. 考点指南

(1)酸碱质子理论中酸、碱、共轭酸碱对的概念。

(2)共轭酸碱对之间解离平衡常数的关系。

(3)稀释定律、同离子效应和盐效应。

(4)质子平衡式的书写。

(5)一元或者多元弱酸(碱)的型体分布系数的计算。

(6)一元弱酸(碱)、多元弱酸(碱)及两性物质的酸度计算。

(7)缓冲溶液 pH 的计算及缓冲溶液的配制。

3.4 学习效果自测练习及答案

一、是非题

1. 根据酸碱质子理论,H_3BO_3 的共轭碱是 $H_2BO_3^-$。(   )

2. 一元弱酸的解离度和解离常数都只与温度有关而与浓度无关。(   )

3. pH=2.0,分析浓度分别为 0.10 mol·L^{-1} 和 0.010 mol·L^{-1} 的 HAc 溶液的 δ(HAc)相等。(   )

4. 质子平衡式中不可以出现被选择为零水准的物质的浓度项。(   )

5. 缓冲容量的大小与缓冲溶液的总浓度以及各个缓冲组分的浓度之比有关。(   )

6. 在浓度均为 0.01 mol·L^{-1} 的 HCl、H_2SO_4、NaOH 和 NH_4Ac 四种水溶液中,H^+ 和 OH^- 浓度的乘积均相等。(   )

7. 根据稀释定律,弱碱溶液越稀,其解离度就越大,故溶液中 $c(OH^-)$ 越大,溶液 pH 越大。(   )

8. 有一由 HAc-NaAc 组成的缓冲溶液,若溶液中 $c(HAc)>c(NaAc)$,则该缓冲溶液抵抗外来酸的能力大于抵抗外来碱的能力。(   )

9. 碱的解离常数越大,与其共轭酸配制得到的缓冲溶液的 pH 越低。(   )

10. 按酸碱质子理论,HCN-CN^- 为共轭酸碱对,HCN 是弱酸,CN^- 是强碱。(   )

二、选择题

1. 下列物质中只可以作为酸的是____。

A. H_3PO_4　　　　　B. H_2O　　　　　C. $C_2O_4^{2-}$　　　　　D. HCO_3^-

2. 已知 $HAc+NH_3 \rightleftharpoons NH_4Ac$,根据酸碱质子理论判断下列酸碱强度顺序正确的是____。

A. HAc 的酸性小于 NH_4^+　　　　　B. HAc 的酸性大于 NH_4^+

C. NH_3 的碱性小于 NH_4^+　　　　　D. NH_3 的碱性小于 Ac^-

3. 常温下下列各种溶液中的酸或者碱解离度最大的是____。

A. 0.1 mol·L^{-1} HAc 溶液　　　　　B. 0.1 mol·L^{-1} NaAc 溶液

C. 0.01 mol·L^{-1} HAc 溶液　　　　　D. 0.01 mol·L^{-1} NaAc 溶液

4. 下列各种溶液中 NH_3 解离度最大的是____。

A. 0.1 mol·L^{-1} NH_3 溶液

B. 0.2 mol·L^{-1} NH_3 与 0.2 mol·L^{-1} NH_4Cl 溶液等体积混合

C. 0.2 mol·L^{-1} NH_3 与 0.2 mol·L^{-1} NaOH 溶液等体积混合

D. 0.2 mol·L^{-1} NH_3 与 0.2 mol·L^{-1} KCl 溶液等体积混合

5. 分析浓度为 c_0 的某三元弱酸 H_3A,在 $pK_{a_2}^\ominus < pH < pK_{a_3}^\ominus$ 的 pH 区间内的主要存在型体为____。

A. H_3A　　　　　B. H_2A^-　　　　　C. HA^{2-}　　　　　D. A^{3-}

6. 在水溶液中不能大量共存的一组物质是____。

A. H_3PO_4 和 NaH_2PO_4　　　　　B. NaH_2PO_4 和 Na_3PO_4

C. H_2S 和 NaHS　　　　　D. HCN 和 NaCN

7. 在 NH_4HCO_3 的 PBE 中不应该出现的浓度项是____。

A. H_2O　　　　　B. H_2CO_3　　　　　C. NH_3　　　　　D. H_3O^+

8. 已知一元弱酸 HB 溶液的浓度为 0.10 mol·L^{-1},pH=2.00,则 0.10 mol·L^{-1} 的 NaB 溶液的 pH 为____。

A. 12.00　　　　　B. 10.00　　　　　C. 8.00　　　　　D. 6.00

9. 欲配制 pH=9.00 的缓冲溶液,应选用来配制的两种物质是____。

(已知 NH_3 的 $pK_b^\ominus=4.74$,H_3PO_4 的 $pK_{a_3}^\ominus=12.36$,HAc 的 $pK_a^\ominus=4.74$,$H_2C_2O_4$ 的 $pK_{a_1}^\ominus=1.27$,$pK_{a_2}^\ominus=4.19$)

A. $H_2C_2O_4$ 和 $Na_2C_2O_4$　　　　　B. Na_2HPO_4 和 Na_3PO_4

C. HAc 和 NaAc　　　　　D. NH_3 和 HCl

10. 下列各种混合溶液可以作为缓冲溶液使用的是____。

A. 0.2 mol·L^{-1} 的 HCl 溶液与 0.1 mol·L^{-1} NaOH 溶液等体积混合

B. 0.1 mol·L^{-1} 的 HAc 溶液 1.0 mL 与 0.1 mol·L^{-1} 的 NaAc 溶液 1 L 混合

C. 0.2 mol·L^{-1} 的 HAc 溶液与 0.1 mol·L^{-1} NaOH 溶液等体积混合

D. 0.2 mol·L^{-1} 的 NH_3 溶液 1.0 mL,0.1 mol·L^{-1} HCl 溶液 1.0 mL 及 1 L 水混合

11. 将 2.500 g 纯一元弱酸 HA 溶于水并稀释至 500.0 mL,已知该溶液的 pH 为 3.15, $M(HA)=50.0$ g·mol^{-1},则该弱酸的解离常数 $K_a^\ominus$ 为____。

A. 4.0×10^{-6} B. 5.0×10^{-7} C 7.0×10^{-5} D. 5.0×10^{-6}

12. $C_6H_5NH_3^+(aq) \Longrightarrow C_6H_5NH_2(aq) + H^+$,$C_6H_5NH_3^+$ 的起始浓度为 c,解离度为 α,则 $C_6H_5NH_3^+$ 的 $K_a^\ominus$ 值是____。

A. $\dfrac{c\alpha^2}{1-\alpha}$ B. $\dfrac{\alpha^2}{c(1-\alpha)}$ C. $\dfrac{c\alpha^2}{1+\alpha}$ D. $\dfrac{\alpha^2}{c(1+\alpha)}$

13. 下列同浓度的水溶液,pH 最高的是____。

A. NaCl   B. $NaHCO_3$ C. Na_2CO_3 D. NH_4Cl

14. 1 L 0.8 mol·L^{-1} HNO_2 溶液,要使解离度增加 1 倍,若不考虑活度变化,应将原溶液稀释到____。

A. 2 L   B. 3 L   C. 4 L   D. 4.5 L

15. 某弱酸 HA 的 $K_a^\ominus=1\times10^{-5}$,则其 0.1 mol·$L^{-1}$ 溶液的 pH 为____。

A. 1.0   B. 2.0   C. 3.0   D. 3.5

三、填空题

1. 根据酸碱质子理论:$C_2O_4^{2-}$ 是_____,其共轭酸是_____;$H_2C_2O_4$ 是_____,其共轭碱是_____;$HC_2O_4^-$ 是_____,其共轭酸是_____,共轭碱是_____。$H_2C_2O_4$ 在水溶液中的第一步解离过程可以表示为_____和_____两个半反应。

2. 根据酸碱电子理论:$Ni+4CO \Longrightarrow Ni(CO)_4$ 和 $H_3BO_3+H_2O \Longrightarrow [B(OH)_4]^- + H^+$ 两个反应中,路易斯酸分别是_____和_____,路易斯碱分别是_____和_____。

3. 已知 25℃时浓度为 0.10 mol·L^{-1} 的某一元弱酸的 pH 为 3.00,则该酸的解离常数为_____,解离度为_____;将该酸稀释 10 倍后其解离常数为_____,解离度为_____。

4. 25℃时,$K_w^\ominus=1.0\times10^{-14}$,100℃时 $K_w^\ominus=5.4\times10^{-13}$,某一元弱酸 HA 的 $K_a^\ominus(HA)=1.0\times10^{-5}$ 且随温度变化基本保持不变,则 25℃时 $K_b^\ominus(A^-)=$_____,100℃时 $K_b^\ominus(A^-)=$_____。

5. 向 HAc 溶液中加入适量固体 NaAc,溶液中的甲基橙指示剂会由_____色变成_____色,HAc 的解离度_____,这是由_____所引起的;如果向该溶液中加入适量固体 NaCl,HAc 的解离度会_____,这是由于_____所致。

6. 0.1 mol·L^{-1} 的 HCl 20.00 mL 和 0.1 mol·L^{-1} 的 HAc 20.00 mL 分别与 0.1 mol·L^{-1} 的 NaOH 20.00 mL 反应后,HCl 与 NaOH 反应后溶液的 pH _____ HAc 与 NaOH 反应后溶液,这是因为_____。

7. 某二元弱酸 H_2A 的 $pK_{a_1}^\ominus=2.0$,$pK_{a_2}^\ominus=5.0$,当 pH=1.0 时主要存在型体为_____,pH=4.0 时主要存在型体为_____,pH=8.0 时存在的主要型体为_____;当 $c(HA^-)$ 达到最大值时溶液的 pH 为_____。

8. 常温下将相同浓度的某一元弱酸 HA 与其共轭碱 NaA 等体积混合,测得其 pH=6.0,则 $K_a^\ominus(HA)=$_____,$K_b^\ominus(A^-)=$_____;利用该一元弱酸及其共轭碱所配制的缓冲溶液的缓冲范围为_____,缓冲容量最大的该缓冲溶液 pH＝_____。

9.写出下列物质的质子平衡式:HCl 的 PBE 为_____,HCN 的 PBE 为_____;Na_2S 的 PBE 为_____;NH_4HCO_3 的 PBE 为_____;$(NH_4)_2CO_3$ 的 PBE 为_____。

10. 100 mL 0.2 mol·L^{-1}的 NaH_2PO_4 与 50 mL 0.2 mol·L^{-1}的 Na_3PO_4 溶液混合,混合后溶液的 pH 为_____。(已知 $pK_{a_1}^{\ominus}=2.12$;$pK_{a_2}^{\ominus}=7.20$;$pK_{a_3}^{\ominus}=12.36$)

四、计算题

1.利用 Origin 或者 Excel 等软件计算并绘制 HF 水溶液的型体分布图。

2.计算 0.10 mol·L^{-1}的 HAc、HF 和 HCN 的 pH。

3.计算 0.10 mol·L^{-1} NH_4F、$NaHCO_3$ 和 NaHS 溶液的 pH。

4.计算 0.10 mol·L^{-1}的 $H_2C_2O_4$、H_3PO_4 和 H_2S 溶液的 pH。

5.要配制 pH＝9.0 的缓冲溶液 1 L,需要 0.20 mol·L^{-1}的 NH_3 溶液和 0.20 mol·L^{-1} HCl 各多少毫升?

6.有三种酸$(CH_3)_2AsO_2H$,$ClCH_2COOH$,CH_3COOH,它们的 $K_a^{\ominus}$ 值分别是 $6.4×10^{-7}$,$1.4×10^{-5}$,$1.76×10^{-5}$。试问:(1)欲配制 pH＝6.50 的缓冲溶液,用哪种酸最好?(2)配制 1.00 L 这种缓冲溶液(其中酸和它的对应盐的总浓度等于 1.00 mol·L^{-1})需要多少克这种酸和多少克 NaOH?

自测题答案

一、是非题

1.× 2.× 3.√ 4.√ 5.√ 6.√ 7.× 8.× 9.× 10.√

二、选择题

1.A 2.B 3.C 4.D 5.C 6.B 7.A 8.C 9.D 10.C 11.D 12.A 13.C 14.C 15.C

三、填空题

1.碱;$HC_2O_4^-$;酸;$HC_2O_4^-$;两性物质;$H_2C_2O_4$;$C_2O_4^{2-}$

$H_2C_2O_4 \rightleftharpoons H^+ + HC_2O_4^-$;$H_2O + H^+ \rightleftharpoons H_3O^+$

2.Ni;H_3BO_3;CO;H_2O

3.$1×10^{-5}$;1.0%;$1×10^{-5}$;3.2%

4.$1.0×10^{-9}$;$5.4×10^{-8}$

5.红;黄;减小;同离子效应;增大;盐效应

6.小于;Ac^- 的碱性比 Cl^- 强

7.H_2A;HA^-;A^{2-};3.5

8.$1.0×10^{-6}$;$1.0×10^{-8}$;5.0~7.0;6.0

9. $c(H^+)=c(OH^-)+c(Cl^-)$;$c(H^+)=c(OH^-)+c(CN^-)$;

$c(H^+)+c(HS^-)+2c(H_2S)=c(OH^-)$;

$c(H^+)+c(H_2CO_3)=c(OH^-)+c(NH_3)+c(CO_3^{2-})$;

$$c(H^+) + c(HCO_3^-) + 2c(H_2CO_3) = c(OH^-) + c(NH_3)$$

10. 7.50

四、计算题

1.

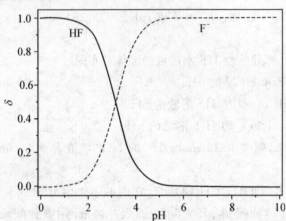

2. 2.89；2.11；5.10

3. 5.22；8.31；9.80

4. 1.29；1.62；4.00

5. 608；392

6. $ClCH_2COOH$；需要 $ClCH_2COOH$ 138 g，加 NaOH 26.8 g

3.5 教材习题选解

基础题

3-1 (1)C (2)C (3)B (4)B (5)B (6)A (7)C (8)B

3-5 根据下列各种碱的共轭酸的 $K_a^\ominus$ 值计算它们的 $K_b^\ominus$ 值，并按照碱性从强到弱的顺序进行排列。

Na_3PO_4，Na_2CO_3，NaCN，NaF，NaSCN

解：H_3PO_4 的 $K_{a_1}^\ominus = 7.5 \times 10^{-3}$，$K_{a_2}^\ominus = 6.3 \times 10^{-8}$，$K_{a_3}^\ominus = 4.3 \times 10^{-13}$，则：

PO_4^{3-} 的 $K_{b_1}^\ominus = \dfrac{K_w^\ominus}{K_{a_3}^\ominus} = \dfrac{1.0 \times 10^{-14}}{4.3 \times 10^{-13}} = 2.3 \times 10^{-2}$，$K_{b_2}^\ominus = \dfrac{K_w^\ominus}{K_{a_2}^\ominus} = \dfrac{1.0 \times 10^{-14}}{6.3 \times 10^{-8}} = 1.6 \times 10^{-7}$

$$K_{b_3}^\ominus = \dfrac{K_w^\ominus}{K_{a_1}^\ominus} = \dfrac{1.0 \times 10^{-14}}{7.5 \times 10^{-3}} = 1.3 \times 10^{-12}$$

H_2CO_3 的 $K_{a_1}^\ominus = 4.2 \times 10^{-7}$，$K_{a_2}^\ominus = 5.6 \times 10^{-11}$，则：

CO_3^{2-} 的 $K_{b_1}^\ominus = \dfrac{K_w^\ominus}{K_{a_2}^\ominus} = \dfrac{1.0 \times 10^{-14}}{5.6 \times 10^{-11}} = 1.8 \times 10^{-4}$，$K_{b_2}^\ominus = \dfrac{K_w^\ominus}{K_{a_1}^\ominus} = \dfrac{1.0 \times 10^{-14}}{4.2 \times 10^{-7}} = 2.4 \times 10^{-8}$

HCN 的 $K_a^\ominus = 6.2 \times 10^{-10}$，则：

CN^- 的 $K_b^\ominus = \dfrac{K_w^\ominus}{K_a^\ominus} = \dfrac{1.0 \times 10^{-14}}{6.2 \times 10^{-10}} = 1.6 \times 10^{-5}$

HF 的 $K_a^{\ominus}=6.6\times10^{-4}$，则：

$$F^{-} \text{ 的 } K_b^{\ominus}=\frac{K_w^{\ominus}}{K_a^{\ominus}}=\frac{1.0\times10^{-14}}{6.6\times10^{-4}}=1.5\times10^{-11}$$

HSCN 的 $K_a^{\ominus}=1.4\times10^{-1}$，则：

$$SCN^{-} \text{ 的 } K_b^{\ominus}=\frac{K_w^{\ominus}}{K_a^{\ominus}}=\frac{1.0\times10^{-14}}{1.4\times10^{-1}}=7.1\times10^{-14}$$

根据相应共轭酸计算出的共轭碱的解离常数的大小，可以判断出其碱性由强到弱的顺序为：$Na_3PO_4 > NaCN > Na_2CO_3 > NaF > NaSCN$。

【评注】酸或者碱的多级解离过程中，由于其二级或者三级解离常数一般远小于其一级解离，且一级解离所解离出的 H^+ 或者 OH^- 对于多元酸或者多元碱的二级或者三级解离的同离子效应将进一步降低其解离度，所以决定多元酸或多元碱酸碱性强弱的主要因素是其第一级解离。共轭酸碱的解离常数之间存在 $K_a^{\ominus}\times K_b^{\ominus}=K_w^{\ominus}$ 的定量关系，所以酸的酸性越强，其共轭碱的碱性就越弱；反之，碱的碱性越强，其共轭酸的酸性就越弱。因此通过比较上述各种碱的共轭酸的酸性也可以直接获得各种碱的碱性的强弱关系。

3-6 计算 $0.10\ mol\cdot L^{-1}\ NH_3$ 溶液的解离度 α，在 1 L 该溶液中加入 5.4 g NH_4Cl 固体（假设溶液体积不变），求该溶液的解离度 α，并比较两种溶液解离度的大小。

解：NH_3 的 $K_b^{\ominus}=1.8\times10^{-5}$，根据稀释定律

$$\alpha=\sqrt{\frac{K_b^{\ominus}}{c_0}}=\sqrt{\frac{1.8\times10^{-5}}{0.10}}=1.3\%$$

在上述溶液中加入 5.4 g NH_4Cl 且忽略溶液体积变化，则溶液中 $c(NH_4^+)=0.10\ mol\cdot L^{-1}$，

$$K_b^{\ominus}=\frac{c(NH_4^+)\cdot c(OH^-)}{c(NH_3)}=\frac{0.10\times c(OH^-)}{0.10}=1.8\times10^{-5}$$

$$c(OH^-)=1.8\times10^{-5}(mol\cdot L^{-1})$$

$$\alpha=\frac{c(OH^-)}{c(NH_3)}=\frac{1.8\times10^{-5}}{0.10}=1.8\times10^{-4}=0.018\%$$

【评注】在弱酸或者弱碱中加入其共轭碱或者共轭酸，从而使平衡向着降低弱酸或者弱碱解离度方向移动的作用称为同离子效应。在弱电解质溶液中加入不含共同离子的强电解质，使弱电解质的解离度增大的效应称为盐效应。需要注意的是，在发生同离子效应的同时必然伴随着盐效应，只不过在同离子效应和盐效应同时存在的时候，同离子效应起主导作用。

3-7 写出下列物质的质子平衡式：

HCl、HAc、NH_3、S^{2-}、$H_2C_2O_4$、Na_3PO_4、$(NH_4)_3PO_4$、NH_4HCO_3

解：HCl 的 PBE 为：$c(H^+)=c(OH^-)+c(Cl^-)$

HAc 的 PBE 为：$c(H^+)=c(OH^-)+c(Ac^-)$

NH_3 的 PBE 为：$c(H^+)+c(NH_4^+)=c(OH^-)$

S^{2-} 的 PBE 为：$c(H^+)+c(HS^-)+2c(H_2S)=c(OH^-)$

$H_2C_2O_4$ 的 PBE 为：$c(H^+)=c(OH^-)+c(HC_2O_4^-)+2c(C_2O_4^{2-})$

Na_3PO_4 的 PBE 为：$c(H^+)+c(HPO_4^{2-})+2c(H_2PO_4^-)+3c(H_3PO_4)=c(OH^-)$

$(NH_4)_3PO_4$ 的 PBE 为：$c(H^+)+c(HPO_4^{2-})+2c(H_2PO_4^-)+3c(H_3PO_4)=c(OH^-)+c(NH_3)$

NH_4HCO_3 的 PBE 为：$c(H^+)+c(H_2CO_3)=c(OH^-)+c(NH_3)+c(CO_3^{2-})$

【评注】酸碱平衡是一个多重平衡体系，质子平衡式是根据酸碱质子理论计算溶液酸性的基本关系式。无论是一元弱酸（碱）、多元弱酸（碱），还是两性物质的酸度计算都是在质子平衡式的基础上进行合理的近似获得这些物质溶液酸度计算的近似式。书写质子平衡式主要包括三步：(1)根据起始组分和溶剂选择零水准，通常零水准选择溶剂和酸碱起始组分；(2)根据零水准得失质子情况绘制得失质子关系示意图；(3)根据得失质子的量相等的原则写出 PBE。最后根据 PBE 中不包括零水准物质及得失质子数量关系检查 PBE 的正确性。

3-8 计算 pH＝10.00 的 0.10 mol·L^{-1} 的 Na_2S 溶液中 S^{2-} 各种型体的分布系数及平衡浓度。

解：Na_2S 溶液中存在 H_2S，HS^- 和 S^{2-} 三种型体，则：

$$\delta(H_2S)=\frac{c^2(H^+)}{c^2(H^+)+K_{a_1}^\ominus c(H^+)+K_{a_1}^\ominus K_{a_2}^\ominus}$$

$$=\frac{(1.0\times10^{-10})^2}{(1.0\times10^{-10})^2+1.07\times10^{-7}\times1.0\times10^{-10}+1.07\times10^{-7}\times1.3\times10^{-13}}=9.32\times10^{-4}$$

$$\delta(HS^-)=\frac{K_{a_1}^\ominus c(H^+)}{c^2(H^+)+K_{a_1}^\ominus c(H^+)+K_{a_1}^\ominus K_{a_2}^\ominus}$$

$$=\frac{1.07\times10^{-7}\times1.0\times1.0^{-10}}{(1.0\times10^{-10})^2+1.07\times10^{-7}\times1.0\times10^{-10}+1.07\times10^{-7}\times1.3\times10^{-13}}=0.998$$

$$\delta(S^{2-})=\frac{K_{a_1}^\ominus K_{a_2}^\ominus}{c^2(H^+)+K_{a_1}^\ominus c(H^+)+K_{a_1}^\ominus K_{a_2}^\ominus}$$

$$=\frac{1.07\times10^{-7}\times1.3\times10^{-13}}{(1.0\times10^{-10})^2+1.07\times10^{-7}\times1.0\times10^{-10}+1.07\times10^{-7}\times1.3\times10^{-13}}=1.30\times10^{-3}$$

$c(H_2S)=c_0\times\delta(H_2S)=0.10\times9.32\times10^{-4}=9.32\times10^{-5}(mol\cdot L^{-1})$

$c(HS^-)=c_0\times\delta(HS^-)=0.10\times0.998=9.98\times10^{-2}(mol\cdot L^{-1})$

$c(S^{2-})=c_0\times\delta(S^{2-})=0.10\times1.30\times10^{-3}=1.30\times10^{-4}(mol\cdot L^{-1})$

【评注】一元或者多元弱酸（碱）的型体分布系数只与溶液的酸度有关而与其分析浓度无关，即在 pH 一定的情况下一元或者多元弱酸（碱）中各种型体的分布系数是确定的，所以在计算一元或者多元弱碱的分布系数时可以直接利用对应一元或者多元弱酸的型体分布系数的公式计算。例如在本例中我们在计算 Na_2S 中 H_2S，HS^- 和 S^{2-} 的分布系数时就直接使用了 H_2S 各个型体的分布系数计算公式。一元或者多元弱酸（碱）型体分布系数对于我们深入理解后续各章中的沉淀平衡、配位平衡以及氧化还原平衡中的相关内容具有重要意义。

3-9 计算下列水溶液的 pH。

(1)0.10 mol·L^{-1} NH_4Cl 溶液　　　　(2)0.050 mol·L^{-1} $H_2C_2O_4$ 溶液

(3)0.10 mol·L^{-1} KSCN 溶液　　　　(4)0.20 mol·L^{-1} Na_3PO_4 溶液

(5)0.20 mol·L^{-1} NH_4CN 溶液　　　　(6)0.15 mol·L^{-1} NaH_2PO_4 溶液

解：

(1) NH_3 的 $K_b^\ominus = 1.8 \times 10^{-5}$，$NH_4^+$ 的 $K_a^\ominus = \dfrac{K_w^\ominus}{K_b^\ominus} = \dfrac{1.0 \times 10^{-14}}{1.8 \times 10^{-5}} = 5.6 \times 10^{-10}$

$\quad c_0 K_a^\ominus = 0.10 \times 5.6 \times 10^{-10} = 5.6 \times 10^{-11} \geqslant 20 K_w^\ominus$

$\quad c_0 / K_a^\ominus = 0.10 / (5.6 \times 10^{-10}) = 1.8 \times 10^{8} > 500$

$\quad c(H^+) = \sqrt{c_0 K_a^\ominus} = \sqrt{0.10 \times 5.6 \times 10^{-10}} = 7.5 \times 10^{-6}$

$\quad pH = -\lg c(H^+) = -\lg(7.5 \times 10^{-6}) = 5.1$

(2) $H_2C_2O_4$ 的 $K_{a_1}^\ominus = 5.4 \times 10^{-2}$，$K_{a_2}^\ominus = 6.4 \times 10^{-5}$

$\quad c_0 K_{a_1}^\ominus = 0.050 \times 5.4 \times 10^{-2} = 2.7 \times 10^{-3} \geqslant 20 K_w^\ominus$

$\quad c_0 / K_{a_1}^\ominus = 0.050 / (5.4 \times 10^{-2}) = 0.93 < 500$

$$c(H^+) = \frac{-K_{a_1}^\ominus + \sqrt{K_{a_1}^{\ominus 2} + 4 c_0 K_{a_1}^\ominus}}{2}$$

$$= \frac{-5.4 \times 10^{-2} + \sqrt{(5.4 \times 10^{-2})^2 + 4 \times 0.050 \times 5.4 \times 10^{-2}}}{2} = 3.2 \times 10^{-2}$$

$\quad pH = -\lg c(H^+) = -\lg(3.2 \times 10^{-2}) = 2.3$

(3) $HSCN$ 的 $K_a^\ominus = 0.14$，SCN^- 的 $K_b^\ominus = \dfrac{K_w^\ominus}{K_a^\ominus} = \dfrac{1.0 \times 10^{-14}}{0.14} = 7.1 \times 10^{-14}$

$\quad c_0 K_b^\ominus = 0.10 \times 7.1 \times 10^{-14} = 7.1 \times 10^{-15} < 20 K_w^\ominus$

$\quad c_0 / K_b^\ominus = 0.10 / (7.1 \times 10^{-14}) = 1.4 \times 10^{12} > 500$

$\quad c(OH^-) = \sqrt{c_0 K_b^\ominus + K_w^\ominus} = \sqrt{0.10 \times 7.1 \times 10^{-14} + 1.0 \times 10^{-14}} = 1.3 \times 10^{-7}$

$\quad pOH = -\lg c(OH^-) = -\lg(1.3 \times 10^{-7}) = 6.9$

$\quad pH = 14.0 - 6.9 = 7.1$

(4) H_3PO_4 的 $K_{a_3}^\ominus = 4.3 \times 10^{-13}$，$PO_4^{3-}$ 的 $K_{b_1}^\ominus = \dfrac{K_w^\ominus}{K_{a_3}^\ominus} = \dfrac{1.0 \times 10^{-14}}{4.3 \times 10^{-13}} = 2.3 \times 10^{-2}$

$\quad c_0 K_{b_1}^\ominus = 0.20 \times 2.3 \times 10^{-2} = 4.6 \times 10^{-3} \geqslant 20 K_w^\ominus$

$\quad c_0 / K_{b_1}^\ominus = 0.20 / (2.3 \times 10^{-2}) = 8.7 < 500$

$$c(OH^-) = \frac{-K_{b_1}^\ominus + \sqrt{K_{b_1}^{\ominus 2} + 4 c_0 K_{b_1}^\ominus}}{2}$$

$$= \frac{-2.3 \times 10^{-2} + \sqrt{(2.3 \times 10^{-2})^2 + 4 \times 0.20 \times 2.3 \times 10^{-2}}}{2} = 5.7 \times 10^{-2}$$

$\quad pOH = -\lg c(OH^-) = -\lg(5.7 \times 10^{-2}) = 1.2$

$\quad pH = 14.0 - 1.2 = 12.8$

(5) $K_a^\ominus(HCN) = 6.2 \times 10^{-10}$；$K_a^\ominus(NH_4^+) = 5.6 \times 10^{-10}$

$\quad c_0 K_a^\ominus(NH_4^+) = 0.20 \times 5.6 \times 10^{-10} = 1.1 \times 10^{-10} \geqslant 20 K_w^\ominus$

$\quad c_0 = 0.20 > 20 K_a^\ominus(HCN) = 20 \times 6.2 \times 10^{-10} = 1.1 \times 10^{-8}$

$\quad c(H^+) = \sqrt{K_a^\ominus(HCN) \times K_a^\ominus(NH_4^+)} = \sqrt{6.2 \times 10^{-10} \times 5.6 \times 10^{-10}} = 5.9 \times 10^{-10}$

$\quad pH = -\lg c(H^+) = -\lg(5.9 \times 10^{-10}) = 9.2$

(6) H_3PO_4 的 $K_{a_1}^{\ominus}=7.5\times10^{-3}$，$K_{a_2}^{\ominus}=6.3\times10^{-8}$

$$c_0K_{a_2}^{\ominus}=0.15\times6.3\times10^{-8}=9.5\times10^{-9}\geqslant20K_w^{\ominus}$$

$$c_0=0.15=20K_{a_1}^{\ominus}=20\times7.5\times10^{-3}=0.15$$

$$c(H^+)=\sqrt{K_{a_1}^{\ominus}\times K_{a_2}^{\ominus}}=\sqrt{7.5\times10^{-3}\times6.3\times10^{-8}}=2.2\times10^{-5}$$

$$pH=-\lg c(H^+)=-\lg(2.2\times10^{-5})=4.7$$

【评注】一元弱酸（碱）、多元弱酸（碱）和两性物质酸度计算是本章的重点、难点和考点之一。正确计算一元弱酸（碱）、多元弱酸（碱）和两性物质酸度关键在于通过所给出的条件选择适当的近似公式进行计算；而选择近似公式的根本在于理解我们是如何对精确式进行近似处理的。同时需要注意的是通过这些理论方法所计算出来的酸度与实验中实际测定的值往往存在一定的差异。

3-10 配制 pH=9.50 的缓冲溶液，应在 1 L 1.0 mol·L⁻¹ 氨溶液中加入多少克固体 NH_4Cl？（忽略体积变化）

解：$pH=pK_a^{\ominus}-\lg\dfrac{c(NH_4^+)}{c(NH_3)}$

$9.50=9.26-\lg\dfrac{c(NH_4^+)}{c(NH_3)}$

$\dfrac{c(NH_4^+)}{c(NH_3)}=0.58$

$c(NH_4^+)=0.58\times c(NH_3)=0.58\times1.0=0.58(mol\cdot L^{-1})$

$n(NH_4Cl)=n(NH_4^+)=0.58\times1=0.58(mol)$

$m(NH_4Cl)=53.5\times0.58=31.0(g)$

【评注】缓冲溶液是本章的重点、难点和考点之一。主要内容包括缓冲溶液的缓冲原理，缓冲容量的概念，缓冲范围的选择以及缓冲溶液的配制方法。对于由弱的共轭酸碱对所组成的缓冲溶液通常采用两种方法进行配制：一是在弱酸（碱）溶液中加入适量的强碱（酸），另一种方法是在弱酸（碱）溶液中加入适量的该弱酸（碱）的共轭碱（酸）。

提高题

3-11 下列化合物中，哪些是路易斯酸，哪些是路易斯碱？

H_3BO_3，PH_3，$BeCl_2$，NO，CO，$Hg(NO_3)_2$，$SnCl_2$，NH_3

解：其中的路易斯酸包括：H_3BO_3，$BeCl_2$，$Hg(NO_3)_2$，$SnCl_2$，路易斯碱包括：PH_3，NO，CO，NH_3。

【评注】酸碱电子理论是酸碱理论的一个重要内容，与酸碱质子理论相比较，它极大地拓展了酸碱的范围，尤其是将许多配位反应归属到酸碱反应的范畴中来；但酸碱电子理论也存在着明显的不足，如各种酸碱之间的强度关系没有一个统一的标准，这也在一定程度上限制了酸碱电子理论的应用。

3-12 根据酸碱质子理论判断下列化学反应方向，并说明其原因。

(a) $HAc + CO_3^{2-} \rightleftharpoons HCO_3^- + Ac^-$

(b) $HS^- + H_2PO_4^- \rightleftharpoons H_3PO_4 + S^{2-}$

(c) $H_2O + SO_4^{2-} \rightleftharpoons HSO_4^- + OH^-$

(d) $H_2O + H_2O \Longrightarrow H_3O^+ + OH^-$

解: (a) $HAc + CO_3^{2-} \Longrightarrow HCO_3^- + Ac^-$ 向正反应方向进行

(b) $HS^- + H_2PO_4^- \Longrightarrow H_3PO_4 + S^{2-}$ 向逆反应方向进行

(c) $H_2O + SO_4^{2-} \Longrightarrow HSO_4^- + OH^-$ 向逆反应方向进行

(d) $H_2O + H_2O \Longrightarrow H_3O^+ + OH^-$ 向逆反应方向进行

【评注】 由于酸碱之间给出和接受质子能力的不同，在酸碱反应中必然存在着酸碱之间争夺质子的竞争，其结果必然是较强的酸给出质子后转化为其共轭碱——弱碱，较强的碱夺得较强的酸给出的质子后转化成其共轭酸——弱酸。也就是说酸碱反应总是由较强的酸和较强的碱相互作用，反应生成较弱的碱和较弱的酸。

3-13 $0.20\ mol \cdot L^{-1}$ 的草酸溶液中加入 NaOH 调节其 pH 为 2.00，计算该混合体系中 $H_2C_2O_4$，$HC_2O_4^-$，$C_2O_4^{2-}$ 的平衡浓度。

解:

$$\delta(H_2C_2O_4) = \frac{c^2(H^+)}{c^2(H^+) + K_{a_1}^{\ominus}c(H^+) + K_{a_1}^{\ominus}K_{a_2}^{\ominus}}$$
$$= \frac{(1\times10^{-2})^2}{(1\times10^{-2})^2 + 5.4\times10^{-2}\times1\times10^{-2} + 5.4\times10^{-2}\times6.4\times10^{-5}} = 15.5\%$$

$$\delta(HC_2O_4^-) = \frac{K_{a_1}^{\ominus}c(H^+)}{c^2(H^+) + K_{a_1}^{\ominus}c(H^+) + K_{a_1}^{\ominus}K_{a_2}^{\ominus}}$$
$$= \frac{5.4\times10^{-2}\times1\times10^{-2}}{(1\times10^{-2})^2 + 5.4\times10^{-2}\times1\times10^{-2} + 5.4\times10^{-2}\times6.4\times10^{-5}} = 83.9\%$$

$$\delta(C_2O_4^{2-}) = \frac{K_{a_1}^{\ominus}K_{a_2}^{\ominus}}{c^2(H^+) + K_{a_1}^{\ominus}c(H^+) + K_{a_1}^{\ominus}K_{a_2}^{\ominus}}$$
$$= \frac{5.4\times10^{-2}\times6.4\times10^{-5}}{(1\times10^{-2})^2 + 5.4\times10^{-2}\times1\times10^{-2} + 5.4\times10^{-2}\times6.4\times10^{-5}} = 0.5\%$$

$c(H_2C_2O_4) = c_0 \times \delta(H_2C_2O_4) = 0.20 \times 15.5\% = 0.031(mol \cdot L^{-1})$

$c(HC_2O_4^-) = c_0 \times \delta(HC_2O_4^-) = 0.20 \times 83.9\% = 0.17(mol \cdot L^{-1})$

$c(C_2O_4^{2-}) = c_0 \times \delta(C_2O_4^{2-}) = 0.20 \times 0.5\% = 0.0010(mol \cdot L^{-1})$

3-14 利用 Origin 或者 Excel 等软件计算并绘制 H_2S 水溶液的型体分布图。

解: 在 Excel 表单中产生从 $0\sim16$ 的 pH 作为一列，间隔 0.2 个 pH 单位，将 pH 转换为 $c(H^+)$ 作为第二列，利用如下三个分布系数公式直接计算出不同 pH 下的 $\delta(H_2S)$，$\delta(HS^-)$ 和 $\delta(S^{2-})$ 值；以 pH 作为横坐标，$\delta(H_2S)$，$\delta(HS^-)$ 和 $\delta(S^{2-})$ 值作为纵坐标即可获得 H_2S 的型体分布图。

$$\delta(H_2S) = \frac{c^2(H^+)}{c^2(H^+) + K_{a_1}^{\ominus}c(H^+) + K_{a_1}^{\ominus}K_{a_2}^{\ominus}}$$

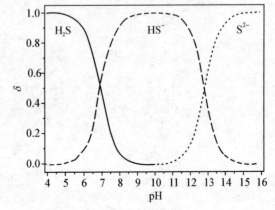

$$\delta(\text{HS}^-) = \frac{K_{a_1}^{\ominus} c(\text{H}^+)}{c^2(\text{H}^+) + K_{a_1}^{\ominus} c(\text{H}^+) + K_{a_1}^{\ominus} K_{a_2}^{\ominus}}$$

$$\delta(\text{S}^{2-}) = \frac{K_{a_1}^{\ominus} K_{a_2}^{\ominus}}{c^2(\text{H}^+) + K_{a_1}^{\ominus} c(\text{H}^+) + K_{a_1}^{\ominus} K_{a_2}^{\ominus}}$$

【评注】掌握一元或者多元弱酸型体分布系数的计算公式以及型体分布图的绘制,对于深入了解弱酸(碱)的存在形式以及对其他平衡体系如沉淀溶解平衡、配位平衡和氧化还原平衡中的一些相关计算将多有裨益。

3-15 Calculate the equilibrium concentration of sulfide ion in a saturated solution of hydrogen sulfide to which enough hydrochloric acid has been added to make the hydronium ion concentration of the solution $0.1 \text{ mol} \cdot \text{L}^{-1}$ at equilibrium. (A saturated H_2S solution is $0.1 \text{ mol} \cdot \text{L}^{-1}$ in hydrogen sulfide.)

Solution：

$$\delta(\text{S}^{2-}) = \frac{K_{a_1}^{\ominus} K_{a_2}^{\ominus}}{c^2(\text{H}^+) + K_{a_1}^{\ominus} c(\text{H}^+) + K_{a_1}^{\ominus} K_{a_2}^{\ominus}}$$

$$= \frac{1.07 \times 10^{-7} \times 1.3 \times 10^{-13}}{0.1^2 + 1.07 \times 10^{-7} \times 0.1 + 1.07 \times 10^{-7} \times 1.3 \times 10^{-13}} = 1.4 \times 10^{-18}$$

$$c(\text{S}^{2-}) = c_0 \times \delta(\text{S}^{2-}) = 0.10 \times 1.4 \times 10^{-18} = 1.4 \times 10^{-19} (\text{mol} \cdot \text{L}^{-1})$$

第 4 章

Chapter 4

沉淀溶解平衡

Precipitating Dissolved Equilibrium

（建议课外学习时间：8 h）

4.1 内容要点

1.溶度积常数

难溶电解质的沉淀溶解平衡可表示为：

$$A_nB_m(s) \rightleftharpoons nA^{m+}(aq) + mB^{n-}(aq)$$

在一定温度时，难溶电解质的饱和溶液中，各离子浓度以其化学计量数为指数的乘积为一常数，该常数称为溶度积常数，简称溶度积，用符号 $K_{sp}^{\ominus}$ 表示。

$$K_{sp}^{\ominus} = c^n(A^{m+}) \cdot c^m(B^{n-})$$

$K_{sp}^{\ominus}$ 值的大小反映了难溶电解质的溶解程度，其值与温度有关，与浓度无关。

2.溶度积常数和溶解度

溶度积 $K_{sp}^{\ominus}$ 和溶解度 s 的数值都可以用来表示物质的溶解能力，它们之间可以互相换算。

AB 型 $\qquad\qquad K_{sp}^{\ominus} = s^2$

$$s = \sqrt{K_{sp}^{\ominus}}$$

A_2B 或 AB_2 型 $\qquad K_{sp}^{\ominus} = 4s^3$

$$s = \sqrt[3]{\frac{K_{sp}^{\ominus}}{4}}$$

A_3B 或 AB_3 型 $\qquad K_{sp}^{\ominus} = 27s^4$

$$s = \sqrt[4]{\frac{K_{sp}^{\ominus}}{27}}$$

3.溶度积原理

对于难溶电解质的多相离子平衡：

$$A_nB_m(s) \rightleftharpoons nA^{m+}(aq) + mB^{n-}(aq)$$

其离子积 Q_i 可表示为：$Q_i = c^n(A^{m+}) \cdot c^m(B^{n-})$

Q_i 和 $K_{sp}^\ominus$ 的表达式相同，但其意义是有区别的。$K_{sp}^\ominus$ 表示难溶电解质沉淀溶解平衡时饱和溶液中离子浓度的乘积，对某一难溶电解质来说，在一定温度下 $K_{sp}^\ominus$ 为一常数，而 Q_i 则表示任何情况下离子浓度的乘积，其值不定。$K_{sp}^\ominus$ 只是 Q_i 的一种特殊情况。

对于某一给定的溶液，溶度积 $K_{sp}^\ominus$ 与离子积 Q_i 之间的关系可能有以下三种情况：

当 $Q_i > K_{sp}^\ominus$ 时，溶液为过饱和溶液，生成沉淀。

当 $Q_i = K_{sp}^\ominus$ 时，溶液为饱和溶液，处于平衡状态。

当 $Q_i < K_{sp}^\ominus$ 时，溶液为未饱和溶液，沉淀溶解。

这就是溶度积原理，常用来判断沉淀的生成与溶解能否发生。

4.同离子效应

因加入含有相同离子的强电解质，而使难溶电解质的溶解度降低的现象，称为同离子效应。

依据同离子效应，加入适当过量的沉淀剂，能使沉淀反应趋于完全。一般情况下，只要溶液中被沉淀的离子浓度小于 10^{-5} mol·L^{-1}，即认为这种离子被沉淀完全了。

5.盐效应

因加入强电解质使难溶电解质的溶解度增大的效应，称为盐效应。盐效应的产生是由于加入易溶解强电解质后，溶液中的各种离子总浓度增大了，增大了离子周围相反电荷离子的浓度，使离子受到较强的牵制作用，降低了它们的有效浓度。

加入具有相同离子的电解质，在产生同离子效应的同时，也能产生盐效应。一般说来，若难溶电解质的溶度积很小，盐效应的影响很小，可忽略不计。

6.分步沉淀

当溶液中同时存在几种离子，加入某种沉淀剂时，根据溶度积原理，生成沉淀所需沉淀剂的离子浓度较小的先沉淀，所需沉淀剂的离子浓度较大的则后沉淀。这种逐滴加入沉淀剂，使混合离子按顺序先后沉淀下来的现象称为分步沉淀或者分级沉淀。对于同一类型的难溶电解质，溶度积差别越大，利用分步沉淀就可以分离得越完全。

常根据金属氢氧化物溶解度间的差别，控制溶液的 pH，使某些金属氢氧化物沉淀出来，另一些金属离子仍保留在溶液中，从而达到分离的目的。

许多金属硫化物的溶解度都很小，但它们的溶度积有一定的差别，并各有特定的颜色。因此，常利用硫化物的这些性质来分离和鉴定某些离子。

7.沉淀的溶解

向难溶电解质的饱和溶液中加入某种物质,可以降低难溶电解质阴离子或阳离子的浓度,使难溶电解质的离子积小于溶度积,则难溶电解质的沉淀就会溶解。用来使沉淀溶解的方法有下列几种:

(1)生成弱电解质使沉淀溶解。

(2)通过氧化还原反应使沉淀溶解。

(3)生成配合物使沉淀溶解。

8.沉淀的转化

由一种沉淀转化为另一种沉淀的过程称为沉淀的转化。相同类型的物质,溶度积较大的沉淀易于转化为溶度积较小的沉淀;不同类型的物质可以通过计算确定其沉淀转化的可能性。

有些沉淀既不溶于酸,也不能通过配位溶解和氧化还原的方法将它溶解,这时,就可以先将其转化为难溶弱酸盐,然后用酸溶解。

4.2　知识结构图

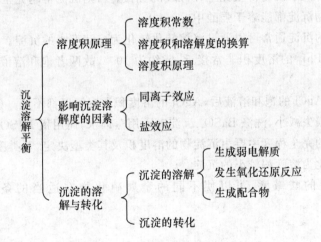

4.3　重点、难点和考点指南

1.重点

(1)溶度积的概念、溶度积和溶解度的换算。

(2)利用溶度积原理判断沉淀的生成和溶解。

(3)同离子效应和盐效应。

(4)沉淀溶解平衡的影响因素。

(5)分步沉淀与沉淀转化。

2．难点

(1)介质酸性、氧化还原反应、配位反应对沉淀溶解平衡的影响。
(2)沉淀溶解和转化的相关计算。

3．考点指南

(1)溶度积和溶解度的换算。
(2)利用溶度积原理判断沉淀的生成和溶解。
(3)分步沉淀和沉淀转化的计算。

4.4 学习效果自测练习及答案

一、是非题

1．对于两种难溶强电解质，可根据 $K_{sp}^{\ominus}$ 判断两者溶解度大小。（   ）

2．把 $AgNO_3$ 溶液滴入 NaCl 溶液中，只有当 $c(Ag^+)=c(Cl^-)$ 时，才能产生 AgCl 沉淀。（   ）

3．为了使某离子沉淀得很完全，所加沉淀剂越多，则沉淀得越完全。（   ）

4．所有硫化物沉淀都能溶于强酸中。（   ）

5．溶解度大的沉淀通常可以通过沉淀转化转化为溶解度小的沉淀。（   ）

6．$CaCO_3$ 和 PbI_2 的溶度积非常接近，皆约为 10^{-8}，故两者饱和溶液中，Ca^{2+} 及 Pb^{2+} 的浓度近似相等。（   ）

7．用水稀释 AgCl 的饱和溶液后，AgCl 的溶度积和溶解度都不变。（   ）

8．为使沉淀损失减小，洗涤 $BaSO_4$ 沉淀时不用蒸馏水，而用稀 H_2SO_4。（   ）

9．沉淀转化的完全程度主要由沉淀物的溶度积及其类型决定，若类型相同，则溶度积较大的沉淀易于转化为溶度积较小的沉淀。（   ）

10．控制溶液的酸碱度，可以使不同的金属硫化物在适当的条件下分步沉淀出来。（   ）

二、选择题

1．$CaCO_3$ 在 $NaNO_3$ 溶液中的溶解度比在纯水中的大，原因是____。
A.同离子效应　　　　B.酸效应　　　　C.盐效应　　　　D.多种效应

2．欲使 $Mg(OH)_2$ 溶解，可加入____。
A.$MgCl_2$　　　　B.NH_4Cl　　　　C.$NH_3 \cdot H_2O$　　　　D.NaOH

3．已知 Ag_2CrO_4 的 $K_{sp}^{\ominus}$，则其在水中的溶解度 s 为____。
A.$(K_{sp}^{\ominus})^{1/2}$　　　　B.$(K_{sp}^{\ominus}/4)^{1/2}$　　　　C.$(K_{sp}^{\ominus})^{1/3}$　　　　D.$(K_{sp}^{\ominus}/4)^{1/3}$

4．CaF_2 的 $K_{sp}^{\ominus}=5.3\times10^{-9}$，在氟离子浓度为 $3.0\ mol \cdot L^{-1}$ 的溶液中 Ca^{2+} 可能的最高浓度是____。
A.$1.8\times10^{-9}\ mol \cdot L^{-1}$　　　　B.$5.9\times10^{-10}\ mol \cdot L^{-1}$

C. 1.8×10^{-10} mol·L^{-1}　　　　　　　　　D. 5.9×10^{-9} mol·L^{-1}

5. 向有 AgCl 固体存在的饱和 AgCl 溶液中加入等体积的 2 mol·L^{-1} 的 $NaNO_3$ 溶液时，AgCl 溶解度____。

　　A. 变大　　　　　　　B. 变小　　　　　　　C. 不变　　　　　　　D. 不能确定

6. 溶液中含有 Cl^-、Br^-、CrO_4^{2-} 三种离子，其浓度均为 0.010 mol·L^{-1}，向该溶液中逐滴加入 $AgNO_3$ 溶液时，最先和最后沉淀的分别是____。

　　A. AgBr 和 Ag_2CrO_4　　　　　　　　　B. Ag_2CrO_4 和 AgCl

　　C. AgBr 和 AgCl　　　　　　　　　　　D. 一起沉淀

7. 微溶化合物 Ag_3AsO_4 在水中的溶解度是 1 L 水中 3.5×10^{-3} g，摩尔质量为 462.52 g·mol^{-1}，微溶化合物 Ag_3AsO_4 的溶度积为____。

　　A. 1.2×10^{-14}　　　　B. 1.2×10^{-18}　　　　C. 3.3×10^{-15}　　　　D. 8.8×10^{-20}

8. CO_3^{2-} 在水中的水解程度较大，且与大气接触的水中都溶解有少量 CO_2，当水中有较多的 CO_2 时，$CaCO_3$ 的溶解度将会____。

　　A. 变小　　　　　　　B. 变大　　　　　　　C. 不变　　　　　　　D. 说不清

9. $CaSO_4$ 沉淀转化成 $CaCO_3$ 沉淀的条件是____。

　　A. $c(SO_4^{2-})/c(CO_3^{2-}) < K_{sp}^{\ominus}(CaSO_4)/K_{sp}^{\ominus}(CaCO_3)$

　　B. $c(SO_4^{2-})/c(CO_3^{2-}) > K_{sp}^{\ominus}(CaSO_4)/K_{sp}^{\ominus}(CaCO_3)$

　　C. $c(SO_4^{2-})/c(CO_3^{2-}) > K_{sp}^{\ominus}(CaCO_3)/K_{sp}^{\ominus}(CaSO_4)$

　　D. $c(SO_4^{2-})/c(CO_3^{2-}) < K_{sp}^{\ominus}(CaCO_3)/K_{sp}^{\ominus}(CaSO_4)$

10. $Mg(OH)_2$ 和 $MnCO_3$ 的 $K_{sp}^{\ominus}$ 数值相近，在 $Mg(OH)_2$ 和 $MnCO_3$ 两份饱和溶液中 Mg^{2+} 和 Mn^{2+} 浓度的关系是____。

　　A. $c(Mg^{2+}) > c(Mn^{2+})$　　　　　　　　B. $c(Mg^{2+}) = c(Mn^{2+})$

　　C. $c(Mg^{2+}) < c(Mn^{2+})$　　　　　　　　D. 无法确定

三、填空题

1. 在浓度均为 0.1 mol·L^{-1} 的 Li^+ 和 Mg^{2+} 的混合液中，逐滴加入 NaF 溶液，最先产生的沉淀是____。已知 $K_{sp}^{\ominus}(LiF) = 1.8 \times 10^{-3}$，$K_{sp}^{\ominus}(MgF_2) = 7.4 \times 10^{-11}$。

2. 同类型的难溶电解质，溶度积大的溶解度也____。当溶液中存在与难溶电解质具有共同离子的其他电解质时，难溶电解质的溶解度____，这种现象称为____。溶液中存在的其他强电解质也会对难溶电解质的溶解产生____，这种效应会使难溶电解质的溶解度____。但在一般条件下____比____的影响大。

3. 碱土金属的氟化物大多是难溶电解质，当不考虑氟离子水解时，所计算的这类氟化物的溶解度会比实际溶解度____，在 pH=3.0 的溶液中这类氟化物的溶解度比在 pH=5.0 的溶液中的溶解度____。

4. 难溶金属硫化物的 $K_{sp}^{\ominus}$ 越小，溶解这种硫化物需要的酸浓度越____，有的甚至____溶于非氧化性酸中，HgS 的 $K_{sp}^{\ominus}$ 极小，在浓硝酸中也不溶解，但可以溶于王水中，这是因为王水具有强酸性和____性，还可以与金属离子形成____。

5. 向浓度均为 0.010 mol·L^{-1} 的 Ag^+ 和 Pb^{2+} 溶液中，滴加 K_2CrO_4 溶液，先产生的沉淀是____。已知：$K_{sp}^{\ominus}(Ag_2CrO_4) = 1.1 \times 10^{-12}$，$K_{sp}^{\ominus}(PbCrO_4) = 1.8 \times 10^{-14}$。

四、计算题

1. 比较 Ag_2CrO_4 与 $BaSO_4$ 的溶解度大小。

2. 写出 AgCl 在纯水、$0.01\ mol \cdot L^{-1}\ NaCl$ 溶液、$0.01\ mol \cdot L^{-1}\ CaCl_2$ 溶液、$0.01\ mol \cdot L^{-1}\ NaNO_3$ 溶液、$0.1\ mol \cdot L^{-1}\ NaNO_3$ 溶液中溶解度大小次序。

3. 将 30.0 mL $0.10\ mol \cdot L^{-1}\ CaCl_2$ 溶液与 70.0 mL $0.050\ mol \cdot L^{-1}\ Na_2SO_4$ 溶液混合,达到平衡后测得溶液中 SO_4^{2-} 浓度为 $6.5 \times 10^{-3}\ mol \cdot L^{-1}$,求 $CaSO_4$ 的 K_{sp}。

4. 溶液中含有 Zn^{2+} 和 Cd^{2+} 各 $0.010\ mol \cdot L^{-1}$,向溶液中通 H_2S 达到饱和,当保持溶液中的 H^+ 浓度为多大时,才可以使 CdS 沉淀完全,而不生成 ZnS。

5. 溶液中 Cl^- 浓度为 $0.10\ mol \cdot L^{-1}$,为了保证在逐滴加入 $AgNO_3$ 时,Cl^- 刚好沉淀完全的同时可生成 Ag_2CrO_4 沉淀,溶液中 CrO_4^{2-} 浓度应为多少?

自测题答案

一、是非题

1. × 2. × 3. × 4. × 5. √ 6. × 7. √ 8. √ 9. √ 10. √

二、选择题

1. C 2. B 3. D 4. B 5. A 6. A 7. D 8. B 9. A 10. A

三、填空题

1. MgF_2

2. 较大;减小;同离子效应;盐效应;增大;同离子效应;盐效应

3. 小;大

4. 大;不;氧化;配位离子

5. $PbCrO_4$

四、计算题

1. Ag_2CrO_4 的溶解度大于 $BaSO_4$ 的溶解度

2. AgCl 的溶解度大小顺序为:$0.1\ mol \cdot L^{-1}\ NaNO_3 > 0.01\ mol \cdot L^{-1}\ NaNO_3 > $纯水$ > 0.01\ mol \cdot L^{-1}\ NaCl > 0.01\ mol \cdot L^{-1}\ CaCl_2$

3. 9.8×10^{-6}

4. H^+ 浓度为 $1.32 \sim 0.24\ mol \cdot L^{-1}$ 时,才可以使 CdS 沉淀完全,而不生成 ZnS

5. 当溶液中 CrO_4^{2-} 浓度为 $3.4 \times 10^{-3}\ mol \cdot L^{-1}$ 时,Cl^- 刚好沉淀完全的同时可生成 Ag_2CrO_4 沉淀

4.5 教材习题选解

基础题

4-1 (1)D (2)C (3)A (4)B (5)A (6)B (7)B (8)C

4-4 下列叙述是否正确?简单说明理由。

(1)溶解度大的,溶度积一定大;

(2)为了使某种离子沉淀得很完全,所加沉淀剂越多,则沉淀得越完全;

(3)所谓沉淀完全,就是指溶液中这种离子的浓度为零;

(4)对含有多种可被沉淀离子的溶液来说,当逐滴慢慢加入沉淀剂时,一定是浓度大的离子首先被沉淀出来。

解:(1)不一定。只有同一类型的难溶电解质才可以通过溶度积来比较它们的溶解度$(mol \cdot L^{-1})$的相对大小。对于不同类型的难溶电解质,则不能直接由它们的溶度积比较其溶解度的相对大小,而要通过具体计算来进行比较。

(2)不正确。依据同离子效应,加入适当过量的沉淀剂,能使沉淀反应趋于完全。但是,如果认为沉淀剂过量愈多沉淀愈完全,因而大量使用沉淀剂,这是片面的。实际上,加入沉淀剂太多时,在产生同离子效应的同时,往往还会因其他副反应和盐效应的作用而使沉淀的溶解度增大。

(3)不正确。一般情况下,只要溶液中被沉淀的离子浓度小于10^{-5} $mol \cdot L^{-1}$,即认为这种离子沉淀完全了。

(4)不正确。哪种离子先被沉淀要根据溶度积常数进行判断,生成沉淀所需沉淀剂的离子浓度较小的先沉淀,所需沉淀剂的离子浓度较大的后沉淀。

4-6　根据 Le Châtelier 原理,解释下列情况下 Ag_2CO_3 溶解度的变化。

(1)加 $AgNO_3(aq)$　　　　　　　(2)加 $HNO_3(aq)$

(3)加 $Na_2CO_3(aq)$　　　　　　　(4)加 $NH_3(aq)$

解:(1)减小,同离子效应。

(2)增大,CO_3^{2-} 和 H^+ 相互结合,生成更弱的酸,打破了两物质原有的平衡。

(3)减小,同离子效应。

(4)增大,配位效应:Ag^+ 和 NH_3 生成$[Ag(NH_3)_2]^+$。

4-7　工业废水的排放标准规定 Cd^{2+} 降到 0.10 $mg \cdot L^{-1}$ 以下即可排放。若用加消石灰中和沉淀法除 Cd^{2+},按理论计算,废水溶液中的 pH 至少应为多少?

解:$c(Cd^{2+}) = 10^{-4} \div 112.4 = 8.9 \times 10^{-7}(mol \cdot L^{-1})$

$$Cd(OH)_2 \Longrightarrow Cd^{2+}(aq) + 2OH^-(aq)$$

平衡时 $c_B/(mol \cdot L^{-1})$　　　　　　　　8.9×10^{-7}　　　x

$K_{sp}^{\ominus}\{Cd(OH)_2\} = 5.27 \times 10^{-15} = (8.9 \times 10^{-7})x^2$

$x = 7.7 \times 10^{-5}$

$c(OH^-) = 7.7 \times 10^{-5}, c(H^+) = 1.3 \times 10^{-10}, pH = 9.9$

【评注】应将 Cd^{2+} 的质量浓度换算成物质的量浓度,根据 $K_{sp}^{\ominus}$ 可计算出产生 $Cd(OH)_2$ 沉淀的最低 OH^- 浓度,进而求出 pH。

4-8　根据 AgI 的溶度积,计算:

(1)AgI 在纯水中的溶解度$(g \cdot L^{-1})$;

(2)在 0.0010 $mol \cdot L^{-1}$ KI 溶液中 AgI 的溶解度$(g \cdot L^{-1})$;

(3)在 0.010 $mol \cdot L^{-1}$ $AgNO_3$ 溶液中 AgI 的溶解度$(g \cdot L^{-1})$。

解:(1)$K_{sp}^{\ominus}(AgI) = c(Ag^+) \times c(I^-) = x^2 = 8.3 \times 10^{-17}$

$x = 9.1 \times 10^{-9}$ $mol \cdot L^{-1}$

$s(AgI) = 234.77 \text{ g} \cdot \text{mol}^{-1} \times 9.1 \times 10^{-9} \text{ mol} \cdot \text{L}^{-1} = 2.1 \times 10^{-6} \text{ g} \cdot \text{L}^{-1}$

（2）$\qquad\qquad\qquad AgI(s) \Longleftrightarrow Ag^+(aq) + I^-(aq)$

平衡时 $c_B/(\text{mol} \cdot \text{L}^{-1}) \qquad\qquad\qquad x \qquad x + 0.001\ 0$

$K_{sp}^{\ominus}(AgI) = c(Ag^+) \times c(I^-) = x(x + 0.001\ 0) \approx x \times 0.001\ 0 = 8.3 \times 10^{-17}$

$x = 8.3 \times 10^{-14} \text{ mol} \cdot \text{L}^{-1}$

$s(AgI) = 234.77 \text{ g} \cdot \text{mol}^{-1} \times 8.3 \times 10^{-14} \text{ mol} \cdot \text{L}^{-1} = 1.9 \times 10^{-11} \text{ g} \cdot \text{L}^{-1}$

（3）$\qquad\qquad\qquad AgI(s) \Longleftrightarrow Ag^+(aq) + I^-(aq)$

平衡时 $c_B/(\text{mol} \cdot \text{L}^{-1}) \qquad\qquad x + 0.010 \qquad x$

$K_{sp}^{\ominus}(AgI) = c(Ag^+) \times c(I^-) = x(x + 0.010) \approx x \times 0.010 = 8.3 \times 10^{-17}$

$x = 8.3 \times 10^{-15} \text{ mol} \cdot \text{L}^{-1}$

$s(AgI) = 234.77 \text{ g} \cdot \text{mol}^{-1} \times 8.3 \times 10^{-15} \text{ mol} \cdot \text{L}^{-1} = 1.9 \times 10^{-12} \text{ g} \cdot \text{L}^{-1}$

【评注】由于溶解度比较小，平衡时产生的 x 比较小，所以 $x + 0.001\ 0 \approx 0.001\ 0$，$x + 0.010 \approx 0.010$。

提高题

4-9　放射化学技术在确定溶度积常数中是很有用的。在测定 $K_{sp}^{\ominus}(AgIO_3)$ 实验中，将 50.0 mL 的 0.010 $\text{mol} \cdot \text{L}^{-1}$ $AgNO_3$ 溶液与 100.0 mL 的 0.030 $\text{mol} \cdot \text{L}^{-1}$ $NaIO_3$ 溶液混合，并稀释至 500.0 mL。然后过滤掉 $AgIO_3$ 沉淀。滤液的放射性计数为 44.4 $\text{s}^{-1} \cdot \text{mL}^{-1}$，原 $AgNO_3$ 溶液的放射性计数 74 025 $\text{s}^{-1} \cdot \text{mL}^{-1}$。计算 $K_{sp}^{\ominus}(AgIO_3)$。（放射性计数与 Ag^+ 的浓度成正比）

解：Ag^+ 与 IO_3^- 反应生成 $AgIO_3$ 沉淀，由于 IO_3^- 是过量的，所以滤液中

$c(IO_3^-) = (0.030 \text{ mol} \cdot \text{L}^{-1} \times 0.100 \text{ L} - 0.010 \text{ mol} \cdot \text{L}^{-1} \times 0.050\ 0 \text{ L})/0.500 \text{ L}$

$\qquad\qquad = 5.0 \times 10^{-3} \text{ mol} \cdot \text{L}^{-1}$

滤液中 Ag^+ 的浓度：

$c(Ag^+) = (44.4 \text{ s}^{-1} \cdot \text{mL}^{-1})/(74\ 025 \text{ s}^{-1} \cdot \text{mL}^{-1}) \times 0.010 \text{ mol} \cdot \text{L}^{-1}$

$\qquad\qquad = 6.0 \times 10^{-6} \text{ mol} \cdot \text{L}^{-1}$

$K_{sp}^{\ominus}(AgIO_3) = c(IO_3^-) \times c(Ag^+) = 5.0 \times 10^{-3} \times 6.0 \times 10^{-6} = 3.0 \times 10^{-8}$

【评注】先判断 IO_3^- 过量，求出滤液中 IO_3^- 的浓度。又由于放射性计数与 Ag^+ 的浓度成正比，所以可求出 Ag^+ 的浓度，再计算 $K_{sp}^{\ominus}$。

4-10　大约 50% 的肾结石是由磷酸钙 $Ca_3(PO_4)_2$ 组成的。每天正常尿液中的钙含量约为 0.10 g Ca^{2+}，正常的排尿量每天为 1.4 L。为不使尿中形成 $Ca_3(PO_4)_2$，其中最大的 PO_4^{3-} 浓度不得高于多少？对肾结石患者来说，医生总让其多饮水。你能简单对其加以说明吗？

解：正常尿液中 Ca^{2+} 的浓度为：

$c(Ca^{2+}) = 0.10 \text{ g}/(40.1 \text{ g} \cdot \text{mol}^{-1} \times 1.4 \text{ L}) = 1.8 \times 10^{-3} \text{ mol} \cdot \text{L}^{-1}$

$\qquad\qquad\qquad Ca_3(PO_4)_2(s) \Longleftrightarrow 3Ca^{2+}(aq) + 2PO_4^{3-}(aq)$

平衡时 $c_B/(\text{mol} \cdot \text{L}^{-1}) \qquad\qquad 1.8 \times 10^{-3} \qquad x$

$K_{sp}^{\ominus}\{Ca_3(PO_4)_2\} = (1.8 \times 10^{-3})^3 \times x^2 = 2.0 \times 10^{-29}$

$x = 5.8 \times 10^{-11} \text{ mol} \cdot \text{L}^{-1}$

所以,尿液中 PO_4^{3-} 的最大浓度为 $5.8×10^{-11}$ mol·L^{-1}。

多饮水,可以降低尿液中的 PO_4^{3-} 浓度,防止生成 $Ca_3(PO_4)_2$ 沉淀。

4-11 在 10.0 mL 0.015 mol·L^{-1} $MnSO_4$ 溶液中

(1)加入 5.0 mL 0.15 mol·L^{-1} $NH_3(aq)$,是否能生成 $Mn(OH)_2$ 沉淀?

(2)先加入 0.495 g $(NH_4)_2SO_4$ 晶体,然后再加入 5.0 mL 0.15 mol·L^{-1} $NH_3(aq)$,是否有 $Mn(OH)_2$ 沉淀生成?

解:(1)$K_{sp}^{\ominus}\{Mn(OH)_2\}=1.9×10^{-13}$,$K_b^{\ominus}(NH_3)=1.8×10^{-5}$,两种溶液混合后,

$c(Mn^{2+})=(0.015$ mol·$L^{-1}×10.0$ mL$)/(10.0+5.0)$mL$=0.010$ mol·L^{-1}

$c(NH_3)=(0.15$ mol·$L^{-1}×5.0$ mL$)/(10.0+5.0)$mL$=0.050$ mol·L^{-1}

由 $NH_3(aq)$的解离平衡计算 OH^- 的浓度:

$$NH_3(aq)+H_2O(l)\Longrightarrow NH_4^+(aq)+OH^-(aq)$$

平衡时 $c_B/($mol·$L^{-1})$ $0.050-x$ x x

$K_b^{\ominus}(NH_3)=x^2/(0.050-x)=1.8×10^{-5}$

$x=9.5×10^{-4}$

$c(OH^-)=9.5×10^{-4}$ mol·L^{-1}

$Q_i=c(Mn^{2+})×c^2(OH^-)=0.010×(9.5×10^{-4})^2=9.0×10^{-9}$

$Q_i>K_{sp}^{\ominus}\{Mn(OH)_2\}$,能生成 $Mn(OH)_2$ 沉淀。

(2)$M\{(NH_4)_2SO_4\}=132.1$ g·mol^{-1},加入$(NH_4)_2SO_4(s)$后

$c(NH_4^+)=(0.495$ g$×2)/[132.1$ g·$mol^{-1}×(0.010+0.005)L]=0.50$ mol·L^{-1}

在 NH_3-NH_4^+ 缓冲溶液中:

$$NH_3(aq)+H_2O(l)\Longrightarrow NH_4^+(aq)+OH^-(aq)$$

平衡时 $c_B/($mol·$L^{-1})$ $0.050-x$ $0.050+x$ x

$K_b^{\ominus}(NH_3)=[(0.050+x)×x]/(0.050-x)=1.8×10^{-5}$, $x=1.8×10^{-6}$

$c(OH^-)=1.8×10^{-6}$ mol·L^{-1}

$Q_i=0.010×(1.8×10^{-6})^2=3.2×10^{-14}<K_{sp}^{\ominus}\{Mn(OH)_2\}$,不能生成 $Mn(OH)_2$ 沉淀。

4-12 在 0.10 mol·L^{-1} $FeCl_2$ 溶液中,不断通入 $H_2S(g)$,使其成为 H_2S 饱和溶液 $[c(H_2S)=0.10$ mol·$L^{-1}]$。若不生成 FeS 沉淀,溶液的 pH 最高不应超过多少?

解:$K_{sp}^{\ominus}(FeS)=6.3×10^{-18}$,$K_{a_1}^{\ominus}(H_2S)=1.07×10^{-7}$, $K_{a_2}^{\ominus}(H_2S)=1.3×10^{-13}$。在 $FeCl_2$ 溶液中通入 H_2S 时,可能有 FeS 沉淀析出,FeS 沉淀刚析出时的 $c(H^+)$ 就是不生成 FeS 沉淀的最低 $c(H^+)$,由此可求出相应的最高 pH。

$$H_2S(aq)+ Fe^{2+}(aq)\Longrightarrow FeS(s)+ 2H^+(aq)$$

平衡时 $c_B/($mol·$L^{-1})$ 0.10 0.10 x

$K^{\ominus}=K_{a_1}^{\ominus}(H_2S)×K_{a_2}^{\ominus}(H_2S)/K_{sp}^{\ominus}(FeS)=2.2×10^{-3}=x^2/0.1^2$

$x=4.7×10^{-3}$

$c(H^+)=4.7×10^{-3}$ mol·L^{-1}

pH$=2.33$

【评注】根据多重平衡原理,找出反应式 $H_2S(aq)+ Fe^{2+}(aq)\Longrightarrow FeS(s)+ 2H^+(aq)$ 的平衡常数 $K^{\ominus}$,再根据反应列方程求解。

4-13 在含有 0.10 mol $\cdot$ L^{-1} Fe^{3+} 和 0.10 mol $\cdot$ L^{-1} Ni^{2+} 的溶液中,调节 pH,使 Fe(OH)$_3$ 沉淀完全,而使 Ni^{2+} 仍留在溶液中。通过计算确定分离 Fe^{3+} 和 Ni^{2+} 的 pH 范围。

解:当 $c(Fe^{3+}) \leqslant 1.0 \times 10^{-5}$ mol $\cdot$ L^{-1} 时,Fe(OH)$_3$ 沉淀完全。

$c(Fe^{3+}) \times c^3(OH^-) = 1.0 \times 10^{-5} \times c^3(OH^-) = K_{sp}^{\ominus}\{Fe(OH)_3\} = 4 \times 10^{-38}$

$pOH = -\lg c(OH^-)$

$pH = 14 - pOH$

由上可解出,使 Fe(OH)$_3$ 沉淀完全的 pH $= 2.63$。

Ni^{2+} 开始沉淀:$c(Ni^{2+}) \times c^2(OH^-) = 0.10 \times c^2(OH^-) = K_{sp}^{\ominus}\{Ni(OH)_2\} = 2.0 \times 10^{-15}$

$pOH = -\lg c(OH^-)$

$pH = 14 - pOH$

由上可解出,使 Ni(OH)$_2$ 开始沉淀的 pH $= 6.85$。

分离 Fe^{3+} 和 Ni^{2+} 的 pH 范围为 $2.63 \sim 6.85$。

【评注】根据溶度积原理求解使 Fe(OH)$_3$ 沉淀完全,而使 Ni(OH)$_2$ 开始沉淀时的 pH。

4-14 某溶液中含 Cl$^-$ 和 CrO$_4^{2-}$,它们的浓度分别是 0.10 mol $\cdot$ L^{-1} 和 0.0010 mol $\cdot$ L^{-1},通过计算证明,逐滴加入 AgNO$_3$ 试剂,哪一种沉淀先析出。当第二种沉淀析出时,第一种离子是否被沉淀完全(忽略由于加入 AgNO$_3$ 所引起的体积变化)。

解:生成 AgCl 沉淀所需要的 Ag$^+$ 最低浓度为 $c_1(Ag^+)$

$c_1(Ag^+) \cdot c(Cl^-) = K_{sp}^{\ominus}(AgCl) = 1.8 \times 10^{-10}$

$$c_1(Ag^+) = \frac{1.8 \times 10^{-10}}{0.10} = 1.8 \times 10^{-9}(mol \cdot L^{-1})$$

Ag$_2$CrO$_4$ 沉淀开始析出时,溶液中 Ag$^+$ 浓度为 $c_2(Ag^+)$

$$c_2(Ag^+) = \sqrt{\frac{K_{sp}^{\ominus}(Ag_2CrO_4)}{c(CrO_4^{2-})}} = \sqrt{\frac{1.1 \times 10^{-12}}{0.0010}} = 3.3 \times 10^{-5}(mol \cdot L^{-1})$$

$c_1(Ag^+) \ll c_2(Ag^+)$,混合溶液中逐滴加入 AgNO$_3$ 时,首先达到 AgCl 的溶度积,AgCl 沉淀先析出,Ag$_2$CrO$_4$ 沉淀后析出。当 Ag$_2$CrO$_4$ 沉淀开始析出时,溶液中 Ag$^+$ 浓度为 3.3×10^{-5} mol $\cdot$ L^{-1},这时 Cl$^-$ 浓度为:

$$c(Cl^-) = \frac{K_{sp}^{\ominus}(AgCl)}{c(Ag^+)} = \frac{1.8 \times 10^{-10}}{3.3 \times 10^{-5}} = 5.5 \times 10^{-6}(mol \cdot L^{-1}) < 1.0 \times 10^{-5} \text{ mol} \cdot L^{-1}$$

这时 Cl$^-$ 已经沉淀完全。

【评注】首先根据溶度积原理求解出析出 AgCl 和 Ag$_2$CrO$_4$ 所需的最低 Ag$^+$ 浓度,比较大小,哪个所需的 Ag$^+$ 浓度越小,哪个先析出。此题确定出 AgCl 先析出所需的 Ag$^+$ 浓度后,可计算出溶液中的 Cl$^-$ 浓度,进而与 1.0×10^{-5} mol $\cdot$ L^{-1} 比较判断是否沉淀完全。

4-15 如果用 Na$_2$CO$_3$ 溶液来处理 CaSO$_4$ 沉淀,使之转化为 CaCO$_3$ 沉淀,这一反应的标准平衡常数是多少?若在 1.0 L Na$_2$CO$_3$ 溶液中使 0.010 mol 的 CaSO$_4$ 全部转化为 CaCO$_3$,求 Na$_2$CO$_3$ 的最初浓度为多少?

解：
$$CaSO_4(s) + CO_3^{2-}(aq) = CaCO_3(s) + SO_4^{2-}(aq)$$

平衡浓度/$(mol \cdot L^{-1})$　　　　　　x　　　　　　　　　　　0.01

$$K^{\ominus} = \frac{c(SO_4^{2-})}{c(CO_3^{2-})} = \frac{c(SO_4^{2-}) \cdot c(Ca^{2+})}{c(CO_3^{2-}) \cdot c(Ca^{2+})} = \frac{K_{sp}^{\ominus}(CaSO_4)}{K_{sp}^{\ominus}(CaCO_3)} = \frac{9.1 \times 10^{-6}}{2.8 \times 10^{-9}} = 3.25 \times 10^3$$

$$0.010/x = K^{\ominus} = 3.25 \times 10^3 \qquad x = 3.08 \times 10^{-6}$$

$$c_0(Na_2CO_3) = (3.08 \times 10^{-6} + 0.010)\ mol \cdot L^{-1} \approx 0.010\ mol \cdot L^{-1}$$

【评注】根据多重平衡原理，找出转化反应的平衡常数 $K^{\ominus}$，再根据已知条件列方程求解。Na_2CO_3 的最初浓度应包括平衡浓度加上用去的浓度（$0.010\ mol \cdot L^{-1}$）。

Chapter 5 第 5 章
氧化还原平衡
The Redox Equilibrium

（建议课外学习时间：18 h）

5.1 内容要点

1.氧化还原反应的基本概念

（1）氧化数 指化学实体中某元素一个原子的表观荷电数，通过假设把每一个化学键中的电子对指定给电负性较大的元素的原子而得出。

（2）氧化与还原 反应中，元素的原子失去电子、氧化数升高的过程称为氧化，元素的原子得到电子、氧化数降低的过程称为还原。

（3）氧化剂与还原剂 反应中，氧化数降低的物质为氧化剂，氧化数升高的物质为还原剂。

（4）氧化还原电对 任何一个氧化还原反应都可以看成是两个半反应之和：一个是氧化剂（氧化型）在反应过程中氧化数降低，氧化型转化为还原型的半反应；另一个是还原剂（还原型）在反应过程中氧化数升高，还原型转化为氧化型的半反应。一对氧化型和还原型物质构成的共轭体系称为氧化还原电对，可用"氧化型/还原型"表示。

（5）原电池 把化学能转变成电能的装置，理论上任何一个化学反应均可以设计成原电池。

（6）电极电势 电极体系中因形成带相反电荷的双电层结构而产生的电势差。

（7）标准电极电势 以标准氢电极为基准，规定其标准电极电势为零，对于其他处于标准态下的电极，其相对于标准氢电极的电极电势称为标准电极电势。

（8）条件电极电势 一定介质条件下，氧化态和还原态的分析浓度都为 $1\ mol\cdot L^{-1}$ 或 $c(Ox')/c(Red')=1$ 时的实际电极电势。

（9）歧化反应 某种元素中间氧化态的物质发生反应，分别生成低于和高于中间氧化态的两种物质的反应。

2.电池符号

一般把负极写在左边,正极写在右边。用"｜"表示两相界面;不存在界面用","表示;用"‖"表示盐桥,盐桥两边为两个半电池。用化学式表示电池物质的组成,并要注明物质的状态,溶液需注明其浓度,气体需注明分压,如不注明,一般指 1 mol·L^{-1} 或 100 kPa。某些电极的电对自身不是金属导体(如 Fe^{3+}/Fe^{2+}),需插入惰性电极(如铂、石墨)作为电子载体,惰性电极在电池符号中也要表示出来。

3.影响电极电势的因素

对于电极反应:
$$aOx + ne^- \rightleftharpoons bRed$$

电极电势与反应温度、反应物浓度等因素的定量关系用能斯特方程表示,在 298.15 K 的温度下,将相关常数代入,能斯特方程可表示为:

$$\varphi = \varphi^{\ominus} + \frac{0.059\ 2\ \text{V}}{n} \lg \frac{c_r^a(\text{Ox})}{c_r^b(\text{Red})}$$

(1)氧化态、还原态浓度　采取适当方法增大氧化态浓度、降低还原态浓度时,电极电势升高,氧化态的氧化能力增强而还原态的还原能力减弱;而降低氧化态浓度、增大还原态浓度时,电极电势下降,氧化态的氧化能力减弱而还原态的还原能力增强。改变浓度的方法有控制溶液中溶质的量、生成难溶电解质、生成弱电解质、生成配合物等方法。

(2)酸度　当 H^+、OH^- 出现在某电极反应中,则改变酸度会影响电极电势。通常对于含氧酸根,如 MnO_4^-、IO_3^- 等,其氧化能力随酸度升高而增强。

4.电极电势的应用

(1)计算原电池的电动势　根据正负两极的组成,用能斯特方程分别计算其实际电极电势,由 $E = \varphi(+) - \varphi(-)$ 计算电池电动势。

(2)判断氧化还原反应的方向　溶液中进行的氧化还原反应,总是朝电极电势较高电对的氧化态物质与电极电势较低电对的还原态物质相互作用,生成电极电势较高电对的还原态物质与电极电势较低电对的氧化态物质的方向进行。

(3)确定氧化还原反应的平衡常数

标准电动势与反应标准自由能的关系:$\Delta_r G_m^{\ominus} = -nFE^{\ominus}$

标准电动势与标准平衡常数的关系(水溶液中):$\lg K^{\ominus} = \dfrac{nE^{\ominus}}{0.059\ 2\ \text{V}}$

(4)测定非氧化还原反应的平衡常数　对于水溶液中进行的非氧化还原反应,通过设计合适的原电池,控制反应条件可以实现平衡常数的电化学测定。如测定某一元弱酸的 $K_a^{\ominus}$,可以设计如下原电池:$(-)\text{Pt} | H_2(100\ \text{kPa}) | \text{HA}(1\ \text{mol·L}^{-1}), A^-(1\ \text{mol·L}^{-1}) \| H^+(1\ \text{mol·L}^{-1}) | H_2(100\ \text{kPa}) | \text{Pt}(+)$。

5.元素电势图

将某元素各种不同氧化数的物质,按氧化数降低的顺序从左到右排列,并用线连接,线上标出相应氧化还原电对的标准电极电势值,就得到该元素的标准电极电势图。利用元素电势图可以判断能否发生歧化反应,计算未知电对的标准电极电势。

5.2 知识结构图

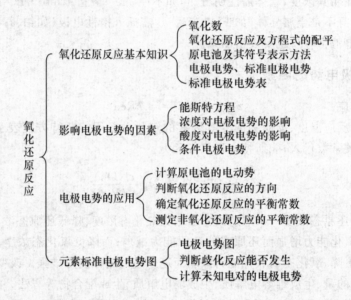

5.3 重点、难点和考点指南

1.重点

(1)氧化数、氧化与还原、氧化态、还原态、氧化还原电对、原电池、电极电势、标准电极电势、条件电极电势、元素电势图、歧化反应。

(2)离子-电子法配平氧化还原反应方程式。

(3)原电池符号、原电池电动势的计算。

(4)能斯特方程及浓度、酸度对电极电势影响的相关计算,电极电势的应用,标准电动势与氧化还原反应平衡常数的关系。

2.难点

氧化数、电极电势与标准电极电势、能斯特方程、影响电极电势的因素、标准电动势与氧化还原反应平衡常数的关系。

3.考点指南

(1)原电池符号的书写,根据原电池符号写电极反应及总反应。

(2)不同反应条件下电极电势、原电池电动势的计算。

（3）利用电极电势判断氧化剂、还原剂的相对强弱，判断氧化还原反应的方向、次序，合适的氧化剂、还原剂的选择。

（4）自由能变与电动势的计算、溶液中反应的标准平衡常数的测量与计算。

（5）氧化还原平衡体系中各组分平衡浓度、转化率的计算。

（6）利用元素电势图计算相关电极的标准电极电势、判断歧化反应能否发生。

5.4 学习效果自测练习及答案

一、是非题

1. 由于 $\varphi^{\ominus}(Cu^{2+}/Cu^{+})=0.153$ V，$\varphi^{\ominus}(I_2/I^-)=0.536$ V，故 Cu^{2+} 和 I^- 不能发生氧化还原反应。（   ）

2. 氢电极的电极电势总是为零。（   ）

3. 计算非标准状态下氧化还原反应的平衡常数，必须先算出非标准状态下的电动势。（   ）

4. 溶液的浓度能影响电极电势，若增加反应 $I_2 + 2e^- \rightleftharpoons 2I^-$ 中有关离子浓度，则电极电势升高。（   ）

5. 分别将 Cu 片和 Ag 片插到 1 mol·L^{-1} 的 $CuSO_4$ 和 1 mol·L^{-1} 的 $AgNO_3$ 溶液中，两溶液用盐桥相连组成原电池，若向 $AgNO_3$ 溶液中滴加氨水，则原电池的电动势将降低。已知 $\varphi^{\ominus}(Cu^{2+}/Cu)=0.337$ V，$\varphi^{\ominus}(Ag^+/Ag)=0.799$ V。（   ）

6. 向标准氢电极中加 NaAc 固体直至 HAc 与 NaAc 的相对浓度均为 1 时，电对 HAc/H_2 处于热力学标准态。（   ）

7. 将反应 $2Fe^{3+}+Cu=2Fe^{2+}+Cu^{2+}$ 改写成 $Fe^{3+}+\frac{1}{2}Cu=Fe^{2+}+\frac{1}{2}Cu^{2+}$，在标准状态下，两反应的 $K^{\ominus}$ 和 $E^{\ominus}$ 值均相同。（   ）

8. 氧化数在数值上就是元素的化合价。（   ）

9. $\varphi^{\ominus}$ 是具有强度性质的量，其值与标准电极反应中各物质前的计量数无关。（   ）

10. 在氧化还原反应中，两个电对 $\varphi^{\ominus}$ 值相差越大，则反应进行得越快。（   ）

二、选择题

1. 标准态下，下述两个反应均能正向自发进行，

$Cr_2O_7^{2-} + 6Fe^{2+} + 14H^+ = 2Cr^{3+} + 6Fe^{3+} +7H_2O$

$2Fe^{3+} + Sn^{2+} = 2Fe^{2+} + Sn^{4+}$，则结论正确的是____。

A. $\varphi^{\ominus}(Fe^{3+}/Fe^{2+})>\varphi^{\ominus}(Sn^{4+}/Sn^{2+})>\varphi^{\ominus}(Cr_2O_7^{2-}/Cr^{3+})$

B. $\varphi^{\ominus}(Cr_2O_7^{2-}/Cr^{3+})>\varphi^{\ominus}(Sn^{4+}/Sn^{2+})>\varphi^{\ominus}(Fe^{3+}/Fe^{2+})$

C. $\varphi^{\ominus}(Cr_2O_7^{2-}/Cr^{3+})>\varphi^{\ominus}(Fe^{3+}/Fe^{2+})>\varphi^{\ominus}(Sn^{4+}/Sn^{2+})$

D. $\varphi^{\ominus}(Sn^{4+}/Sn^{2+})>\varphi^{\ominus}(Fe^{3+}/Fe^{2+})>\varphi^{\ominus}(Cr_2O_7^{2-}/Cr^{3+})$

2. 下列电对中，$\varphi^{\ominus}$ 最大的是____。

A. $\varphi^{\ominus}\{Fe(OH)_3/Fe\}$ B. $\varphi^{\ominus}\{[Fe(CN)_6]^{3-}/Fe\}$

C. $\varphi^{\ominus}(Fe^{3+}/Fe)$ D. $\varphi^{\ominus}\{[FeF_6]^{3-}/Fe\}$

3. 已知 $\varphi^{\ominus}(Sn^{4+}/Sn^{2+})=0.151$ V, $\varphi^{\ominus}(Sn^{2+}/Sn)=-0.136$ V, $\varphi^{\ominus}(Fe^{3+}/Fe^{2+})=0.771$ V, $\varphi^{\ominus}(Fe^{2+}/Fe)=-0.440$ V, $\varphi^{\ominus}(O_2/H_2O)=1.229$ V。为配制澄清、透明、稳定的氯化亚锡溶液,需采取的措施为____。

A. 氯化亚锡溶于浓盐酸后,加水稀释,再加少许铁粉

B. 氯化亚锡溶于水中,再加盐酸溶解白色沉淀

C. 氯化亚锡溶于少量浓盐酸后,加水稀释,再加少量金属锡粒于溶液中

D. 氯化亚锡溶于水中,加盐酸溶解白色沉淀后再加少许还原铁粉

4. 已知 $\varphi^{\ominus}(Zn^{2+}/Zn)=-0.763$ V, $[Zn(CN)_4]^{2-}$ 的稳定常数 $K_f^{\ominus}\{[Zn(CN)_4]^{2-}\}=5\times10^{16}$,则电对 $[Zn(CN)_4]^{2-}/Zn$ 的 $\varphi^{\ominus}$ 为____。

A. -0.763 V   B. -1.52 V   C. -1.76 V   D. -1.26 V

5. 298 K 时,已知反应 $3A^{2+}+2B=3A+2B^{3+}$,其标准电动势为 1.20 V,在某条件下,其电动势为 1.50 V,则该反应的 $\lg K^{\ominus}$ 等于____。

A. $\dfrac{3\times1.5}{0.0592}$ B. $\dfrac{6\times1.5}{0.0592}$ C. $\dfrac{3\times1.2}{0.0592}$ D. $\dfrac{6\times1.2}{0.0592}$

6. 在含有 Fe^{3+} 和 Fe^{2+} 的溶液中,加入后可使 Fe^{3+}/Fe^{2+} 电对的电极电势降低(不考虑离子强度的影响)的溶液是____。

A. 邻二氮菲   B. 盐酸   C. H_3PO_4 D. H_2SO_4

7. 下列半电池反应中,被正确配平的是____。

A. $Sn^{2+}+OH^-=SnO_3^{2-}+H_2O+2e^-$ B. $Cr_2O_7^{2-}+14H^++3e^-=2Cr^{3+}+7H_2O$

C. $Bi_2O_5+10H^++2e^-=Bi^{3+}+5H_2O$ D. $H_3AsO_3+6H^++6e^-=AsH_3+3H_2O$

8. 关于条件电极电势 φ',正确的说法是____。

A. 标准电极电势

B. 某条件下的电极电势

C. 电对中 Ox 与 Red 的活度均为 1 时的电极电势

D. 电对中 Ox 与 Red 的分析浓度均为 1 mol·L^{-1} 时的电极电势

9. 某温度 T 时,电池反应 $\dfrac{1}{2}A+\dfrac{1}{2}B_2=\dfrac{1}{2}A^{2+}+B^-$ 的标准电动势为 $E_1^{\ominus}$,$A^{2+}+2B^-=A+B_2$ 的标准电动势为 $E_2^{\ominus}$,则 $E_1^{\ominus}$ 与 $E_2^{\ominus}$ 的关系为____。

A. $E_1^{\ominus}=\dfrac{1}{2}E_2^{\ominus}$ B. $E_1^{\ominus}=E_2^{\ominus}$ C. $E_1^{\ominus}=-\dfrac{1}{2}E_2^{\ominus}$ D. $E_1^{\ominus}=-E_2^{\ominus}$

10. 已知 $\varphi^{\ominus}(I_2/I^-)=0.536$ V, $\varphi^{\ominus}(H_2O_2/H_2O)=1.776$ V, $\varphi^{\ominus}(Cl_2/Cl^-)=1.358$ V, $\varphi^{\ominus}(Na^+/Na)=-2.71$ V,则还原性最强的物质是____。

A. Na   B. H_2O_2 C. Cl^- D. I^-

11. 下列电极,其电极电势与介质酸度无关的是____。

A. MnO_4^-/Mn^{2+} B. O_2/H_2O C. Fe^{3+}/Fe^{2+} D. $Cr_2O_7^{2-}/Cr^{3+}$

12. 根据 $\varphi^{\ominus}(Ag^+/Ag)=0.799$ V，$\varphi^{\ominus}(Cu^{2+}/Cu)=0.337$ V，标准态下能还原 Ag^+ 但不能还原 Cu^{2+} 的还原剂与其对应的氧化态组成的电对的标准电极电势 $\varphi^{\ominus}$ 值应为____。

A. >0.799 V　　　　　　　　　　　　B. <0.337 V

C. >0.799 V 或 <0.337 V　　　　　　D. $0.337\sim0.799$ V

13. 饱和、$1\ mol \cdot L^{-1}$ 和 $0.1\ mol \cdot L^{-1}$ 三种甘汞电极的电极电势依次用 φ_1、φ_2 和 φ_3 表示。电极反应为：$Hg_2Cl_2(s)+2e^-=2Hg(l)+2Cl^-(aq)$，25℃时电极电势大小的关系____。

A. $\varphi_1>\varphi_2>\varphi_3$　　B. $\varphi_2>\varphi_1>\varphi_3$　　C. $\varphi_3>\varphi_2>\varphi_1$　　D. $\varphi_3>\varphi_1>\varphi_2$

三、填空题

1. 含银电极的 $AgNO_3$ 溶液(c_1)通过盐桥与含有锌电极的 $Zn(NO_3)_2$ 溶液(c_2)相连组成原电池，电池符号是_____。

2. 已知金元素的标准电极电势图：$Au^{3+}\ \underline{\ 1.41\ V\ }\ Au^+\ \underline{\ 1.68\ V\ }\ Au$，标准态下，金属元素间能自发进行反应的方程式为_____。

3. 已知 $\varphi^{\ominus}(Fe^{3+}/Fe^{2+})=0.771$ V，则由 $0.1\ mol \cdot L^{-1} Fe^{3+}$ 和 $0.01\ mol \cdot L^{-1} Fe^{2+}$ 所组成的电极，其 $\varphi(Fe^{3+}/Fe^{2+})=$_____。

4. 根据 $\varphi^{\ominus}(Cu^{2+}/Cu)=0.337$ V，$\varphi^{\ominus}(Ag^+/Ag)=0.799$ V，298 K 时，反应 $Cu+2Ag^+=Cu^{2+}+2Ag$ 的平衡常数 $K^{\ominus}=$_____。

5. 将氧化还原反应 $6Fe^{2+}+Cr_2O_7^{2-}+14H^+=6Fe^{3+}+2Cr^{3+}+7H_2O$ 设计成原电池，则原电池符号为_____。

6. 已知 $\varphi^{\ominus}(Co^{3+}/Co^{2+})=1.830$ V，$\varphi^{\ominus}(Co^{2+}/Co)=-0.280$ V，则 $\varphi^{\ominus}(Co^{3+}/Co)=$_____。

7. 已知 $\varphi^{\ominus}(MnO_4^-/Mn^{2+})=1.510$ V，$\varphi^{\ominus}(Cl_2/Cl^-)=1.358$ V，用电对 MnO_4^-/Mn^{2+}、Cl_2/Cl^- 组成的原电池，其正极反应为_____，负极反应为_____，电池的标准电动势等于_____，电池符号为_____。

8. 已知 Cu 元素电势图，$Cu^{2+}\ \underline{\ 0.15\ V\ }\ Cu^+\ \underline{\ 0.52\ V\ }\ Cu$，则歧化反应 $2Cu^+=Cu+Cu^{2+}$ 的 $E^{\ominus}=$_____，25℃时反应的平衡常数 $K^{\ominus}=$_____。

四、简答题和计算题

1. 已知如下实验结果：

(1)KI 与 $FeCl_3$ 溶液反应生成 I_2 和 $FeCl_2$，而 KBr 不能与 $FeCl_3$ 反应。

(2)溴水能与 $FeSO_4$ 反应生成 Br^- 和 Fe^{3+}，而碘水不能与 $FeSO_4$ 反应。

问：上述反应中涉及几个电对？电对的标准电极电势的大小顺序如何？

2. 设计合适的原电池，通过电动势测定 HCOOH(甲酸)的 $K_a^{\ominus}$、CuS(s)的 $K_{sp}^{\ominus}$。

3. 298 K 下列原电池的电动势为 0.328 V 时，

$(-)Pt\ |\ H_2(p_r=1)\ |\ H^+(?\ mol \cdot L^{-1})\ \|\ Cu^{2+}(0.1\ mol \cdot L^{-1})\ |\ Cu\ (+)$

(1)写出原电池的正、负极反应及电池总反应。

(2)计算负极溶液中 H^+ 浓度，已知 $\varphi^{\ominus}(Cu^{2+}/Cu)=0.337$ V。

4.已知

$$3Cu + ClO_3^- (2.0 \ mol \cdot L^{-1}) + 6H^+ (5.0 \ mol \cdot L^{-1}) = Cl^- (1.0 \ mol \cdot L^{-1}) + 3Cu^{2+}$$
$(0.10 \ mol \cdot L^{-1}) + 3H_2O$

(1)将上述反应设计成原电池,写出原电池符号。

(2)计算 298 K 时原电池电动势 E 并判断反应方向。

(3)计算反应的标准平衡常数 $K^{\ominus}$,已知 $\varphi^{\ominus}(Cu^{2+}/Cu) = 0.337$ V,$\varphi^{\ominus}(ClO_3^-/Cl^-) =$
1.450 V。

自测题答案

一、是非题

1.× 2.× 3.× 4.× 5.√ 6.√ 7.× 8.× 9.√ 10.×

二、选择题

1.C 2.C 3.C 4.D 5.D 6.C 7.D 8.D 9.D 10.A 11.C 12.D 13.C

三、填空题

1.$(-)Zn(s) \mid Zn^{2+}(c_2) \parallel Ag^+(c_1) \mid Ag(+)$

2.$3Au^+ = Au^{3+} + 2Au$

3.0.829 V

4.3.47×10^{15}

5.$(-)Pt \mid Fe^{3+}, Fe^{2+} \parallel Cr_2O_7^{2-}, Cr^{3+}, H^+ \mid Pt(+)$

6.0.423 V

7.$MnO_4^- + 8H^+ + 5e^- \Longrightarrow Mn^{2+} + 4H_2O; Cl_2 + 2e^- \Longrightarrow 2Cl^-; 0.152$ V;

$(-)Pt, Cl_2(p) \mid Cl^-(c_1) \parallel MnO_4^-(c_2), Mn^{2+}(c_3), H^+(c_4) \mid Pt(+)$

8.0.370 V;1.78×10^6

四、简答题和计算题

1.Fe^{3+}/Fe^{2+}、Br_2/Br^-、I_2/I^- 三个电对;电极电势的大小为 $\varphi^{\ominus}(Br_2/Br^-) > \varphi^{\ominus}(Fe^{3+}/Fe^{2+}) > \varphi^{\ominus}(I_2/I^-)$

2.$(-)Pt \mid H_2(100 \ kPa) \mid HCOOH(c_1) \parallel H^+(1.0 \ mol \cdot L^{-1}) \mid H_2(100 \ kPa) \mid Pt(+)$

$(-)Cu \mid CuS(s) \mid S^{2-}(c_1) \parallel H^+(1.0 \ mol \cdot L^{-1}) \mid H_2(100 \ kPa) \mid Pt(+)$

3.(1)正极:$Cu^{2+} + 2e^- \Longrightarrow Cu$,负极:$2H^+ + 2e^- \Longrightarrow H_2$,

总反应:$Cu^{2+} + H_2 = Cu + 2H^+$

(2)$c(H^+) = 0.504$

4.(1)正极:$ClO_3^- + 6H^+ + 6e^- \Longrightarrow Cl^- + 3H_2O$,负极:$Cu^{2+} + 2e^- \Longrightarrow Cu$

电池符号:$(-)Cu \mid Cu^{2+}(0.10 \ mol \cdot L^{-1}) \parallel ClO_3^-(2.0 \ mol \cdot L^{-1}), H^+(5.0 \ mol \cdot L^{-1}), Cl^-(1.0 \ mol \cdot L^{-1}) \mid Pt(+)$

(2)$E = 1.18$ V> 0,反应正向进行

(3)$K^{\ominus} = 3.2 \times 10^{112}$

5.5 教材习题选解

基础题

5-1 (1)B (2)B (3)C (4)D (5)D (6)D (7)D (8)B (9)A (10)A

5-3 溶液中 $c(H^+)$ 浓度增加时,下列氧化剂的氧化能力怎样变化?

(1)Cl_2 (2)$Cr_2O_7^{2-}$ (3)Fe^{3+} (4)MnO_4^-

答:Cl_2 和 Fe^{3+} 氧化能力不变,而 $Cr_2O_7^{2-}$ 和 MnO_4^- 的氧化能力随酸度增加而增强。

【评注】对于某些氧化剂或还原剂,在其合适的电极反应条件下,如果反应式中出现了 H^+ 或 OH^-,则酸度的改变会影响氧化剂的氧化能力和还原剂的还原能力。对于含氧酸根来说,其发生还原反应时须有 H^+ 或 OH^- 参与,H^+ 将出现在氧化态物质一方,故酸度增加会增强含氧酸根的氧化能力。

5-4 Calculate the potential of the cell made with a standard bromine electrode as the anode and a standard chlorine electrode as the cathode.

Solution:$E^{\ominus} = \varphi^{\ominus}(+) - \varphi^{\ominus}(-) = \varphi^{\ominus}(Cl_2/Cl^-) - \varphi^{\ominus}(Br_2/Br^-) = 1.358\ V - 1.065\ V = 0.293\ V$

5-5 Diagram the reactions and calculate the potential of the following cells.

(1)$(-)Zn|Zn^{2+}(0.1\ mol \cdot L^{-1}) \| I^-(0.1\ mol \cdot L^{-1}),I_2|Pt(+)$;

(2)$(-)Pt|Fe^{2+}(1\ mol \cdot L^{-1}),Fe^{3+}(1\ mol \cdot L^{-1}) \| Ag^+(1\ mol \cdot L^{-1})|Ag(+)$;

(3)$(-)Pt|H_2(100\ kPa)|H^+(0.001\ mol \cdot L^{-1}) \| H^+(1\ mol \cdot L^{-1})|H_2(100\ kPa)|Pt(+)$;

(4)$(-)Pt|MnO_4^-(1\ mol \cdot L^{-1}),Mn^{2+}(1\ mol \cdot L^{-1}),H^+(1\ mol \cdot L^{-1}) \|$

$\qquad H_2O_2(1\ mol \cdot L^{-1}),H^+(1\ mol \cdot L^{-1})|O_2(100\ kPa)|Pt(+)$

Solution:(1)$I_2 + Zn = Zn^{2+} + 2I^-$,1.388 V

(2)$Ag^+ + Fe^{2+} = Ag + Fe^{3+}$,0.028 V

(3)$H^+(1\ mol \cdot L^{-1}) + H_2(100\ kPa) = H^+(0.001\ mol \cdot L^{-1}) + H_2(100\ kPa)$,0.178 V

(4)$5H_2O_2 + 2Mn^{2+} + 8H_2O = 2MnO_4^- + 5O_2 + 26H^+$,0.266 V

【评注】原电池的电动势等于正负电极的电势差。首先应该根据原电池中各电极的实际组成,如果两电极处于热力学标准态,则应用两电极的标准电极电势计算原电池的电动势,如果电极处于热力学非标准态,则应用能斯特方程分别计算正负两极的实际电极电势,然后再计算原电池的电动势。

5-6 根据标准电极电势解释下列现象:

(1)金属铁能置换铜离子,而三氯化铁溶液又能溶解铜板。

(2)二氯化锡溶液储存时间长易失去还原性。

(3)硫酸亚铁溶液存放会变黄。

解:(1)$\varphi^{\ominus}(Fe^{2+}/Fe) = -0.440\ V$ $\quad \varphi^{\ominus}(Cu^{2+}/Cu) = 0.337\ V$

$\qquad \varphi^{\ominus}(Fe^{3+}/Fe^{2+}) = 0.771\ V$

$\varphi^{\ominus}(Cu^{2+}/Cu) > \varphi^{\ominus}(Fe^{2+}/Fe)$,即 $E^{\ominus} = 0.337\ V - (-0.440\ V) = 0.777\ V > 0$,所以反应 $Fe + Cu^{2+} = Fe^{2+} + Cu$ 能发生。

又 $\varphi^{\ominus}(Fe^{3+}/Fe^{2+}) > \varphi^{\ominus}(Cu^{2+}/Cu)$,即 $E^{\ominus} = 0.771\ V - 0.337\ V = 0.434\ V > 0$,所以反

应 $2Fe^{3+} + Cu = 2Fe^{2+} + Cu^{2+}$ 能发生。

(2)$\varphi^{\ominus}(Sn^{4+}/Sn^{2+}) = 0.151\ V$ $\varphi^{\ominus}(O_2/H_2O) = 1.229\ V$

$\varphi^{\ominus}(O_2/H_2O) > \varphi^{\ominus}(Sn^{4+}/Sn^{2+})$，即 $E^{\ominus} = 1.229\ V - 0.151\ V = 1.078\ V > 0$，所以反应 $2Sn^{2+} + O_2 + 4H^+ = 2Sn^{4+} + 2H_2O$ 能发生。

Sn^{2+} 溶液储存时，易被空气中的氧气氧化，从而失去还原性。

(3)$\varphi^{\ominus}(O_2/H_2O) = 1.229\ V$ $\varphi^{\ominus}(Fe^{3+}/Fe^{2+}) = 0.771\ V$

$\varphi^{\ominus}(O_2/H_2O) > \varphi^{\ominus}(Fe^{3+}/Fe^{2+})$，即 $E^{\ominus} = 1.229\ V - 0.771\ V = 0.458\ V > 0$，所以反应 $2Fe^{2+} + O_2 + 4H^+ = 2Fe^{3+} + 2H_2O$ 能发生。

Fe^{2+} 溶液存放时会被空气中的氧气氧化，变成 Fe^{3+}，从而使溶液显黄色。

【评注】这类题型实际上是利用电极电势判断水溶液中氧化还原反应的方向，通常在不知道电极存在的状态下，可以利用标准电极电势来处理。

5-7　将 Cu 片插入盛有 $0.5\ mol \cdot L^{-1}\ CuSO_4$ 溶液的烧杯中，Ag 片插入盛有 $0.5\ mol \cdot L^{-1}\ AgNO_3$ 溶液的烧杯中：

(1)写出该原电池的电池符号。

(2)写出电极反应式和原电池的电池反应。

(3)求该原电池的电动势。

(4)若加氨水于 $CuSO_4$ 溶液中，电池电动势怎样变化？若加氨水于 $AgNO_3$ 溶液中，情况又如何？

解：(1)电池符号(−)Cu$|$CuSO$_4$(0.5 mol $\cdot$ L^{-1}) $\parallel$ AgNO$_3$(0.5 mol $\cdot$ L^{-1})$|$Ag(+)

(2)负极：$Cu^{2+} + 2e^- \Longrightarrow Cu$，正极：$Ag^+ + e^- \Longrightarrow Ag$，

电池反应：$Cu + 2Ag^+ = 2Ag + Cu^{2+}$

(3) $$E = [\varphi^{\ominus}(Ag^+/Ag) - \varphi^{\ominus}(Cu^{2+}/Cu)] - \frac{0.059\ 2}{2}\lg\frac{0.5}{0.5^2}$$
$$= (0.799 - 0.337) - 0.008\ 9 = 0.453(V)$$

(4)若加氨水于 $CuSO_4$ 溶液中，则发生反应 $Cu^{2+} + 4NH_3 \Longrightarrow [Cu(NH_3)]^{2+}$，$Cu^{2+}$ 浓度减小，E 值增大。若加氨水于 $AgNO_3$ 溶液中，则发生反应 $Ag^+ + 2NH_3 \Longrightarrow [Ag(NH_3)_2]^+$，$Ag^+$ 浓度减小，E 值减小。

【评注】当向电极中加入配位剂时，如果电极的组成物质能与其发生反应生成配合物，其浓度的改变会使电极电势发生变化。本例中向电极中加入配位体与电极中的氧化态物质生成配合物，导致氧化态物质的浓度减小，电极电势下降；如果加入的配位体与还原态物质发生反应生成配合物，则会降低还原态物质的浓度而使电极电势升高。

5-8　下列几种说法是否正确？

(1)因为 ClO_3^- 被还原为 Cl^- 得到 $6e^-$，而 ClO^- 被还原为 Cl^- 得到 $2e^-$，则 $\varphi^{\ominus}(ClO_3^-/Cl^-) > \varphi^{\ominus}(ClO^-/Cl^-)$。

(2)$Fe^{3+} + e^- \Longrightarrow Fe^{2+}$，$\varphi^{\ominus} = 0.771\ V$，则 $3Fe^{3+} + 3e^- \Longrightarrow 3Fe^{2+}$，$\varphi^{\ominus} = 0.771\ V \times 3 = 2.313\ V$。

(3)Li 的电负性为 0.97，K 的电负性为 0.91，则 $\varphi^{\ominus}(Li^+/Li) > \varphi^{\ominus}(K^+/K)$。

答：上述三种说法均不正确。

提高题

5-9 已知 $\varphi^{\ominus}(MnO_4^-/Mn^{2+})=1.510\ V$，$\varphi^{\ominus}(Cl_2/Cl^-)=1.358\ V$，$\varphi^{\ominus}(Br_2/Br^-)=1.065\ V$，欲使 Cl^- 和 Br^- 混合液中的 Br^- 被 MnO_4^- 氧化而 Cl^- 不被氧化，溶液的 pH 应控制在什么范围？（假定体系中其余各离子、气体均处于标准态）

解：因假定反应体系除 H^+ 外其余各离子、气体均处于标准态，要使 MnO_4^- 不能氧化 Cl^-，则必须符合：

$$\varphi^{\ominus}(Br_2/Br^-)<\varphi(MnO_4^-/Mn^{2+})<\varphi^{\ominus}(Cl_2/Cl^-)$$

即　$1.065\ V<\varphi(MnO_4^-/Mn^{2+})<1.358\ V$

$$\varphi(MnO_4^-/Mn^{2+})=\varphi^{\ominus}(MnO_4^-/Mn^{2+})+\frac{0.059\ 2\ V}{5}\lg\frac{c(MnO_4^-)c^8(H^+)}{c(Mn^{2+})}$$

$$=1.510\ V+\frac{0.059\ 2\ V}{5}\lg c^8(H^+)$$

当 $1.510\ V+\dfrac{0.059\ 2\ V}{5}\lg c^8(H^+)>1.065\ V$ 时，$c(H^+)>10^{-4.7}\ mol\cdot L^{-1}$。

当 $1.510\ V+\dfrac{0.059\ 2\ V}{5}\lg c^8(H^+)<1.358\ V$ 时，$c(H^+)<10^{-1.6}\ mol\cdot L^{-1}$。

所以，当 $10^{-4.7}\ mol\cdot L^{-1}<c(H^+)<10^{-1.6}\ mol\cdot L^{-1}$ 时，MnO_4^- 只能氧化 Br^-，而不能氧化 Cl^-，即溶液的 pH 应控制在 $1.6\sim4.7$。

【评注】通常，含氧酸根的氧化能力随溶液酸度升高而增强。保持其他组分的浓度不变而改变酸度，可以改变含氧酸根及其还原态所组成的电极的电极电势，达到调整含氧酸根的氧化能力的目的。

5-10　如果下列反应

$$(1)H_2(g)+\frac{1}{2}O_2(g)=H_2O(l)\qquad\Delta_rG_m^{\ominus}(298\ K)=-237\ kJ\cdot mol^{-1}$$

$$(2)C(s)+O_2(g)=CO_2(g)\qquad\Delta_rG_m^{\ominus}(298\ K)=-394\ kJ\cdot mol^{-1}$$

都可以设计成原电池，试计算原电池的电动势 $E^{\ominus}$。

解：$(1)E^{\ominus}=\dfrac{-\Delta_rG_m^{\ominus}}{nF}=\dfrac{-(-237\times10^3\ J\cdot mol^{-1})}{2\times96\ 487\ C\cdot mol^{-1}}=1.228\ V$

$(2)E^{\ominus}=\dfrac{-\Delta_rG_m^{\ominus}}{nF}=\dfrac{-(-394\times10^3\ J\cdot mol^{-1})}{4\times96\ 487\ C\cdot mol^{-1}}=1.021\ V$

【评注】理论上，任何一个化学反应都能设计成合适的原电池，将其化学能转变成电能，本题中的两个反应为燃烧反应，可以设计成燃料电池。

5-11　过量的铁屑置于 $0.050\ mol\cdot L^{-1}$ 的 Cd^{2+} 溶液中，平衡时 Cd^{2+} 的浓度是多少？

解：反应为：　　　　$Fe\ +\ Cd^{2+}\ \rightleftharpoons\ Fe^{2+}\ +\ Cd$

起始浓度/$(mol\cdot L^{-1})$　　　　0.050　　　　0

平衡浓度/$(mol\cdot L^{-1})$　　　　$0.050-x$　　　　x

$\varphi^{\ominus}(Cd^{2+}/Cd)=-0.403\ V\quad\varphi^{\ominus}(Fe^{2+}/Fe)=-0.440\ V$

$E^{\ominus}=\varphi^{\ominus}(Cd^{2+}/Cd)-\varphi^{\ominus}(Fe^{2+}/Fe)=-0.403\ V-(-0.440\ V)=0.037\ V$

$$\lg K^{\ominus} = \frac{nE^{\ominus}}{0.0592 \text{ V}} = \frac{2 \times 0.037 \text{ V}}{0.0592 \text{ V}} = 1.25$$

$$K^{\ominus} = 17.78, K^{\ominus} = \frac{c(Fe^{2+})}{c(Cd^{2+})} = \frac{x}{0.05 - x} = 17.78$$

$$x = 0.0473$$

$c(Cd^{2+}) = 0.050 - 0.0473 = 0.0027 (\text{mol} \cdot \text{L}^{-1})$，即体系中 Cd^{2+} 的相对平衡浓度为 $0.0027 \text{ mol} \cdot \text{L}^{-1}$。

【评注】处理水溶液体系中的氧化还原平衡时，可以依据标准电极电势并结合热力学相关公式计算标准平衡常数，进而计算氧化还原平衡体系的组成。

5-12　298.15 K 下，下列原电池的电动势为 0.500 V 时，

$$(-) Pt, H_2(100 \text{ kPa}) | H^+(? \text{ mol} \cdot \text{L}^{-1}) \| Cu^{2+}(1.0 \text{ mol} \cdot \text{L}^{-1}) | Cu(+)$$

原电池溶液中 H^+ 浓度应是多少？

解：正极：$\varphi(+) = \varphi^{\ominus}(Cu^{2+}/Cu) = 0.337 \text{ V}$

$$\text{负极：} \varphi(-) = \varphi^{\ominus}(H^+/H_2) + \frac{0.0592 \text{ V}}{2} \lg \frac{c^2(H^+)}{p(H_2)/p^{\ominus}}$$

$$= 0.000 \text{ V} + \frac{0.0592 \text{ V}}{2} \lg \frac{c^2(H^+)}{1}$$

$$E = \varphi(+) - \varphi(-) = 0.337 \text{ V} - 0.0592 \text{ V} \lg c(H^+) = 0.500 \text{ V}$$

$$c(H^+) = 1.76 \times 10^{-3}$$

5-13　已知电极反应

$$PbSO_4(s) + 2e^- \Longrightarrow Pb(s) + SO_4^{2-}(aq) \qquad \varphi^{\ominus}(PbSO_4/Pb) = -0.355 \text{ V}$$

$$Pb^{2+}(aq) + 2e^- \Longrightarrow Pb(s) \qquad \varphi^{\ominus}(Pb^{2+}/Pb) = -0.126 \text{ V}$$

试设计一个合适的原电池，写出原电池符号并计算 $PbSO_4$ 的 $K_{sp}^{\ominus}$。

解：将这两个电对构成一个原电池，由 $\varphi^{\ominus}$ 可见，Pb^{2+}/Pb 为正极，$PbSO_4/Pb$ 为负极，其电池反应为：$Pb^{2+}(aq) + SO_4^{2-}(aq) \Longrightarrow PbSO_4(s)$。

$$K^{\ominus} = \frac{1}{c(Pb^{2+})c(SO_4^{2-})} = \frac{1}{K_{sp}^{\ominus}(PbSO_4)}$$

$$\lg K^{\ominus} = \frac{2 \times [-0.126 \text{ V} - (-0.355 \text{ V})]}{0.0592 \text{ V}} = 7.763 \text{ V}$$

$$K^{\ominus} = 5.79 \times 10^7, K_{sp}^{\ominus}(PbSO_4) = 1/K^{\ominus} = 1.72 \times 10^{-8}$$

【评注】5-12、5-13 两例，均是通过测定原电池电动势测定电极中相关组分的浓度或某些常数的典型实例，当原电池中条件比较方便控制时，则利用电位差计测定电动势即可达到测定目的，事实上这也是酸度计与离子计的设计原理。

5-14　已知下列电极反应的标准电极电势

$$Cu^{2+} + e^- \Longrightarrow Cu^+ \qquad \varphi^{\ominus}(Cu^{2+}/Cu^+) = 0.153 \text{ V}$$

$$Cu^{2+} + 2e^- \Longrightarrow Cu \qquad \varphi^{\ominus}(Cu^{2+}/Cu) = 0.337 \text{ V}$$

(1)计算反应 $Cu^{2+} + Cu \Longrightarrow 2Cu^+$ 的标准平衡常数。

(2)已知 $K_{sp}^{\ominus}(CuCl) = 1.2 \times 10^{-6}$,试计算下面反应的标准平衡常数。

$$Cu + Cu^{2+} + 2Cl^- \Longrightarrow 2CuCl(s)$$

解:(1) 反应 $Cu^{2+} + Cu \Longrightarrow 2Cu^+$ 可看成下面两个半反应合并而成的电池反应:

$Cu^{2+} + e^- \Longrightarrow Cu^+$

$Cu^+ + e^- \Longrightarrow Cu$

由题示条件,根据电极电势图,有:

$2 \times \varphi^{\ominus}(Cu^{2+}/Cu) = 1 \times \varphi^{\ominus}(Cu^{2+}/Cu^+) + 1 \times \varphi^{\ominus}(Cu^+/Cu)$

$2 \times 0.337 \text{ V} = 1 \times 0.153 \text{ V} + 1 \times \varphi^{\ominus}(Cu^+/Cu)$

$\varphi^{\ominus}(Cu^+/Cu) = 0.521 \text{ V}$

原电池的标准电动势为:$E^{\ominus} = \varphi^{\ominus}(Cu^{2+}/Cu^+) - \varphi^{\ominus}(Cu^+/Cu)$

$$= 0.153 \text{ V} - 0.521 \text{ V} = -0.368 \text{ V}$$

根据 $\lg K^{\ominus} = \dfrac{nE^{\ominus}}{0.0592 \text{ V}} = \dfrac{1 \times (-0.368 \text{ V})}{0.0592 \text{ V}} = -6.22$

$K^{\ominus} = 6.10 \times 10^{-7}$

(2)反应 $Cu + Cu^{2+} + 2Cl^- \Longrightarrow 2CuCl(s)$ 可看成如下两个半反应构成的电池反应:

$Cu^{2+} + Cl^- + e^- \Longrightarrow CuCl(s)$

$CuCl(s) + e^- \Longrightarrow Cu + Cl^-$

$\varphi^{\ominus}(Cu^{2+}/CuCl) = \varphi(Cu^{2+}/Cu^+)$

$\qquad = \varphi^{\ominus}(Cu^{2+}/Cu^+) + 0.0592 \text{ V} \lg\{c(Cu^{2+})/c(Cu^+)\}$

$\qquad = 0.153 \text{ V} + 0.0592 \text{ V} \lg(1/K_{sp}^{\ominus})$

$\qquad = 0.153 \text{ V} + 0.0592 \text{ V} \lg\{1/(1.2 \times 10^{-6})\}$

$\qquad = 0.503 \text{ V}$

$\varphi^{\ominus}(CuCl/Cu) = \varphi(Cu^+/Cu)$

$\qquad = \varphi^{\ominus}(Cu^+/Cu) + 0.0592 \text{ V} \lg c(Cu^+)$

$\qquad = 0.521 \text{ V} + 0.0592 \text{ V} \lg K_{sp}^{\ominus}$

$\qquad = 0.521 \text{ V} + 0.0592 \text{ V} \lg(1.2 \times 10^{-6})$

$\qquad = 0.170 \text{ V}$

原电池的标准电动势为:$E^{\ominus} = \varphi^{\ominus}(Cu^{2+}/CuCl) - \varphi^{\ominus}(CuCl/Cu)$

$$= 0.503 \text{ V} - 0.170 \text{ V} = 0.333 \text{ V}$$

根据 $\lg K^{\ominus} = \dfrac{nE^{\ominus}}{0.0592 \text{ V}} = \dfrac{1 \times (0.333 \text{ V})}{0.0592 \text{ V}} = 5.62$

$K^{\ominus} = 4.38 \times 10^5$

【评注】当电极中的某种组分能与沉淀剂发生反应生成难溶电解质,则往往能显著改变电极电势,实际上形成一种新的电极。这种含有难溶电解质的标准电极电势可以通过溶度积常数在原有的标准电极电势的基础上计算得到。

5-15 铁棒放在 $0.010\ 0\ \text{mol} \cdot \text{L}^{-1}$ 的 FeSO_4 溶液中作为一个半电池，锰棒插在 0.100 $\text{mol} \cdot \text{L}^{-1}$ 的 MnSO_4 溶液中作为另一个半电池组成原电池，试求：

(1) 原电池的电动势；

(2) 反应的标准平衡常数，已知 $\varphi^{\ominus}(\text{Fe}^{2+}/\text{Fe}) = -0.440\ \text{V}$，$\varphi^{\ominus}(\text{Mn}^{2+}/\text{Mn}) = -1.185\ \text{V}$。

解：(1) 由 $\varphi^{\ominus}$ 值看出 Fe^{2+}/Fe 为正极，电池反应为：$\text{Fe}^{2+} + \text{Mn} = \text{Fe} + \text{Mn}^{2+}$。

$$\varphi(\text{Fe}^{2+}/\text{Fe}) = \varphi^{\ominus}(\text{Fe}^{2+}/\text{Fe}) + \frac{0.059\ 2\ \text{V}}{2} \lg c(\text{Fe}^{2+})$$

$$= -0.440\ \text{V} + \frac{0.059\ 2\ \text{V}}{2} \lg 0.010\ 0$$

$$= -0.499\ \text{V}$$

$$\varphi(\text{Mn}^{2+}/\text{Mn}) = \varphi^{\ominus}(\text{Mn}^{2+}/\text{Mn}) + \frac{0.059\ 2\ \text{V}}{2} \lg c(\text{Mn}^{2+})$$

$$= -1.185\ \text{V} + \frac{0.059\ 2\ \text{V}}{2} \lg 0.100$$

$$= -1.215\ \text{V}$$

$$E = \varphi(\text{Fe}^{2+}/\text{Fe}) - \varphi(\text{Mn}^{2+}/\text{Mn}) = -0.499\ \text{V} - (-1.215\ \text{V}) = 0.716\ \text{V}$$

(2) $E^{\ominus} = \varphi^{\ominus}(\text{Fe}^{2+}/\text{Fe}) - \varphi^{\ominus}(\text{Mn}^{2+}/\text{Mn}) = -0.440\ \text{V} - (-1.185\ \text{V}) = 0.745\ \text{V}$

$$\lg K^{\ominus} = \frac{nE^{\ominus}}{0.059\ 2\ \text{V}} = \frac{2 \times 0.745\ \text{V}}{0.059\ 2\ \text{V}} = 25.17$$

$$K^{\ominus} = 1.48 \times 10^{25}$$

5-16 The solubility-product constant for $\text{Ni}_2\text{P}_2\text{O}_7$ is 1.7×10^{-13}, calculate the standard potential for the process: $\text{Ni}_2\text{P}_2\text{O}_7(\text{s}) + 2e^- \Longleftrightarrow 2\text{Ni}(\text{s}) + \text{P}_2\text{O}_7^{4-}$.

Solution： $\varphi^{\ominus}(\text{Ni}_2\text{P}_2\text{O}_7/\text{Ni}) = \varphi^{\ominus}(\text{Ni}^{2+}/\text{Ni}) + 0.059\ 2\ \text{V} \lg [K_{\text{sp}}^{\ominus}(\text{Ni}_2\text{P}_2\text{O}_7)]^{1/2}$

$$= -1.006\ \text{V}$$

5-17 Calculate the $\Delta_r G_m^{\ominus}$, $K^{\ominus}$ at 298.15 K for the reaction：$\text{Cd}(\text{s}) + \text{Pb}^{2+}(\text{aq}) \Longleftrightarrow \text{Cd}^{2+}(\text{aq}) + \text{Pb}(\text{s})$。

Solution： $E^{\ominus} = \varphi^{\ominus}(\text{Pb}^{2+}/\text{Pb}) - \varphi^{\ominus}(\text{Cd}^{2+}/\text{Cd}) = -0.126\ \text{V} - (-0.403\ \text{V}) = 0.277\ \text{V}$

$$\Delta_r G_m^{\ominus} = -nFE^{\ominus} = -2 \times 96\ 487 \times 0.277 = -5.35 \times 10^4\ (\text{J} \cdot \text{mol}^{-1})$$

由 $\Delta_r G_m^{\ominus} = -RT \ln K^{\ominus}$，得 $K^{\ominus} = 2.28 \times 10^9$。

5-18 有下列电势图

$$\text{Cu}^{2+} \xrightarrow{0.153\ \text{V}} \text{Cu}^+ \xrightarrow{0.521\ \text{V}} \text{Cu}$$

$$\text{Ag}^{2+} \xrightarrow{1.98\ \text{V}} \text{Ag}^+ \xrightarrow{0.799\ \text{V}} \text{Ag}$$

$$\text{Au}^{3+} \xrightarrow{1.40\ \text{V}} \text{Au}^+ \xrightarrow{1.69\ \text{V}} \text{Au}$$

$$\text{Fe}^{3+} \xrightarrow{0.771\ \text{V}} \text{Fe}^{2+} \xrightarrow{-0.440\ \text{V}} \text{Fe}$$

(1) 哪些离子能发生歧化反应？

(2) 计算 Cu^{2+}/Cu、Ag^{2+}/Ag、Au^{3+}/Au、Fe^{3+}/Fe 的标准电极电势。

解:(1) 根据元素标准电势图,符合 $\varphi^{\ominus}(右)>\varphi^{\ominus}(左)$ 条件的处于中间氧化数的离子分别有 Cu^+,Au^+,即这两种离子可以发生歧化反应。

(2) 由通式

$$\varphi^{\ominus}=\frac{n_1\varphi_1^{\ominus}+n_2\varphi_2^{\ominus}+n_3\varphi_3^{\ominus}+\cdots+n_i\varphi_i^{\ominus}}{n_1+n_2+n_3+\cdots+n_i}$$

可分别计算出 Cu^{2+}/Cu、Ag^{2+}/Ag、Au^{3+}/Au、Fe^{3+}/Fe 的 $\varphi^{\ominus}$ 分别为 $0.337\ V$、$1.390\ V$、$1.497\ V$、$-0.036\ V$。

【评注】 对于存在多种氧化数的元素来说,任何两种不同氧化数的组分均能构成一个电对,组成一个电极,其电极电势值能体现各种不同氧化数组分的氧化还原能力,同时也能揭示这些组分在水溶液中的稳定性。元素电势图更直观地体现了存在多种氧化数的元素的氧化还原特性。

配位化合物和配位平衡

Coordination Compound and Coordination Equilibrium

（建议课外学习时间：10 h）

6.1 内容要点

1.配合物的基本概念

（1）配合物的定义 一类由中心离子（或原子）和一定数目的负离子或中性分子以配位键结合的化合物称为配位化合物，简称配合物。由形成体和一定数目的配体以配位键相结合而形成的结构单元称为配位单元。

（2）配合物的组成 由内界和外界两部分组成，内界和外界常以离子键结合。内界是具有复杂结构单元的配离子，是配合物的核心，由形成体和配体构成。

①形成体 又叫中心离子（或中心原子）。处于中心部位的离子或原子通过提供空的价电子层轨道以配位键与配体结合，这些离子或原子称为配合物的形成体。它可以是金属离子，也可以是中性原子或高氧化态非金属元素。

②配体和配位原子 提供孤对电子与中心离子（或原子）以配位键结合的中性分子或阴离子叫作配位体，简称配体。在配体中，能提供孤对电子直接与中心离子（或原子）结合的原子称为配位原子。只含有一个配位原子的配体称为单齿配体，含有两个或两个以上配位原子的配体称为多齿配体。

③配位数 直接与中心离子（或原子）以配位键结合的配位原子的总数。

（3）影响配位数的因素

①中心离子的电荷与半径 电荷越多，半径越大，则配位数越大。

②配体的电荷与半径 电荷越少，半径越小，则配位数越大。

③其他因素 配体浓度大、反应温度低，有利于形成高配位数的配合物。

（4）配离子的电荷数 配离子的电荷数等于中心离子和各配体电荷的代数和。

2.配位化合物的命名

配位化合物的命名遵循一般无机物命名的原则。阴离子为简单离子（如 Cl^-、S^{2-}、OH^-

等),称为"某化某",阴离子为复杂离子(如 SO_4^{2-}、CO_3^{2-} 等),则称为"某酸某";外界离子为 H^+,则在配离子后加"酸"。

配位化合物的命名重点在于对配合物内界的命名。内界的命名顺序为:

配体数(汉字表示)—配体名称—"合"字—中心离子名称及其氧化数(在括号内以罗马字说明)

当有多种配体同时存在时,应按以下顺序命名配体。

(1)先列负离子配体,后列中性分子配体,不同配体名称之间以"·"分开。

(2)先列无机配体,后列有机配体。如全是无机或有机配体,其顺序仍按先负离子后中性分子列出。

(3)同类配体按配位原子元素符号的英文字母顺序排列;同类配体的配位原子相同,则将含原子个数少的配体排在前面;若配位原子相同,配体中原子数目也相同,则按与配位原子相连原子的元素符号的英文字母顺序排列。

3.螯合物

螯合物是由多齿配体与中心离子配位形成的具有环状结构的配合物。

能和中心离子形成螯合物的多齿配位剂,称为螯合剂,螯合剂中每两个配位原子之间,必须相隔两个或三个其他原子(形成五、六元环较稳定)。

螯合物与具有相同配位数的简单配合物相比,具有特殊的稳定性,称为螯合效应。一般具有五元环或六元环的螯合物最稳定。

4.配位平衡

(1)配位平衡常数

①稳定常数 与配合物形成反应 $M+L \Longleftrightarrow ML$ 所对应的平衡常数称为配离子的稳定常数,又称形成常数,用 $K_f^\ominus$ 表示,其表达式可简写为

$$K_f^\ominus = \frac{c(\mathrm{ML})}{c(\mathrm{M}) \cdot c(\mathrm{L})}$$

②不稳定常数 与配合物离解反应 $ML \Longleftrightarrow M+L$ 所对应的平衡常数称为配离子的不稳定常数,又称解离常数,用 $K_d^\ominus$ 表示,其表达式可简写为

$$K_d^\ominus = \frac{c(\mathrm{M}) \cdot c(\mathrm{L})}{c(\mathrm{ML})}$$

$K_d^\ominus$ 值越大表示配离子越容易解离,即配离子越不稳定。很明显 $K_f^\ominus = 1/K_d^\ominus$。

③逐级稳定常数 若中心离子与配体形成的配离子是多级配合物,其配合过程是逐级(分步)进行的,每一步都有配位平衡和相应的稳定常数,这类常数称为逐级稳定常数,用 $K_{f,n}^\ominus$ 表示。例如 ML_n 形成时,其逐级配位平衡及对应的逐级稳定常数为

$$M+L \Longleftrightarrow ML \qquad K_{f,1}^\ominus = \frac{c(\mathrm{ML})}{c(\mathrm{M}) \cdot c(\mathrm{L})}$$

$$\text{ML} + \text{L} \Longrightarrow \text{ML}_2 \qquad K_{f,2}^{\ominus} = \frac{c(\text{ML}_2)}{c(\text{ML}) \cdot c(\text{L})}$$

$$\vdots \qquad\qquad\qquad \vdots$$

$$\text{ML}_{n-1} + \text{L} \Longrightarrow \text{ML}_n \qquad K_{f,n}^{\ominus} = \frac{c(\text{ML}_n)}{c(\text{ML}_{n-1}) \cdot c(\text{L})}$$

在进行配位平衡有关计算时,必须考虑各级配离子的存在。当配体浓度很大时,通常忽略中间级配离子。

④累积稳定常数　将多配体配合物 ML_n 的逐级稳定常数依次相乘,可得到各级累积稳定常数,用 $\beta_n^{\ominus}$ 表示。如:配合物 ML_n 在水溶液中的各级累积稳定常数为

$$\beta_1^{\ominus} = K_{f,1}^{\ominus} = \frac{c(\text{ML})}{c(\text{M})c(\text{L})}$$

$$\beta_2^{\ominus} = K_{f,1}^{\ominus} K_{f,2}^{\ominus} = \frac{c(\text{ML})}{c(\text{M})c(\text{L})} \times \frac{c(\text{ML}_2)}{c(\text{ML})c(\text{L})} = \frac{c(\text{ML}_2)}{c(\text{M})c^2(\text{L})}$$

$$\vdots$$

$$\beta_n^{\ominus} = K_{f,1}^{\ominus} K_{f,2}^{\ominus} \cdots K_{f,n}^{\ominus} = \frac{c(\text{ML})}{c(\text{M})c(\text{L})} \times \frac{c(\text{ML}_2)}{c(\text{ML})c(\text{L})} \times \cdots \times \frac{c(\text{ML}_n)}{c(\text{ML}_{n-1})c(\text{L})} = \frac{c(\text{ML}_n)}{c(\text{M})c^n(\text{L})}$$

累积稳定常数所对应的反应不是真实反应,它仅表示各种配离子平衡浓度之间的关系。

(2)配位平衡的移动　凡在体系中加入能与配体、中心离子或配离子发生反应的物质,都将引起配位平衡的移动。

①酸度对配位平衡的影响　配位体在广义上都属于质子碱,在一个配位平衡体系中,始终存在着酸碱反应和配位反应的竞争,当溶液中 H^+ 浓度增加时,配体的浓度会下降,使配位平衡向解离方向移动,这种现象称为配位体的酸效应。

中心离子都是酸,都有水解作用。这种因中心离子水解导致配合物的稳定性降低的现象称为金属离子的水解效应或羟合效应。

控制适当的酸度才能使配合物稳定。

②沉淀反应对配位平衡的影响　溶液中沉淀溶解平衡与配位平衡共存时,其竞争反应的实质是配位剂和沉淀剂争夺金属离子的过程。总的平衡常数符合多重平衡规则。

③氧化还原反应与配位平衡的相互影响　中心离子的氧化态不同,和配体的结合力就不同,因此在配位平衡系统中若加入能与中心离子发生氧化还原反应的氧化剂或还原剂,改变中心离子的氧化态,将改变配离子的稳定性。

在一个氧化还原体系中,若加入一种能与氧化剂或还原剂生成配合物的配体,则能改变氧化还原平衡。

④配离子的转化　在一个含有多种配体和中心离子的溶液中,体系总是倾向于生成更稳定的配离子,由 $K_f^{\ominus}$ 小的配离子转化为 $K_f^{\ominus}$ 大的配离子,这种现象称为配离子的转化。

配位解离平衡常与沉淀溶解平衡、酸碱平衡、氧化还原平衡等发生相互竞争,利用这些关系,使各平衡相互转化,可以实现配合物的生成或解离,以满足科学实验或生产实践的需要。

6.2 知识结构图

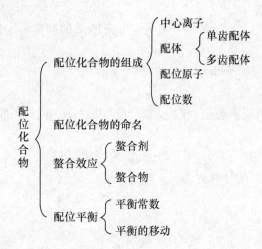

6.3 重点、难点和考点指南

1.重点

(1)配合物的组成:如配体、中心离子、配位数、螯合物等基本概念。

(2)配合物的命名。

(3)配位平衡常数及平衡的移动。

2.难点

配位平衡移动的计算。

3.考点指南

(1)判断配位数、螯合剂。

(2)用命名原则命名配合物及根据配合物名称写出其化学式。

(3)利用配位平衡常数及多重平衡规则进行相关计算。

6.4 学习效果自测练习及答案

一、是非题

1.配合物由内界和外界组成。（   ）

2.配位数是中心离子(或原子)接受配位体的数目。（   ）

3.配位化合物 $K_3[Fe(CN)_5CO]$ 的名称是五氰根·一氧化碳合铁（Ⅱ）酸钾。（   ）

4.同一种中心离子与有机配位体形成的配合物往往要比与无机配位体形成的配合物更稳定。（   ）

5. 配合物的配位体都是带负电荷的离子,可以抵消中心离子的正电荷。( )

6. 氨水溶液不能装在铜制容器中,其原因是发生配位反应,生成$[Cu(NH_3)_4]^{2+}$,使铜溶解。( )

7. 在配离子$[Cu(NH_3)_4]^{2+}$解离平衡中,改变体系的酸度,不能使配离子平衡发生移动。( )

8. $[HgI_4]^{2-}$ 的 $\beta_4^{\ominus}=K_1$,$[HgCl_4]^{2-}$ 的 $\beta_4^{\ominus}=K_2$,则反应$[HgCl_4]^{2-}+4I^-=[HgI_4]^{2-}+4Cl^-$ 的平衡常数为 K_1/K_2。( )

9. $[Cu(NH_3)_3]^{2+}$ 的积累稳定常数 β_3 是反应$[Cu(NH_3)_2]^{2+}+NH_3\rightleftharpoons[Cu(NH_3)_3]^{2+}$ 的平衡常数。( )

10. 已知 $\varphi^{\ominus}(Fe^{3+}/Fe^{2+})=0.77$ V,电极反应$[Fe(C_2O_4)_3]^{3-}+e^-=[Fe(C_2O_4)_2]^{2-}+C_2O_4^{2-}$,在标准状态时,$\varphi^{\ominus}$ 的计算式为:

$$\varphi^{\ominus}=\varphi^{\ominus}(Fe^{3+}/Fe^{2+})+0.059\ 2\ \lg\frac{c\{[Fe(C_2O_4)_3]^{3-}\}/c^{\ominus}}{c\{[Fe(C_2O_4)_2]^{2-}\}/c^{\ominus}\cdot c(C_2O_4^{2-})/c^{\ominus}}。\quad(\quad)$$

二、选择题

1. 下列配合物系统命名错误的是____。

A. $K_2[HgI_4]$　四碘合汞(Ⅱ)酸钾　　　　　　B. $[Al(OH)_4]^-$　四羟基合铝(Ⅲ)离子

C. $[Ni(CO)_4]$　四羰基合镍(Ⅱ)　　　　　　　D. $[PtCl_2(NH_3)_2]$　二氯·二氨合铂(Ⅱ)

2. $[Ni(en)_2]^{2+}$ 中镍的配位数和氧化数分别是____。

A. 2,+2　　　　　B. 2,+3　　　　　C. 6,+2　　　　　D. 4,+2

3. 下列物质,能在强酸中稳定存在的是____。

A. $[Ag(S_2O_3)_2]^{3-}$　　　　　　　　　　　B. $[Ni(NH_3)_6]^{2+}$

C. $[Fe(C_2O_4)_3]^{3-}$　　　　　　　　　　　D. $[HgCl_4]^{2-}$

4. $AgI+2NH_3\rightleftharpoons[Ag(NH_3)_2]^++I^-$ 竞争反应的平衡常数 K 等于____。

A. $K_{sp}^{\ominus}(AgI)\cdot K_f^{\ominus}\{[Ag(NH_3)_2]^+\}$　　　　B. $K_{sp}^{\ominus}(AgI)\cdot K_d^{\ominus}\{[Ag(NH_3)_2]^+\}$

C. $K_f^{\ominus}\{[Ag(NH_3)_2]^+\}/K_{sp}^{\ominus}(AgI)$　　　　　D. $K_d^{\ominus}\{[Ag(NH_3)_2]^+\}/K_{sp}^{\ominus}(AgI)$

5. 下列说法中错误的是____。

A. 配合物的形成体大多数是中性原子或带正电荷的离子

B. $[Ag(NH_3)_2]^+$ 的一级稳定常数 $K_{f,1}^{\ominus}$ 与二级解离常数 $K_{d,2}^{\ominus}$ 的乘积等于1

C. 四氨合铜(Ⅱ)离子比二乙二胺合铜(Ⅱ)离子稳定

D. 配位数就是配位原子的个数

6. 在 $K[Co(C_2O_4)_2(en)]$ 中,中心离子的配位数为____。

A. 3　　　　　　　B. 4　　　　　　　C. 5　　　　　　　D. 6

7. 当 1 mol 分子式为 $CoCl_3\cdot4NH_3$ 的化合物与过量 $AgNO_3$(aq)反应时,只沉淀出 1 mol AgCl,直接与钴成键的氯原子数为____。

A. 0　　　　　　　B. 1　　　　　　　C. 2　　　　　　　D. 3

8. 下列物质中,能作为螯合剂的是____。

A. $HO—OH$　　　　　　　　　　　　B. $H_2N—NH_2$

C. $(CH_3)_2N—NH_2$　　　　　　　　　D. $H_2N—CH_2—CH_2—NH_2$

9. 用 $AgNO_3$ 处理$[Fe(H_2O)_5Cl]Br$ 溶液,产生的沉淀主要是____。

A. AgBr　　　　　　　B. AgCl　　　　　　　C. AgBr 和 AgCl　　　　　　　D. $Fe(OH)_3$

10. 下列化合物中,不可作为有效螯合剂的是____。

A. CH_3CH_2OH　　　　　　　　　　　　　B. $HS—CH_2—COOH$

C. $HOOC—CH(CH_3)—OH$　　　　　　　D. $HS—CH_2—CH_2—SH$

三、填空题

1. 完成下表:

配合物	中心离子	配体	配位数	电荷数	名称
$K_2[SiF_6]$		F	6	+4	
	Zn		4		四羟基合锌(Ⅱ)酸钠
$(NH_4)_2[Co(SO_4)_2]$			2	+2	
	Fe	CN			六氰合铁(Ⅲ)酸钾
$[Pt(NH_3)_2Cl_2]$		NH_3,Cl		+2	
	Pt		6		碳酸一氯·一硝基四胺合铂(Ⅳ)

2. 由于氰化物极毒,生产中含氰废液可采用 $FeSO_4$ 溶液处理,使生成毒性很小、较为稳定的配位化合物,其反应方程式为_____。

3. Fe^{3+} 与 SCN^- 生成红色配合物$[Fe(SCN)]^{2+}$,已知观察到红色时 $c\{[Fe(SCN)]^{2+}\}=10^{-5.5}$ $mol \cdot L^{-1}$,$c(Fe^{3+})=10^{-2}$ $mol \cdot L^{-1}$,则此时 SCN^- 的浓度为_____。

4. 已知$[CuY]^{2-}$、$[Cu(en)_2]^{2+}$、$[Cu(NH_3)_4]^{2+}$ 的累积稳定常数分别为 $6.3×10^{18}$、$4×10^{19}$ 和 $1.4×10^{14}$,则这三种配离子的稳定性由小到大排列的顺序是_____。

5. 由于 $\beta_6^{\ominus}\{[Fe(CN)_6]^{3-}\}>\beta_6^{\ominus}\{[Fe(CN)_6]^{4-}\}$,所以电对$[Fe(CN)_6]^{3-}/[Fe(CN)_6]^{4-}$ 的电极电势_____电对 Fe^{3+}/Fe^{2+} 的电极电势。

6. 形成螯合物的条件是_____和_____。

7. 螯合物的稳定性与螯合环的结构、数目和大小有关,通常情况下,螯合剂与中心离子形成的_____的环数_____,生成的螯合物越稳定,若螯合环中有双键,则双键增加,所形成的螯合物稳定性_____。

四、计算题

1. 在 1 mL 0.04 $mol \cdot L^{-1}$ $AgNO_3$ 溶液中加入 1 mL 2 $mol \cdot L^{-1}$ 氨水。计算平衡时溶液中 Ag^+ 的浓度。

2. 如果在 1 L 氨水中溶解 0.1 mol 的 AgCl,需要氨水的最初浓度是多少? 若溶解 0.1 mol 的 AgI,氨水的浓度应该是多少?

3. 在 1.0 L 水中加入 1.0 mol $AgNO_3$ 与 2.0 mol NH_3(假设无体积变化)。计算溶液中各组分浓度。当加入 HNO_3(假设无体积变化),使配离子消失掉 99% 时,溶液的 pH 为多少? $[K_b^{\ominus}(NH_3)=1.8×10^{-5}]$

4. 在 0.30 $mol \cdot L^{-1}$ $[Cu(NH_3)_4]^{2+}$ 溶液中,加入等体积的 0.20 $mol \cdot L^{-1}$ NH_3 和 0.02 $mol \cdot L^{-1}$ NH_4Cl 混合液,是否有 $Cu(OH)_2$ 沉淀生成?

5. 在 25℃时，$2.0×10^{-4}$ mol·dm^{-3} $CdCl_2$ 和 1.0 mol·dm^{-3} HCl 溶液等体积混合，通 H_2S 气体使之饱和，此时 CdS 刚开始沉淀，求 $[CdCl_4]^{2-}$ 配离子的稳定常数。已知 H_2S 的 $K_1^{\ominus}=1.07×10^{-7}$，$K_2^{\ominus}=1.3×10^{-13}$，$K_{sp}^{\ominus}(CdS)=8.0×10^{-27}$。

自测题答案

一、是非题

1. ×　2. ×　3. ×　4. √　5. ×　6. √　7. ×　8. √　9. ×　10. ×

二、选择题

1. C　2. D　3. D　4. A　5. C　6. D　7. C　8. D　9. A　10. A

三、填空题

1.

配合物	中心离子	配体	配位数	电荷数	名称
$K_2[SiF_6]$	Si	F	6	+4	六氟合硅(Ⅳ)酸钾
$Na_2[Zn(OH)_4]$	Zn	OH	4	+2	四羟基合锌(Ⅱ)酸钠
$(NH_4)_2[Co(SO_4)_2]$	Co	SO_4	2	+2	二硫酸合钴(Ⅱ)酸铵
$K_3[Fe(CN)_6]$	Fe	CN	6	+3	六氰合铁(Ⅲ)酸钾
$[Pt(NH_3)_2Cl_2]$	Pt	NH_3，Cl	4	+2	二氯·二氨合铂(Ⅱ)
$[PtCl(NO_2)(NH_3)_4]CO_3$	Pt	Cl，NO_2，NH_3	6	+4	碳酸一氯·一硝基·四氨合铂(Ⅳ)

2. $6NaCN+3FeSO_4 \Longrightarrow Fe_2[Fe(CN)_6]+3Na_2SO_4$

3. $2.5×10^{-6}$ mol·L^{-1}

4. $c\{[Cu(NH_3)_4]^{2+}\}<c\{[Cu(en)_2]^{2+}\}<c\{[CuY]^{2-}\}$

5. $<$

6. 配位体必须含有两个或两个以上的配位原子;配位体中的配位原子之间间隔两个或三个其他原子

7. 五原子或六原子环;越多;增加

四、计算题

1. $1.34×10^{-9}$ mol·L^{-1}

2. 氨水的初始浓度至少应为 2.5 mol·L^{-1};完全溶解 0.1 mol AgI 所需氨水的最低浓度为 $3.3×10^3$ mol·L^{-1}。实际上氨水不可能达到如此高的浓度,所以 AgI 沉淀不可能溶解在氨水中

3. $c(Ag^+)=2.8×10^{-3}$ mol·L^{-1}; $c(NH_3)=5.6×10^{-3}$ mol·L^{-1};

   $c\{[Ag(NH_3)_2]^+\}≈1.0$ mol·L^{-1};pH$=4.43$

4. $Q=c^2(OH^-)c(Cu^{2+})=(1.8×10^{-4})^2×7.18×10^{-11}$

$$=2.32×10^{-18}>K_{sp}\{Cu(OH)_2\}$$

所以有 $Cu(OH)_2$ 沉淀生成。

5. 1.11×10^3

6.5　教材习题选解

基础题

6-1　(1)D　(2)C　(3)D　(4)A　(5)A　(6)B

6-5　命名下列配合物和配离子。

(1)$(NH_4)_3[SbCl_6]$　(2)$K_2[HgI_4]$　(3)$K[Co(NO_2)_4(NH_3)_2]$

解:(1)六氯合锑(Ⅲ)酸铵;(2)四碘合汞(Ⅱ)酸钾;(3)四硝基・二氨合钴(Ⅲ)酸钾

6-6　根据下列配合物和配离子的名称写出其化学式。

(1)四氯合铂(Ⅱ)酸四氨合铜(Ⅱ)

(2)氯化二氯・四水合钴(Ⅲ)

(3)三溴化六氨合钴(Ⅲ)

解:(1)$[Cu(NH_3)_4][PtCl_4]$;(2)$[CoCl_2(H_2O)_4]Cl$;(3)$[Co(NH_3)_6]Br_3$

6-7　指出下列配合物中的中心离子、配位体、配位数。

(1) $K_2[Cu(CN)_4]$　(2) $K_2[PtCl_2(OH)_2(NH_3)_2]$　(3) $[CoCl(NH_3)(en)_2]Cl_2$

解:(1) Cu,CN,4;(2) Pt,NH_3,OH,Cl,6;(3) Co,NH_3,en,Cl,6;

6-8　Specify the oxidation number of the central metal atom in each of the following compounds:

(1)$[Ru(NH_3)_5(H_2O)]Cl_2$;(2)$[Cr(NH_3)_6](NO_3)_3$;(3)$[Fe(CO)_5]$;(4)$K_4[Fe(CN)_6]$

解:(1)$+2$;(2)$+3$;(3)0;(4)$+2$;

6-9　有两种钴(Ⅲ)配合物,组成均为 $Co(NH_3)_5Cl(SO_4)$,但分别只与 $AgNO_3$ 和 $BaCl_2$ 发生沉淀反应,写出两个配合物的化学结构式。

解:两个配合物的化学结构式为:$[CoSO_4(NH_3)_5]Cl$;$[CoCl(NH_3)_5]SO_4$。

6-10　无水 $CrCl_3$ 和氨作用能形成两种配合物 A 和 B,组成分别为 $CrCl_3 \cdot 6NH_3$ 和 $CrCl_3 \cdot 5NH_3$。加入 $AgNO_3$ 溶液,A 溶液中几乎全部的氯沉淀为 $AgCl$,而 B 溶液中只有 2/3 的氯沉淀出来,加入 $NaOH$ 溶液并加热,两种溶液均无氨味,试写出这两种配合物的化学式并命名。

解:这两种配合物的化学式和名称为:

$[Cr(NH_3)_6]Cl_3$ 三氯化六氨合铬(Ⅲ);

$[CrCl(NH_3)_5]Cl_2$ 二氯化一氯・五氨合铬(Ⅲ)。

提高题

6-11　在 $0.10\ mol \cdot L^{-1}\ K[Ag(CN)_2]$ 溶液中加入 KCl 固体,使 Cl^- 的浓度为 $0.10\ mol \cdot L^{-1}$,会有何现象发生?已知:$K_{sp}^{\ominus}(AgCl) = 1.8 \times 10^{-10}$;$K_f^{\ominus}\{[Ag(CN)_2]^-\} = 1.25 \times 10^{21}$。

解:设在 $0.10\ mol \cdot L^{-1}\ K[Ag(CN)_2]$ 溶液中存在的游离 Ag^+ 浓度为 $x\ mol \cdot L^{-1}$,则:

$Ag^+ + 2CN^- = [Ag(CN)_2]^-$

$x \qquad 2x \qquad\quad 0.10 - x$

$$K_f^{\ominus} = \frac{c\{[Ag(CN)_2]^-\}}{c(Ag^+)c^2(CN^-)} = \frac{0.10-x}{x(2x)^2} \approx \frac{0.10}{4x^3} = 1.25 \times 10^{21}$$

$$x = 2.71 \times 10^{-8}$$

$$Q_i = c(Ag^+)c(Cl^-) = 2.71 \times 10^{-8} \times 0.10 = 2.71 \times 10^{-9} > K_{sp}^{\ominus}(AgCl)$$

溶液中会有 AgCl 沉淀生成。

6-12　在 100 mL 0.05 mol·L⁻¹[Ag(NH₃)₂]⁺溶液中加入 1 mL 1 mol·L⁻¹NaCl 溶液，溶液中 NH₃ 的浓度至少需要多大才能阻止 AgCl 沉淀生成？

解：已知 $c\{[Ag(NH_3)_2]^+\} = \frac{0.05 \times 100}{101} = 0.05(mol·L^{-1})$

$$c(Cl^-) = \frac{1 \times 1}{101} = 0.01(mol·L^{-1})$$

$$[Ag(NH_3)_2]^+ + Cl^- \Longrightarrow AgCl + 2NH_3$$

$$K = \frac{c^2(NH_3)}{c\{[Ag(NH_3)_2]^+\} \cdot c(Cl^-)} = \frac{1}{K_f^{\ominus}\{[Ag(NH_3)_2]^+\} \cdot K_{sp}^{\ominus}(AgCl)}$$

$$c(NH_3) = \sqrt{\frac{c\{[Ag(NH_3)_2]^+\} \cdot c(Cl^-)}{K_f^{\ominus}\{[Ag(NH_3)_2]^+\} \cdot K_{sp}^{\ominus}(AgCl)}}$$

$$c(NH_3) = \sqrt{\frac{0.05 \times 0.01}{1.1 \times 10^7 \times 1.77 \times 10^{-10}}} = 0.5(mol·L^{-1})$$

溶液中 NH₃ 的浓度至少要达到 0.5 mol·L⁻¹才能阻止 AgCl 沉淀生成。

6-13　0.08 mol AgNO₃ 溶解在 1 L Na₂S₂O₃ 溶液中形成[Ag(S₂O₃)₂]³⁻，过量的 S₂O₃²⁻ 浓度为 0.2 mol·L⁻¹，欲得到卤化银沉淀，所需 I⁻ 和 Cl⁻ 的浓度各为多少？能否得到 AgI、AgCl 沉淀？

解：$K_f^{\ominus}\{[Ag(S_2O_3)_2]^{3-}\} = 2.9 \times 10^{13}$　$K_{sp}^{\ominus}(AgI) = 8.5 \times 10^{-17}$　$K_{sp}^{\ominus}(AgCl) = 1.8 \times 10^{-10}$

设溶液中游离的 $c(Ag^+) = x$ mol·L⁻¹

$$Ag^+ + 2S_2O_3^{2-} = [Ag(S_2O_3)_2]^{3-}$$

$$x \quad 0.2+2x \quad 0.08-x$$

$$K_f^{\ominus} = \frac{c\{[Ag(S_2O_3)_2]^{3-}\}}{c(Ag^+)c^2(S_2O_3^{2-})} \approx \frac{0.08}{x(0.2)^2} = \frac{0.08}{0.04x} = 2.9 \times 10^{13}$$

$$x = 6.9 \times 10^{-14}(mol·L^{-1})$$

欲得到卤化银沉淀，所需 I⁻ 和 Cl⁻ 的浓度至少各为

$$c(I^-) = \frac{K_{sp}^{\ominus}(AgI)}{c(Ag^+)} = \frac{8.5 \times 10^{-17}}{6.9 \times 10^{-14}} \approx 1.2 \times 10^{-3}(mol·L^{-1})$$

$$c(Cl^-) = \frac{K_{sp}^{\ominus}(AgCl)}{c(Ag^+)} = \frac{1.8 \times 10^{-10}}{6.9 \times 10^{-14}} \approx 2.6 \times 10^3(mol·L^{-1})$$

能得到 AgI 沉淀，而不能得到 AgCl 沉淀。

6-14　50 mL 0.1 mol·L⁻¹AgNO₃ 溶液与等量的 6 mol·L⁻¹氨水混合后，向此溶液中

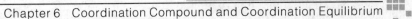

加入 0.119 g KBr 固体,有无 AgBr 沉淀析出?如欲阻止 AgBr 析出,原混合液中氨的初始浓度至少应为多少?

解: 设 50 mL 0.1 mol·L^{-1} AgNO$_3$ 溶液与等量的 6 mol·L^{-1} 氨水混合后溶液中游离的 $c(Ag^+) = x$ mol·L^{-1}

$$Ag^+ \quad + \quad 2NH_3 \quad \Longrightarrow \quad [Ag(NH_3)_2]^+$$
$$x \qquad 3-2(0.05-x) \qquad\qquad 0.05-x$$

$$K_f^\ominus = \frac{c\{[Ag(NH_3)_2]^+\}}{c(Ag^+)c^2(NH_3)} = \frac{0.05-x}{x[3-2(0.05-x)]^2} \approx \frac{0.05}{2.9^2 x} = \frac{0.05}{8.4x}$$

$$x = \frac{0.05}{8.4 K_f^\ominus} = \frac{0.05}{8.4 \times 1.12 \times 10^7} = 5.31 \times 10^{-10} (mol \cdot L^{-1})$$

$$c(Br^-) = \frac{m}{MV} = \frac{0.119}{119.00 \times 0.100} = 1.00 \times 10^{-2} (mol \cdot L^{-1})$$

$$Q_i = c(Ag^+)c(Br^-) = 5.31 \times 10^{-10} \times 1.00 \times 10^{-2}$$
$$= 5.31 \times 10^{-12} > K_{sp}^\ominus(AgBr) = 5.0 \times 10^{-13}$$

溶液中会有 AgBr 沉淀生成。

欲阻止 AgBr 析出,则:

$$c(Ag^+) \leqslant \frac{K_{sp}^\ominus(AgBr)}{c(Br^-)} = \frac{5.0 \times 10^{-13}}{1.00 \times 10^{-2}} = 5.0 \times 10^{-11} (mol \cdot L^{-1})$$

$$Ag^+ \qquad + \qquad 2NH_3 \Longrightarrow [Ag(NH_3)_2]^+$$
$$5.0 \times 10^{-11} \qquad\qquad\quad 0.05$$

$$K_f^\ominus = \frac{c\{[Ag(NH_3)_2]^+\}}{c(Ag^+)c^2(NH_3)} = \frac{0.05}{5.0 \times 10^{-11} c^2(NH_3)} = 1.12 \times 10^7$$

$$c(NH_3) = 9.45 (mol \cdot L^{-1})$$

欲阻止 AgBr 析出,原混合液中氨的初始浓度至少应为

$$9.45 + 0.05 \times 2 = 9.55 (mol \cdot L^{-1})$$

【评注】 在解化学平衡转化这类题目时,通常有两种解法:一种是综合法,这一解法的关键是设定溶液中量比较小的物理量为未知数,进行近似求解。如上述题中的 $c(Ag^+)$ 为未知量,$[Ag(NH_3)_2]^+$ 浓度就可以近似计算。另一种解法是分步计算法,这种解法的关键是找到联系两个平衡的桥梁,如上面几道题中的 Ag$^+$,既存在于配位平衡中,也存在于沉淀平衡中。

第 7 章
分析化学概论
The Introduction of Analytical Chemistry

（建议课外学习时间：12 h）

7.1　内容要点

1.分析化学的任务

分析化学是研究物质的化学组成和结构信息的科学。

分析化学根据其承担的任务可分为定性分析、定量分析和结构分析。定性分析的任务是鉴定物质的化学组成（元素、离子、官能团和化合物）。定量分析的任务是测定物质中有关组分的含量。结构分析的任务是研究物质的分子结构、晶体结构。

2.定量分析方法的分类

（1）根据分析原理的不同,可分为化学分析法和仪器分析法。

化学分析法是以物质所发生的化学反应及其计量关系为基础的分析方法。主要有重量分析法和滴定分析法。

仪器分析法是以物质的物理性质和物理化学性质为基础的分析方法,这类方法通过测量物质的物理或物理化学参数完成,需要较特殊的仪器,它包括光学分析法、电化学分析法、热化学分析法、色谱分析法、质谱分析法、核磁共振波谱法、离子探针分析法等。

（2）按被测组分的含量不同,可分为常量组分分析（含量$>1\%$）、微量组分分析（含量$0.01\%\sim1\%$）和痕量组分分析（含量$<0.01\%$）。

（3）按分析时试样的用量不同,可分为常量分析、半微量分析、微量分析及超微量分析。各种分析方法的试样用量见表 7-1。

（4）按分析的目的不同,可分为例行分析、快速分析、仲裁分析等。

表7-1 各种分析方法的试样用量

分析方法	试样重量/mg	试液体积/mL
常量分析	100～1 000	10～100
半微量分析	10～100	1～10
微量分析	0.1～10	0.01～1
超微量分析	0.001～0.1	0.001～0.01

3.试样分析的一般步骤

(1)试样的采集　采集的试样应具有高度的代表性。对于组成不均匀的固体试样,采样量通常按采样公式计算:

$$m = K \cdot d^a$$

式中:m 为采取原始试样的质量,kg;d 为试样的最大粒度,mm;K 和 a 均为实验常数。

(2)试样的制备　从大量物料中采集的试样叫原始试样。原始试样需经过风干、破碎、过筛、混匀和缩分等步骤,制成供分析的试样。

(3)试样的前处理　在实际分析工作中,除干法分析外,通常要先把试样分解,将试样中的待测成分定量转入溶液后再进行测定,在分解试样的过程中,应遵循以下原则:试样的分解必须完全,待测组分不能有损失,不能引入待测组分和干扰物质。常用的分解方法有溶解法、熔融法和干式灰化法。

(4)试样的分离与富集　基体组成非常复杂,并且干扰组分的量相对较大的情况下——分离;试样中待测组分的含量较低,而现有测定方法的灵敏度又不够高——富集。分离富集的回收率越接近100%,分离效果越好,待测组分的损失越小,干扰组分分离越完全。回收率可用下式计算:

$$回收率 = \frac{分离后测得的待测组分质量}{原来所含待测组分质量} \times 100\%$$

常用的分离富集方法有:

①沉淀分离法　沉淀分离法是一种经典分离方法,它利用沉淀反应把被测组分和干扰组分分开。方法的主要原理是溶度积原理。常量组分的沉淀分离可以采用沉淀为氢氧化物、硫化物、硫酸盐、磷酸盐以及利用有机沉淀剂的沉淀分离。该法要求沉淀完全且沉淀物不被干扰组分沾污。在分离方法中,利用共沉淀现象可分离和富集痕量组分。

②液液萃取分离法　液液萃取分离法是基于各种不同物质在两种不混溶的溶剂中溶解度或分配比的不同来达到分离、富集或纯化的目的。要求掌握几个基本术语:

分配系数:用有机溶剂从水中萃取溶质 B 时,如果溶质 B 在两相中存在的型体相同,平衡时在有机相中的浓度和水相中的浓度之比是一个常数,即分配系数。

分配比:溶质在两相中各种型体浓度和之比称为分配比。

萃取效率:被萃取物质在有机相中的量占它在两相中总量的百分数。

分离系数:表示分离的效果,被分离的物质在同一萃取体系中分配比的比值。

常用的萃取体系有:螯合物萃取体系、离子缔合物萃取体系和三元配合物萃取体系。

③离子交换分离法　离子交换分离法是利用离子交换剂与溶液中的离子发生交换反应使离子分离的方法。常用的离子交换剂有阳离子交换树脂、阴离子交换树脂、螯合树脂等。离子在树脂上交换能力的大小称为离子交换亲和力。这种亲和力与水合离子的半径、电荷及离子的极化程度有关,水合离子的半径越小,电荷越高、离子极化的程度越大,其亲和力也越大。根据树脂对各种离子亲和力的差别,可使离子得到分离。

④色谱分离法　色谱分离法是利用物质在两相(一种是固定相,另一种是流动相)中的分配系数的微小差异进行分离的方法。用这种方法分离样品时,总是由一种流动相带着样品流经固定相,从而使各种组分分离。它包括纸上色谱法、薄层色谱法、柱色谱法、气相色谱法和液相色谱法等。

⑤超临界流体萃取分离法　超临界流体萃取分离法是利用超临界流体萃取剂在两相之间进行的一种萃取方法。超临界流体是介于气液之间的一种既非气态又非液态的物态。它只能在物质的温度和压力超过临界点时才能存在。通常情况下用二氧化碳作超临界流体萃取剂分离萃取低极性和非极性的化合物,用氨或氧化亚氮作超临界流体萃取剂分离萃取极性较大的化合物。

4.定量分析的误差

(1)定量分析误差产生的原因　实验误差是指测定结果与真实结果之间的差值,根据误差的性质及产生的原因不同可分为系统误差和偶然误差两大类。

①系统误差　是由于分析过程中某些经常出现的、固定的原因造成的,其特点是具有重复性和单相性,其大小、正负可测定,故系统误差也叫可测误差。按照系统误差产生的原因,可将其分为:方法误差、试剂误差、仪器误差和操作误差。

②偶然误差　是由于某些随机因素所致,其特点是大小及正负不定,难以预测和控制,所以偶然误差又叫不可测误差。但若对同一试样进行多次重复测定,随机误差符合正态分布规律。

(2)误差的表示

①准确度和误差　准确度表示测定值 X 与真实值 T 的接近程度,它们之间差别越小,则分析结果越准确。准确度以误差的大小来衡量,误差又可分为绝对误差(E_a)和相对误差(E_r)。

$$E_a = X - T$$

$$E_r = \frac{E_a}{T} \times 100\%$$

绝对误差和相对误差都有正值和负值,正值表示分析结果偏高,负值表示分析结果偏低。

需要注意的是,这里所说的真值是指被人们公认的相对意义上的真值。通常,可将元素的相对原子质量、化合物的理论组成等看作真值;在实际工作中,将精度高一个数量级的测定值作为低一级的测定值的真值,如厂矿实验室中标准试样及管理试样中各组分的含量等也可作为真值。

②精密度与偏差　精密度是指在相同的条件下,对同一试样进行多次重复测定时,各平行测定结果之间的相互接近程度。如果各测定结果的数值比较接近,表示分析结果的精密度高。精密度的高低可用偏差来衡量。偏差(d_i)是指个别测定值(X_i)与多次测定的平均值($\overline{X}$)之间的差值。偏差也分为绝对偏差(d)和相对偏差(d_r)。

$$d = X_i - \overline{X}$$

$$d_r = \frac{d}{\overline{X}} \times 100\%$$

③准确度和精密度的关系　准确度表示分析结果与真实值相符合的程度,而精密度表示测定结果的重现性。精密度高是保证准确度高的先决条件,精密度差,所得分析结果不可靠,但高的精密度不一定能保证高的准确度(可能存在系统误差)。

(3)误差的减免

①系统误差的减免　做对照试验,找出校正系数,消除方法误差;做空白试验,从试样的分析结果中扣除空白值,可消除试剂误差;校正仪器,以消除仪器不准所引起的系统误差。

②偶然误差的减免　在消除系统误差的前提下,可采用适当增加测定次数,取其平均值的方法来减少偶然误差。

5.分析结果的数据处理

(1)平均偏差

$$\overline{d} = \frac{|d_1| + |d_2| + \cdots + |d_n|}{n} = \frac{\sum\limits_{i=1}^{n} |d_i|}{n}$$

(2)相对平均偏差

$$\overline{d}_r = \frac{\overline{d}}{\overline{X}} \times 100\%$$

(3)标准偏差　当测定次数趋于无穷大时,总体标准偏差 σ 表达式如下:

$$\sigma = \sqrt{\frac{\sum\limits_{i=1}^{n} (X_i - \mu)^2}{n}}$$

当测定次数较少($n < 20$)时,标准偏差用 s 表示:

$$s = \sqrt{\frac{\sum\limits_{i=1}^{n} (X_i - \overline{X})^2}{n-1}} = \sqrt{\frac{\sum\limits_{i=1}^{n} d_i^2}{n-1}}$$

(4)相对标准偏差(亦称变异系数,CV)

$$s_r = \frac{s}{\overline{X}} \times 100\%$$

(5)平均值的标准偏差

$$s_{\overline{X}} = \frac{s}{\sqrt{n}}$$

(6)平均值的置信区间

$$\mu = \overline{X} \pm t s_{\overline{X}} = \overline{X} \pm \frac{t \cdot s}{\sqrt{n}}$$

上式表示在一定置信度下,以平均值 $\overline{X}$ 为中心,包括总体平均值 μ(无系统误差时为真值)的范围,称为平均值的置信区间。当我们由一组少量实验数据求得 $\overline{X}$、s 和 n 值后,再根据选定的置信度和自由度,由 t 值表查得相应的 t 值,就可以计算出平均值的置信区间。

6.可疑值的取舍

(1)$4\overline{d}$ 法　用 $4\overline{d}$ 法判断可疑值取舍的步骤如下:

①求出除可疑值外的其余数据的平均值 $\overline{X}$ 和平均偏差 $\overline{d}$。

②将可疑值与平均值进行比较,若二者差的绝对值大于或等于 $4\overline{d}$,则可疑值舍去,否则保留。

(2)Q 检验法　该法适用于 3～10 次测定时可疑值的取舍。具体步骤如下:

①将一组测定数据由小到大排列为:$X_1, X_2, \cdots, X_{n-1}, X_n$,求出极差:$X_n - X_1$。

②求出可疑值与其邻近值之差,然后除以极差,所得舍弃商称为 Q 值,即

$$Q = \frac{X_2 - X_1}{X_n - X_1} \quad \text{或} \quad Q = \frac{X_n - X_{n-1}}{X_n - X_1}$$

③根据所要求的置信度查 $Q_表$ 值,若 $Q_{计算} > Q_表$,则将可疑值舍去,否则应保留。

7.有效数字及其应用

有效数字是指实际工作中所能测量到的有实际意义的数字。它不仅表示测量值的大小,还能表达测量所用仪器及方法的精度。应当根据测量准确度的要求正确选择测量仪器,并根据其精度正确表示分析结果的有效数字。需注意"0"在数据中不同位置的不同作用和意义。

修约规则:常采用"四舍六入五成双"的原则来处理数据的尾数。

当尾数小于等于 4 时舍弃。尾数大于等于 6 时进位。当尾数等于 5 且其后面没有除零以外的任何数时,如果前一位是奇数,则进位,如前一位为偶数,则舍去;若尾数 5 后面还有不是零的任何数字时,无论 5 前面是偶数还是奇数皆进位。

如 16.23500,修约至四位有效数字为 16.24;16.245 修约为四位有效数字为 16.24;但如果是 16.245002,那么它修约至四位有效数字的结果是 16.25。

8.有效数字的运算规则

(1)记录数据时,只保留一位可疑数字。

(2)当有效数字位数确定后,其余数字按"四舍六入五成双"的原则一律舍去。

(3)几个数据相加或相减时,它们的和或差的有效数字的保留应以小数点后位数最少

（即绝对误差最大）的数字为准，先修约，再运算。

（4）在乘除运算中，结果的有效数字的保留应该以有效数字位数最少（即相对误差最大）的为准，先修约，再计算。

（5）在对数运算中，所取对数的位数应与真数的有效数字位数相等。

（6）在分析化学计算中，经常遇到一些常数，如基本单元的分数、单位换算的倍数等均可视为足够有效，即可根据计算的需要确定有效数字。

9. 正确表达分析结果

一般情况下，对于高含量（＞10％）组分的测定，要求分析结果为四位有效数字；对于中含量（1％～10％）组分的测定，要求三位有效数字；对于微量（＜1％）组分的测定，只要求两位有效数字。误差和偏差一般只保留一位有效数字，最多保留两位有效数字。

7.2　知识结构图

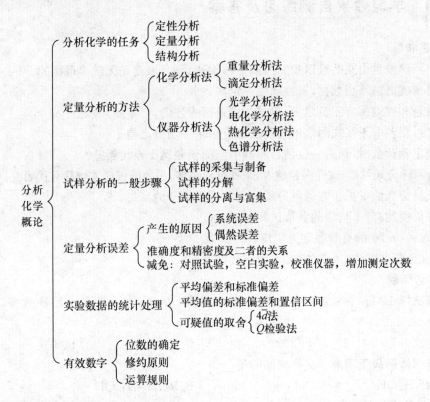

7.3　重点、难点和考点指南

1. 重点

（1）分析化学的作用和分类。

（2）定量分析中误差产生的原因、误差的表示及误差的减免方法。

(3)实验数据的统计处理。

(4)有效数字的意义、位数及运算规则。

2.难点

实验数据的统计处理、t 分布曲线、平均值的平均偏差和平均值的置信区间。

3.考点指南

(1)定量分析误差产生的原因、种类和减免措施。

(2)准确度和精密度、误差和偏差的含义及表示方法。

(3)实验数据的统计处理:平均值、平均偏差、标准偏差、平均值的标准偏差、平均值的置信区间的计算及可疑值取舍的判断。

(4)有效数字位数的判断及其运算。

7.4 学习效果自测练习及答案

一、是非题

1.偶然误差是由某些难以控制的偶然因素造成的,因此是无规律可循的。(　　　)

2.精密度高的一组数据,其准确度一定高。(　　　)

3.偏差和误差都有正负之分,但平均偏差恒为正值。(　　　)

4.绝对误差等于某次测定值与多次测定结果平均值之差。(　　　)

5.滴定管读数时,最后一位估计不准引起的误差属于系统误差。(　　　)

6.由采样公式可知,试样颗粒越大,采样量应越多,采集的试样才越具有代表性。(　　　)

7.沉淀分离法常用于常量组分的分离和痕量组分的富集。(　　　)

8.置信度越高,平均值的置信区间越宽。(　　　)

9.pH=10.20 的有效数字为 4 位。(　　　)

10.在分析数据中,所有的"0"均为有效数字。(　　　)

二、选择题

1.有试样 10 kg,被破碎后至全部通过 10 号筛($d=2$ mm),需缩分的次数为($K=0.2$,$a=2$)____。

A.1 次　　　　　　　B.2 次　　　　　　　C.3 次　　　　　　　D.4 次

2.下列树脂属于阳离子交换树脂的是____。

A. RNH_3OH　　　　　　　　　　　B. RNH_2CH_3OH

C. ROH　　　　　　　　　　　　　D. $RN(CH_3)_3OH$

3.含 Al^{3+} 的 20 mL 溶液用等体积的乙酰丙酮萃取,已知分配比为 20,其萃取率为____。

A.99%　　　　　　　B.95%　　　　　　　C.90%　　　　　　　D.85%

4.下列情况引起偶然误差的是____。

A.称量试样时吸收了水分　　　　　　B.称量开始时天平零点未调整

C.试剂中含有微量被测成分　　　　　　D.天平的零点稍有变动

5. 重量法测定 SiO_2 时,为消除试样中因硅酸沉淀不完全而产生的误差,应采取的措施是____。

A. 对照试验　　　　　B. 空白试验　　　　　C. 校准仪器　　　　　D. 多次平行测定

6. 关于精密度与准确度的说法正确的是____。

A. 精密度用误差表示　　　　　　　　B. 准确度用偏差表示

C. 精密度越好则准确度越高　　　　　D. 好的精密度是高准确度的前提

7. 0.000 1 g 的准确度比 0.1 mg 的准确度____。

A. 高　　　　　　　B. 低　　　　　　　C. 相等　　　　　　　D. 难以确定

8. 下列数值中,有效数字为 4 位的是____。

A. $w(MgO) = 25.40$　　B. $pH = 11.51$　　C. $\pi = 3.141$　　D. 1 000

9. 用分光光度法测定磷矿中含磷量,称取试样 0.125 0 g,分析结果报告合理的是(以 P_2O_5 表示)____。

A. 27.4%　　　　　B. 27.36%　　　　　C. 27.360%　　　　　D. 27.360 1%

10. 计算 $\dfrac{1.20 \times (112 - 1.240)}{5.437\ 5}$,结果正确的是____。

A. 25　　　　　　B. 24.5　　　　　　C. 24.496　　　　　D. 24.496 7

11. 某学生分析纯碱试样时,称取含 Na_2CO_3($M = 106.0\ g \cdot mol^{-1}$)50.00% 的试样 0.424 0 g,滴定时用去 0.100 0 mol $\cdot$ L^{-1} HCl 溶液 40.20 mL,绝对误差为____。

A. +0.25%　　　　　B. −0.25%　　　　　C. −0.24%　　　　　D. −0.26%

E. +0.36%

12. 滴定分析要求相对误差为 ±0.1%。若称取试样的绝对误差为 0.000 2 g,则一般至少称取试样____。

A. 0.1 g　　　　　B. 0.2 g　　　　　C. 0.3 g　　　　　D. 0.4 g

E. 0.5 g

13. 下列情况中,使分析结果产生负误差的是____。

A. 以盐酸溶液滴定某碱样,所用滴定管未洗净,滴定时内壁挂液珠

B. 用于标定标准溶液的基准物质在称量时吸潮了

C. 滴定速度太快,并在达到终点后立即读取滴定管读数

D. 测定基本单元 $\left(\dfrac{1}{2} H_2C_2O_4 \cdot 2H_2O\right)$ 的摩尔质量时,$H_2C_2O_4 \cdot 2H_2O$ 失去了部分结晶水

14. 用返滴定法测定试样中某组分含量,按式 $x = \dfrac{0.100\ 0 \times (25.00 - 0.52) \times \dfrac{246.47}{2}}{1.000\ 0 \times 1\ 000} \times$ 100% 计算,分析结果有效数字为____。

A. 一位　　　　　B. 两位　　　　　C. 三位　　　　　D. 四位

15. 用氧化还原法测得某试样中铁的含量为:20.01%、20.03%、20.04%、20.05%,分析结果的标准偏差为____。

A. 0.014 79%　　　　B. 0.014 8%　　　　C. 0.015%　　　　D. 0.017%

E. 0.017 1%

三、填空题

1.分析化学是研究物质的 _____ 及 _____ 的科学。根据其承担的任务分为 _____、_____ 和 _____;根据其分析原理不同分为 _____ 和 _____;按被测组分含量不同又分为 _____、_____ 和 _____。

2.在分解试样的过程中,应遵循的原则是 _____;_____;_____。常用的分解方法有 _____、_____ 和 _____ 等。

3.萃取分离法是根据物质在 _____ 和 _____ 中的 _____ 不同而加以分离的;而色谱分离法是根据物质在 _____ 和 _____ 中的 _____ 不同而达到分离的目的;利用离子交换树脂与溶液中的离子发生交换而使离子分离的方法称为 _____,根据树脂对各种离子 _____ 的差别可将离子分离。

4.定量分析的误差是指 _____ 和 _____ 的差值。根据误差的性质和产生的原因,将误差分为 _____ 和 _____。

5.为了提高分析结果的准确度,常通过 _____ 检验和消除由于分析方法本身带来的误差;通过 _____ 检验和消除由于试剂不纯而带来的误差;通过 _____ 可以消除随机误差。

6.某分析天平的称量误差为 ± 0.1 mg,如果用差减法称取试样重为 0.050 0 g,相对误差是 _____;如果称取试样重为 1.000 0 g,相对误差又是 _____,这两个数值说明 _____。

7.用标记为 0.100 0 mol·L^{-1} 的 HCl 标准溶液标定 NaOH 溶液,求得 NaOH 浓度为 0.101 8 mol·L^{-1}。已知 HCl 溶液的真实浓度为 0.099 9 mol·L^{-1},NaOH 溶液的真实浓度为 _____ mol·L^{-1}。

8.有效数字是指实际工作中所能测量到的有实际意义的数字,它由 _____ 和 _____ 两部分组成。有效数字不但反映了测量数据 _____ 的多少,而且反映了测量的 _____。

9.将数据 4.149,1.352,25.75,22.510 分别修约为三位有效数字 _____,_____,_____,_____。

四、计算题和问答题

1.下列情况各引起什么误差? 若为系统误差,应如何消除?

(1)天平砝码腐蚀

(2)称量时样品吸收了微量水分

(3)容量瓶和移液管不匹配

(4)在滴定分析中,用指示剂确定终点颜色时稍有变化

(5)试剂中含有微量被测成分

(6)滴定管读数时,最后一位估计不准

2.确定下列数值有效数字的位数。

(1)0.004 023　(2)5.8×10^5　(3)4 600　(4)23.487 0

3.甲乙两人测同一试样得到两组数据,绝对偏差分别为:甲,+0.4,+0.2,0.0,−0.1,−0.3;乙,+0.5,+0.3,−0.2,−0.1,−0.3。这两组数据中哪位的精密度较高?

4. 按有效数字的运算规则,计算下列各式:

(1)1.060＋0.059 74－0.001 3

(2)35.672 4×0.001 7×4.700×10

(3)2.187×0.854＋9.6×10⁻⁵－0.032 6×0.008 14

(4)$\dfrac{89.827 \times 50.62}{0.005\ 164 \times 136.6}$

(5)pH＝2.56,$c(H^+)$

5. 用沉淀滴定法测得纯 NaCl 试剂中氯的含量为 60.53％,计算分析结果的绝对误差和相对误差。

6. 测定 SiO_2 的质量分数(％),得到如下数据:28.62,28.57,28.51,28.48,28.52,计算测定结果的平均值、平均偏差、相对平均偏差、标准偏差和变异系数。

7. 某试样中磷的含量(％)的测定结果为 3.153,3.147,3.144,3.150,3.156,3.168,问其中的 3.168 是否应舍弃(用 $4\bar{d}$ 法判断)?

8. 用碳酸钠做基准物质,对盐酸溶液进行标定,实验 6 次测得盐酸溶液的浓度 (mol·L⁻¹)分别为 0.505 0,0.504 2,0.505 6,0.506 3,0.505 1,0.506 4。用 Q 检验法判断有无异常值需舍弃?(置信度为 90％)

9. 按合同订购了有效成分为 24.00％的某种肥料产品,对收到的批产品测定 5 次的结果为 23.72％,24.09％,23.95％,23.99％,24.11％,求置信度为 95％时,平均值的置信区间。产品质量是否符合要求?

10. 测定试样中 CaO 的质量分数时,得到如下结果:20.01％,20.03％,20.04％,20.05％。问:

(1)统计处理后的分析结果应如何表示?

(2)比较 90％和 95％置信度时的置信区间。

自测题答案

一、是非题

1.×　2.×　3.√　4.×　5.×　6.√　7.×　8.√　9.×　10.×

二、选择题

1.C　2.C　3.B　4.D　5.A　6.D　7.C　8.A　9.B　10.B　11.A　12.B　13.D 14.D　15.D

三、填空题

1.化学组成;结构信息;定性分析;定量分析;结构分析;化学分析法;仪器分析法;常量组分分析;微量组分分析;痕量组分分析

2.试样的分解必须完全;待测组分不能有损失;不能引入待测组分和干扰物质;溶解法;熔融法;干式灰化法

3.水相;有机相;分配比;流动相;固定相;分配比;离子交换分离法;亲和力

4.测定值;真值;系统误差;偶然误差

5. 对照试验;空白试验;多次平行测定

6. 0.4%;0.02%;当绝对误差相同时,称样越多,称量的相对误差越小

7. 0.101 7

8. 准确数字;一位可疑数字;量;准确度

9. 4.15;1.35;25.8;22.5

四、计算题和问答题

1. (1)系统误差,校准被腐蚀的砝码;(2)系统正误差,将试样干燥;(3)系统误差,选用匹配的容量瓶和移液管;(4)偶然误差;(5)系统正误差,做空白试验扣除空白值;(6)偶然误差

2. (1)四位;(2)两位;(3)位数较模糊;(4)六位

3. 甲的平均偏差和标准偏差都比乙的高,所以甲的精密度比乙的高

4. (1)1.119　(2)2.9　(3)1.87　(4)6.446×10³　(5)2.8×10⁻³

5. $E_a=-0.15\%$;$E_r=-0.25\%$

6. $\overline{X}=28.54\%$;$\overline{d}=0.04\%$;$\overline{d}_r=0.14\%$;$s=0.06\%$;$s_r=0.21\%$

7. 数据 3.168 应舍去

8. 数据应全部保留

9. $\mu=(23.97\pm0.20)\%$;产品质量符合要求

10. (1)统计处理后的结果表示为:$\overline{X}=20.03\%,s=0.017\%,n=4$

(2)90%置信度时,置信区间 $\mu=(20.03\pm0.020)\%$

95%置信度时,置信区间 $\mu=(20.03\pm0.027)\%$

置信度越高,平均值的置信区间越宽。

7.5　教材习题选解

基础题

7-1　(1)C　(2)D　(3)C　(4)C　(5)A　(6)D　(7)B　(8)A

7-6　下列情况将对分析结果产生何种影响:A. 正误差,B. 负误差,C. 无影响,D. 结果混乱。

(1)标定 HCl 溶液浓度时,使用的基准物 Na_2CO_3 中含有少量 $NaHCO_3$;

(2)用递减法称量试样时,第一次读数时使用了磨损的砝码;

(3)加热使基准物溶解后,溶液未经冷却即转移至容量瓶中并稀释至刻度,摇匀,马上进行标定;

(4)配制标准溶液时未将容量瓶内溶液摇匀;

(5)用移液管移取试样溶液时事先未用待移取溶液润洗移液管;

(6)称量时,承接试样的锥形瓶潮湿。

解:(1)A　(2)A　(3)A　(4)D　(5)A　(6)C

【评注】测定值大于真值会产生正误差,测定值小于真值会产生负误差。

7-11　How many significant figures in each of the following figures?

0.067　1.012 6　0.100 0　0.002 9　2.64×10⁵　50.28%　96 500

Solution：

figure	0.067	1.012 6	0.100 0	0.002 9	2.64×10^5	50.28%	96 500
significant figures	2	5	4	2	3	4	ambiguous

7-12 按有效数字运算规则，计算下列各式：

(1) $\dfrac{3.30 \times 4.62 \times 10.84}{5.68 \times 10^4}$

(2) $\dfrac{4.30 \times 20.52 \times 3.90}{0.001\ 050}$

(3) $321.46 + 5.5 - 0.586\ 8$

(4) $pH = 0.03, c(H^+) = ?$

解：(1) $\dfrac{3.30 \times 4.62 \times 10.84}{5.68 \times 10^4} = 3.00 \times 10^{-3}$

(2) $\dfrac{4.30 \times 20.52 \times 3.90}{0.001\ 050} = 3.27 \times 10^5$

(3) $321.46 + 5.5 - 0.586\ 8 = 326.4$

(4) $pH = 0.03, c(H^+) = 0.93 (mol \cdot L^{-1})$

【评注】乘除运算时，计算结果有效数字的保留，应以数字中有效数字位数最少的为准，先修约，后计算；加减运算时，计算结果有效数字的保留，应以数字中小数点后位数最少的为准，先修约，后计算；对于 $pH = 0.03$，其有效数字的位数仅取决于小数部分，换算成浓度，应为 $c(H^+) = 0.93\ mol \cdot L^{-1}$，结果为两位有效数字。

7-13 将 $0.008\ 9\ g\ BaSO_4$ 换算为 Ba，问计算时下列换算因数取何数较为恰当：$0.588\ 4$，0.588，0.59？计算结果应以几位有效数字报出？

解：取 0.59，计算结果应为两位有效数字。

【评注】乘法运算的计算结果有效数字位数取决于相对误差最大（或有效数字位数最少）的数。

7-14 分析天平的称量误差为 $\pm 0.1\ mg$，称样量分别为 $0.05，0.2，1.0\ g$ 时，可能引起的相对误差是多少？这些结果说明什么问题？

解：$E_{r1} = \dfrac{\pm 0.1 \times 10^{-3}}{0.05} \times 100\% = \pm 0.2\%$

$E_{r2} = \dfrac{\pm 0.1 \times 10^{-3}}{0.2} \times 100\% = \pm 0.05\%$

$E_{r3} = \dfrac{\pm 0.1 \times 10^{-3}}{1.0} \times 100\% = \pm 0.01\%$

计算结果说明称样量越大，相对误差越小。

【评注】相对误差是指绝对误差占真值的百分数，它更能真实地反映测定结果的准确度。在分析工作中，从减少误差出发，要求称样量越大越好，但称样量过大，样品处理不方便。

7-15 测定某样品的含氮量，5 次平行测定结果为：$20.48\%，20.55\%，20.58\%，20.53\%，20.50\%$。计算测定结果的平均值、平均偏差、标准偏差和相对标准偏差。

解：$\overline{X} = \dfrac{(20.48 + 20.55 + 20.58 + 20.53 + 20.50)\%}{5} = 20.53\%$

$\overline{d} = \dfrac{(0.05 + 0.02 + 0.05 + 0.00 + 0.03)\%}{5} = 0.03\%$

$\overline{d}_r = \dfrac{\overline{d}}{\overline{X}} \times 100\% = \dfrac{0.03\%}{20.53\%} \times 100\% = 0.15\%$

$$s = \sqrt{\frac{\sum\limits_{i=1}^{n} d_i^2}{n-1}} = \sqrt{\frac{0.05^2 + 0.02^2 + 0.05^2 + 0.00^2 + 0.03^2}{5-1}}\% = 0.04\%$$

$$s_r = \frac{s}{\overline{X}} \times 100\% = \frac{0.04\%}{20.53\%} \times 100\% = 0.19\%$$

7-16　某学生标定 HCl 溶液的浓度,5 次的测定结果分别为:0.100 5,0.100 8,0.100 2, 0.101 5,0.100 3 mol·L^{-1},试用 $4\overline{d}$ 检验法判断 0.101 5 这个数据是否需要保留。

解:除可疑值 0.101 5 外,其余数据的平均值和平均偏差为:

$$\overline{X} = \frac{0.100 5 + 0.100 8 + 0.100 2 + 0.100 3}{4} = 0.100 4$$

$$\overline{d} = \frac{0.000 1 + 0.000 4 + 0.000 2 + 0.000 1}{4} = 0.000 2$$

$$|0.101 5 - 0.100 4| = 0.001 1 > 4\overline{d} = 0.000 8$$

0.101 5 这个数据应舍弃。

【评注】当可疑值与平均值之差的绝对值大于或等于四倍的平均偏差时,可疑值应舍去,否则应予以保留。注意:计算平均值和平均偏差时,不包括可疑值。

7-17　用电化学分析法测定某患者血糖含量,6 次的测定结果分别为 7.5,7.4,7.7, 7.6,7.4,7.8 mmol·L^{-1},用 Q 检验法判断 7.8 这个数据是否需要保留。(置信度为 90%)

解:将数据从小到大排列:7.4,7.4,7.5,7.6,7.7,7.8。

$$Q = \frac{7.8 - 7.7}{7.8 - 7.4} = 0.25$$

已知 $n=6$,$p=90\%$,查表 $Q_{0.90}=0.56$,$Q_{计算} < Q_{表}$。因此,7.8 这个数据应予保留。

【评注】对可疑值做 Q 检验时,首先将数据由小到大排列,然后用可疑值与其邻近值之差除以最大值与最小值之差,所得的商若大于 $Q_{表}$ 值,该可疑值应舍去,否则就应保留。

提高题

7-18　已知某矿石样的 $K=0.1$,$a=2$。矿石的最大颗粒直径为 20 mm,问(1)应取多少试样才具有代表性?(2)若将试样粉碎并通过 10 号筛,再用四分法缩分,最多应缩分几次? (3)若要求最后获得的分析试样不超过 6.25 g,应使试样通过几号筛?

解:(1) 根据采样公式:$m = K \cdot d^2 = 0.1 \times 20^2 = 40$(kg)。

(2)破碎过 10 号筛后,即 $d=2$ mm,$m \geq K \cdot d^2 = 0.1 \times 2^2 = 0.4$(kg),将 40 kg 试样连续缩分六次,留下 $40 \times \left(\frac{1}{2}\right)^6 = 0.625$(kg),此量大于要求的采样量(0.4 kg),故具有代表性。

(3)由 $m = K \cdot d^2 \rightarrow d = \sqrt{\frac{m}{K}} = \sqrt{\frac{6.25 \times 10^{-3}}{0.1}} = 0.25$ mm。查主教材表 7-2,应使试样通过 60 号筛。

7-19　对某一样品进行分析,A 测定结果的平均值为 6.96%,标准偏差为 0.03%;B 测定结果的平均值为 7.10%,标准偏差为 0.05%。真值为 7.02%。试比较 A、B 测定结果的好坏。

解:A 的绝对误差为:6.96% - 7.02% = -0.06%

B 的绝对误差为:7.10% - 7.02% = +0.08%

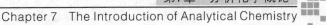
A 的相对标准偏差为：$\dfrac{0.03}{6.96} \times 100\% = 0.43\%$

B 的相对标准偏差为：$\dfrac{0.05}{7.10} \times 100\% = 0.71\%$

从计算结果看，A 的测定结果的精密度和准确度都比 B 的好。

【评注】误差是衡量测定结果准确度的指标，误差小，准确度高。标准偏差和相对标准偏差常用于衡量测定结果精密度的好坏，相对标准偏差由于能反映标准偏差在平均值中的比例，在比较各种情况下测定结果的精密度时更为常用。

7-20 滴定管的读数误差约为 ± 0.02 mL，如果要求分析结果达到 0.2% 的准确度，滴定时所用溶液的体积至少要多少毫升？如果滴定时消耗溶液为 5.00 mL 和 25.00 mL，相对误差各是多少？

解：滴定时所用溶液体积至少要 V mL

$$\frac{0.02}{V} \times 100\% = 0.2\%$$

$$V = 10 \, (\text{mL})$$

若滴定时消耗溶液为 5.00 mL，相对误差为 $\dfrac{0.02}{5.00} \times 100\% = 0.4\%$

若滴定时消耗溶液为 25.00 mL，相对误差为 $\dfrac{0.02}{25.00} \times 100\% = 0.08\%$

【评注】滴定分析中，分析结果的准确度与滴定时消耗标准溶液的体积有关，消耗溶液越多，相对误差越小，分析结果的准确度越高。但如用量超过 50 mL，将增加读数次数和误差。故在一般的滴定分析中，标准溶液的用量一般应在 $20 \sim 30$ mL。

7-21 某试样中含 MgO 约 30%，用重量法测定时，Fe^{3+} 产生共沉淀，设试样中的 Fe^{3+} 有 1% 进入沉淀。若要求测定结果的相对误差不超过 0.1%，试样中 Fe_2O_3 允许的最高质量分数是多少？

解：100 g 试样中产生共沉淀的 Fe^{3+} 质量为 $30 \times 0.1\% = 0.03\,(g)$

100 g 试样中 Fe^{3+} 的质量为 $\dfrac{0.03}{1\%} = 3\,(g)$

100 g 试样中 Fe_2O_3 的质量为 $\dfrac{3}{2M(Fe)/M(Fe_2O_3)} = 3 \times \dfrac{M(Fe_2O_3)}{2M(Fe)}$

$$= 3 \times \frac{160}{2 \times 56} = 4.3\,(g)$$

即试样中 Fe_2O_3 允许的最高质量分数是 4.3%。

【评注】相对误差是指绝对误差占真值的百分数。本题中产生误差的原因是试样中铁的共沉淀，根据测定结果对相对误差的要求，求出试样中铁的质量分数，然后再换算成 Fe_2O_3 的质量分数。

7-22 某药厂生产铁剂，要求每克药剂中含铁 48.00 mg，对一批药品分析五次，结果分别为 $47.44, 48.15, 47.90, 47.93, 48.03$ mg $\cdot$ g^{-1}。问这批产品中铁的含量是否合格。（置信度 95%）

解：将实验数据由小到大排列：$47.44, 47.90, 47.93, 48.03, 48.15$，用 Q 检验法，所有数

据都应保留。

$\overline{X}=47.89, \overline{d}=0.18, s=0.27, n=5, f=4, p=95\%$, 查 t 值表, $t=2.78$。平均值的置信区间为

$$\mu = \overline{X} \pm \frac{t \cdot s}{\sqrt{n}} = 47.89 \pm \frac{2.78 \times 0.27}{\sqrt{5}} = 47.89 \pm 0.32 (\text{mg} \cdot \text{g}^{-1})$$

数据统计结果表明：有 95% 的把握认为这批产品中铁的含量在 $47.57 \sim 48.21$ 之间。产品质量符合要求（每克药剂中含铁 48.00 mg）。

【评注】对有限次测定的少量数据，总体标准偏差 σ 未知，只能用样本平均值和样本标准偏差，根据 t 分布按公式 $\mu = \overline{X} \pm \frac{t \cdot s}{\sqrt{n}}$ 对总体平均值（消除系统误差后为真值）的置信区间作出估计。

7-23 某学生测定矿石中铜的质量分数时，得到下列结果：11.53%, 11.51%, 11.55%。试用 Q 检验法确定作第四次测定时，不被舍弃的最高及最低值。（置信度 90%）

解：设做第四次测定时，不被舍弃的最高值为 X。将测定的 4 次结果按从小到大的顺序排列：11.51%, 11.53%, 11.55%, X。

当 $n=4, p=90\%$, 查表 $Q_{0.90}=0.76$。

$$\frac{X-11.55\%}{X-11.51\%}=0.76 \qquad X=11.67\%$$

设做第四次测定时不被舍弃的最低值为 Y。将测定的 4 次结果按从小到大的顺序排列：Y, 11.51%, 11.53%, 11.55%。

$$\frac{11.51\%-Y}{11.55\%-Y}=0.76 \qquad Y=11.38\%$$

7-24 矿石中钨含量的测定结果为：20.39%, 20.41%, 20.43%, 计算平均值的标准偏差及置信度为 95% 时平均值的置信区间。

解：

$$\overline{X} = \frac{(20.39+20.41+20.43)\%}{3} = 20.41\%$$

$$\overline{d} = \frac{(0.02+0.00+0.02)\%}{3} = 0.013\%$$

$$s = \sqrt{\frac{0.02^2+0.00^2+0.02^2}{3-1}}\% = 0.02\%$$

$$s_r = \frac{s}{\sqrt{n}} = \frac{0.02\%}{\sqrt{3}} = 0.01\%$$

$$\mu = \overline{X} \pm \frac{t \cdot s}{\sqrt{n}} = \left(20.41 \pm \frac{4.30 \times 0.02}{\sqrt{3}}\right)\% = (20.41 \pm 0.05)\% \quad (f=2, p=95\%, t=4.30)$$

7-25 How many times should samples be measured in parallel if confidence probability is 95% and the confidence interval of average is not more than $\pm s$?

Solution：In according to $\mu = \overline{X} \pm \frac{t \cdot s}{\sqrt{n}}$, if the confidence interval of average is not more

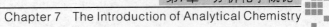

than $\pm s$, that is:

$$\pm \frac{t \cdot s}{\sqrt{n}} \leqslant \pm s \rightarrow \frac{t}{\sqrt{n}} \leqslant 1$$

Check the table of t distribution:

When $n=6, f=n-1=5, p=0.95, t=2.57, \quad \frac{2.57}{\sqrt{6}} = 1.05 > 1$

When $n=7, f=n-1=6, p=0.95, t=2.45, \quad \frac{2.45}{\sqrt{7}} = 0.926 < 1$

If confidence probability is 95% and the confidence interval of average is not more than $\pm s$, samples should be measured for 7 times in parallel.

第 8 章
滴定分析法
Titrimetric Analysis

（建议课外学习时间：20 h）

8.1 内容要点

1. 滴定分析法的基本概念

滴定分析：是将一种已知准确浓度的试剂溶液，滴加到一定体积的被测物质的溶液中，直到所加的试剂与被测物质按化学计量关系定量完全反应为止，然后根据标准溶液的浓度和体积，计算出被测物质的含量。

滴定剂：滴加到被测物质溶液中的已知准确浓度的试剂溶液。

滴定：将滴定剂通过滴定管滴加到被测物质溶液中的过程。

化学计量点：滴加的滴定剂与被测物质按照化学反应的定量关系恰好完全反应时，即两者的物质的量恰好符合化学反应式所表示的化学计量关系，称为化学计量点，简称为计量点。

指示剂：在溶液中加入的一种辅助试剂，由它的颜色转变而显示滴定终点的到达，这种辅助试剂称为指示剂。

滴定终点：在滴定过程中，指示剂发生颜色突变而停止滴定的这一点。

终点误差：因滴定操作中滴定终点和化学计量点往往不能恰好符合而造成的误差。

滴定曲线：以滴定过程中加入的滴定剂的量为横坐标，被测溶液的参数（pH、pM、电极电势等）为纵坐标所绘制的关系曲线称为滴定曲线。滴定曲线常用于滴定终点的判断、指示剂的选择。

滴定突跃：滴定分析中，在化学计量点前后±0.1%（滴定分析允许误差）范围内，溶液参数将发生急剧变化，这种参数（如酸碱滴定中的 pH）的突然改变就是滴定突跃，突跃所在的范围称为突跃范围。

2. 滴定分析法对化学反应的要求

（1）反应要按一定的化学计量关系进行。

（2）滴定反应的完全程度要高，反应的完全程度应达 99.9％以上。

（3）滴定反应速度要快。

（4）必须有适当方法确定终点。

3.滴定分析法的分类及滴定方式

根据滴定反应的类型，滴定分析可分为：酸碱滴定法、沉淀滴定法、氧化还原滴定法、配位滴定法。

滴定方式主要有：直接滴定法、返滴定法、置换滴定法及间接滴定法。

4.标准溶液

（1）基准物质　可用于直接配制标准溶液或标定溶液浓度的物质称为基准物质（S）。

基准物质应具备的条件：组成恒定并与化学式相符；在通常条件下性质相当稳定；纯度足够高（达 99.9％以上）；具有较大的摩尔质量。

（2）标准溶液的配制

①直接配制法　准确称量一定量的基准物质，溶解后转入容量瓶中，加水稀释至标线，然后根据所称基准物质的质量和定容的体积，计算出标准溶液的准确浓度。

②间接配制法　先配制近似于所需浓度的溶液，再用基准物质或已知准确浓度的溶液来确定该标准溶液的准确浓度。

（3）标准溶液浓度的表示方法

①物质的量浓度　$c_B = \dfrac{n_B}{V}$。c_B 和 n_B 中的 B 是溶质的基本单元。

②滴定度　滴定度是指每毫升标准溶液相当于被测物质的质量（单位通常为 g 或 mg），以符号 $T_{X/S}$ 表示。例如，$T(Fe/KMnO_4) = 0.005\,682\ g \cdot mL^{-1}$，表示 1 mL 的 $KMnO_4$ 标准溶液相当于 0.005 682 g 的 Fe。

5.滴定分析计算基本原理

在滴定分析中，当标准溶液与被测物质 B 反应完全时，消耗被测物质的物质的量与标准溶液的物质的量相等，即 $n_S = n_B$。应按照滴定反应中的化学计量关系，正确地选择化学计量基本单元。

（1）酸碱反应　酸碱反应是质子转移的反应，因此酸或碱的化学计量基本单元以酸给出 1 个 H^+ 或碱得到 1 个 H^+ 的粒子或粒子的特定组合作为反应物的化学计量基本单元。

（2）氧化还原反应　氧化还原反应是电子转移的反应，因此氧化剂或还原剂的化学计量基本单元，以氧化剂得到 1 个电子或还原剂失去 1 个电子的粒子或粒子的特定组合作为反应物的化学计量基本单元。

（3）沉淀反应　把带单位电荷的粒子作为反应物的化学计量基本单元。

（4）配位反应　把与 1 个分子的 EDTA 进行配位的粒子作为反应物的化学计量基本单元。

6. 滴定分析计算的基本原则 *

(1)**溶液配制**　把密度 ρ_1、溶质质量分数 w_1 为已知的浓溶液稀释成体积为 V_2、浓度为 c_2 的稀溶液时,所需浓溶液的体积 V_1 为

$$V_1 = \frac{c_2 V_2}{\rho_1 w_1 \times 10^3 / M_B}$$

在配制一定浓度和体积的溶液时,称取所需物质的质量为

$$m_B = c_S V_S M_B \times 10^{-3}$$

(2)**溶液浓度的计算**　直接法配制标准溶液时,标准溶液的浓度为

$$c_B = \frac{m_B \times 10^3}{V_B M_B}$$

用基准物质(S)直接标定或测定时,被标定溶液或未知溶液的浓度为

$$c_B = \frac{m_S \times 10^3}{V_B M_S}$$

在比较标定或测定时,被标定溶液或未知溶液的浓度为

$$c_B = \frac{c_S V_S}{V_B}$$

(3)**被测物质质量分数的计算**　直接滴定法、置换滴定法、间接滴定法的分析结果为

$$w_B = \frac{c_S V_S M_B \times 10^{-3}}{m} \times 100\%$$

返滴定法分析结果为

$$w_B = \frac{(c_{S1} V_{S1} - c_{S2} V_{S2}) M_B \times 10^{-3}}{m} \times 100\%$$

7. 酸碱滴定法

酸碱滴定法是以酸碱反应为基础的滴定分析法。常选用强酸或强碱标准溶液作为滴定剂,测定具有一定强度的酸碱物质。

强碱(酸)滴定一元弱酸(碱)突跃范围与弱酸(碱)的浓度及其解离常数有关。酸的解离常数越小,酸的浓度越低,则滴定突跃范围也就越小。

8. 酸碱指示剂

酸碱指示剂一般为有机弱酸或有机弱碱,当溶液 pH 变化达到某一值时,其结构发生变化而导致颜色发生改变。酸碱指示剂在溶液中呈现的颜色取决于酸式体和碱式体的相对浓

---

* 此页体积的单位均为 mL,浓度 c_B 的单位为 $mol \cdot L^{-1}$。

度。酸碱指示剂的理论变色范围为 $pH = pK_{HIn}^{\ominus} \pm 1$，但由于人眼对颜色判断的敏感程度不同，实际变色范围有所不同。常用酸碱指示剂见表 8-1。

表 8-1 常用酸碱指示剂

指示剂	变色范围(pH)	酸式色	过渡色	碱式色	$pK_{HIn}^{\ominus}$
甲基橙	3.1～4.4	红	橙	黄	3.7
溴甲酚绿	4.0～5.6	黄	绿	蓝	4.9
甲基红	4.4～6.2	红	橙	黄	5.0
酚酞	8.0～10.0	无	粉	红	9.1
百里酚蓝(第二次变色)	8.0～9.6	黄	绿	蓝	8.9

选择指示剂的原则：指示剂变色范围的全部或大部分落在滴定突跃范围内。

9.酸碱滴定可行性判断

(1)一元弱酸　用指示剂法直接准确滴定的条件是 $c_a K_a^{\ominus} \geqslant 10^{-8}$，且 $c_a \geqslant 10^{-3} mol \cdot L^{-1}$。

(2)一元弱碱　用指示剂法直接准确滴定的条件是 $c_b K_b^{\ominus} \geqslant 10^{-8}$，且 $c_b \geqslant 10^{-3} mol \cdot L^{-1}$。

(3)多元酸及混合酸的滴定　对于多元酸，由于它们含有多个质子，而且在水中又是逐级解离的，因而首先应根据 $c_0 \cdot K_{an}^{\ominus} \geqslant 10^{-8}$ 判断各个质子能否被准确滴定，然后根据 $K_{an}^{\ominus} / K_{a(n+1)}^{\ominus} \geqslant 10^4$ (允许误差 $\pm 1\%$)来判断能否实现分步滴定；多元碱滴定的处理方法和多元酸相似，只需将相应计算公式、判别式中的 $K_a^{\ominus}$ 换成 $K_b^{\ominus}$。

10.沉淀滴定法

沉淀滴定法是以沉淀反应为基础的一种滴定方法。使用最多的是生成难溶盐的反应，例如：

$$Ag^+(aq) + Cl^-(aq) = AgCl(s)$$
$$Ag^+(aq) + SCN^-(aq) = AgSCN(s)$$

利用生成难溶银盐的反应来进行滴定分析的方法称为银量法。常见的沉淀滴定法见表 8-2。

表 8-2 常见的沉淀滴定法

银量法	标准溶液	指示剂	滴定条件	测定对象
莫尔法	$AgNO_3$	K_2CrO_4	中性或弱碱性(pH=6.5～10.5)	Cl^-, Br^-, Ag^+
佛尔哈德法	NH_4SCN, $AgNO_3$	Fe^{3+}	酸性，测 Cl^- 时加硝基苯防止沉淀转化	Cl^-, Br^-, I^-, SCN^-, Ag^+
法扬司法	$AgNO_3$	吸附指示剂	(1)加糊精或淀粉溶液防止卤化银聚沉 (2)胶体对指示剂的吸附能力应大于对被测离子的吸附能力 (3)中性、弱碱性或弱酸性 (4)避免强光和大量中性盐	Cl^-, Br^-, I^-, SCN^-, SO_4^{2-}, Ag^+

11.氧化还原滴定法的指示剂

氧化还原滴定法是以氧化还原反应为基础的一种滴定分析法,在氧化还原滴定中使用的指示剂有三种:

(1)自身指示剂 利用标准溶液或样品溶液本身颜色的变化来指示终点。

(2)特殊指示剂 物质本身无氧化还原性,但能与氧化剂或还原剂作用产生颜色变化来指示终点。

(3)氧化还原指示剂 本身是弱氧化剂或弱还原剂,其氧化态或还原态具有明显不同的颜色,在滴定过程中,指示剂被氧化或被还原而发生颜色变化以指示终点。

12.常见的氧化还原滴定法

(1)重铬酸钾法

基本电极反应:$Cr_2O_7^{2-} + 14H^+ + 6e^- = 2Cr^{3+} + 7H_2O$。

滴定剂:$K_2Cr_2O_7$ 标准溶液。

指示剂:二苯胺磺酸钠(浅绿色→紫红色)。

介质条件:H_2SO_4-H_3PO_4 混合酸介质。

滴定方式:

直接法适用于 Fe^{2+}、$C_2O_4^{2-}$、H_2O_2 等还原性物质的测定。

返滴法适用于 MnO_4^-、MnO_2、PbO_2、XO_3^- 等氧化性物质的测定。

间接法测定 Ca^{2+} 等非氧化还原性物质。

(2)高锰酸钾法

基本电极反应:$MnO_4^- + 8H^+ + 5e^- = Mn^{2+} + 4H_2O$

滴定剂:$KMnO_4$ 标准溶液。

指示剂:$KMnO_4$ 本身。

介质条件:稀 H_2SO_4。

滴定方式:

直接法测定 Fe^{2+}、$C_2O_4^{2-}$、H_2O_2 等还原性物质。

返滴法测定 MnO_4^-、MnO_2、PbO_2、XO_3^- 等氧化性物质。

间接法测定 Ca^{2+} 等非氧化还原性物质。

(3)碘量法

①直接法

基本电极反应:$I_2 + 2e^- \rightleftharpoons 2I^-$。

滴定剂:I_2 标准溶液。

指示剂:淀粉。

介质条件:酸性、中性或弱碱性。

适用范围:电极电势比 $\varphi^{\ominus}(I_2/I^-)$ 低的还原性物质。

②间接法

基本电极反应:a.$2I^- - 2e^- \rightleftharpoons I_2$;b.$I_2 + 2S_2O_3^{2-} \rightleftharpoons 2I^- + S_4O_6^{2-}$

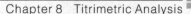

滴定剂：$Na_2S_2O_3$ 标准溶液。

指示剂：淀粉。

介质条件：中性或弱酸性。

适用范围：置换法测定氧化剂；间接法测定还原剂。

13. 配位滴定法

配位滴定法是以配位反应为基础的滴定分析法。常用的配位剂有氨三乙酸、乙二胺四乙酸（EDTA）、环己烷二胺基四乙酸等，其中以 EDTA 应用最广，配位滴定法主要是指以 EDTA 作为配体的滴定分析法。

EDTA 是四元酸，通常用 H_4Y 表示。EDTA 在水溶液中存在着 H_6Y^{2+}、H_5Y^+、H_4Y、H_3Y^-、H_2Y^{2-}、HY^{3-} 和 Y^{4-} 七种型体，在不同的酸度下，各种型体的浓度是不同的。在 pH $\geqslant 12$ 的溶液中，才主要以 Y^{4-} 型体存在。一般情况下 EDTA 与金属离子都是以 1∶1 的配位比相结合形成可溶性的配合物，使分析结果的计算十分方便。

14. EDTA 配合物的条件稳定常数

（1）酸效应和酸效应系数 当滴定体系中有 H^+ 存在时，H^+ 与 EDTA 之间发生反应，使参与主反应的 EDTA 浓度减小，主反应化学平衡向左移动，反应的完全程度降低，这种现象称为 EDTA 的酸效应。酸效应的大小用酸效应系数来衡量，它是指未参与配位反应的 EDTA 各种存在型体的总浓度 $c(Y')$ 与直接参与主反应的 $c(Y)$ 的平衡浓度之比，用符号 $\alpha_{Y(H)}$ 表示，即

$$\alpha_{Y(H)} = \frac{c(Y')}{c(Y)}$$

（2）配位效应和配位效应系数 如果滴定体系中存在其他配位剂，并能与被测金属离子形成配合物，则参与主反应的被测金属离子浓度减小，主反应平衡向左移动，EDTA 与金属离子形成的配合物的稳定性下降。这种由于共存配位剂的作用而使被测金属离子参与主反应的能力下降的现象称为配位效应。配位效应的大小可由配位效应系数来衡量，它是指未与 EDTA 配位的金属离子的各种存在型体的总浓度 $c(M')$ 与游离金属离子的浓度 $c(M)$ 之比，用 $\alpha_{M(L)}$ 表示，即

$$\alpha_{M(L)} = \frac{c(M')}{c(M)}$$

（3）EDTA 配合物的条件稳定常数 由于 $K_f^\ominus(MY)$ 是在一定温度和离子强度的理想条件下的平衡常数，不受溶液其他条件的影响，故也称为 EDTA 配合物的绝对稳定常数。但是，在实际滴定中，如果有副反应存在，则溶液中未与 EDTA 配位的金属离子的总浓度和未与金属离子配位的 EDTA 的总浓度都会发生变化，主反应的平衡会发生移动，配合物的实际稳定性下降，应该采用配合物的条件稳定常数 $K_f'(MY)$，它可表示为

$$K_f'(MY) = \frac{c(MY)}{c(M')c(Y')}$$

$$\lg K_f'(MY) = \lg K_f^\ominus(MY) - \lg \alpha_{Y(H)} - \lg \alpha_{M(L)}$$

$K'_f(MY)$ 更能表明在一定酸度条件下配合物的实际稳定程度。

15. 金属指示剂

(1)金属指示剂的作用原理 金属指示剂是一种有机配位剂,它通过与金属离子形成颜色与其本身颜色显著不同的配合物来指示滴定终点。

滴定前,这时少部分金属离子 M 与指示剂 In 形成配合物 MIn,显 B 色。

$$M \quad + \quad In \quad \rightleftharpoons \quad MIn$$
金属离子　(A 色)　　(B 色)

在化学计量点附近时,已与指示剂配位的金属离子被 Y^{4-} 夺去,释放出指示剂,引起溶液颜色的变化,由原来 MIn 的 B 色变为指示剂 In 的 A 色,指示终点的到达。

$$MIn + Y \rightleftharpoons MY + \quad In$$
(B 色)　　　　　(A 色)

(2)金属指示剂应具备的条件

①指示剂与金属离子形成的配合物的颜色与指示剂本身的颜色有明显区别;

②显色反应灵敏、迅速,且有良好的变色可逆性;

③指示剂与金属离子形成的配合物要有适当的稳定性;

④金属离子指示剂应比较稳定,便于贮藏和使用;

⑤指示剂与金属离子配位形成的 MIn 要易溶于水。

(3)常用的金属指示剂

①铬黑 T 简称 EBT,使用最适宜酸度是 pH=9~10.5,因为在此酸度范围内其自身为蓝色,与 Mg^{2+}、Zn^{2+}、Ca^{2+}、Pb^{2+}、Hg^{2+}、Mn^{2+} 等离子形成红色配合物,颜色明显不同。

②钙指示剂 简称 NN,适用酸度为 pH=8~13,在 pH=12~13 时与 Ca^{2+} 形成红色配合物,自身为蓝色。

③二甲酚橙 简称 XO,适用酸度为 pH<6,在 pH=5~6 时,与 Pb^{2+}、Zn^{2+}、Cd^{2+}、Hg^{2+} 等生成红色配合物,自身显亮黄色。

④PAN 适用酸度为 pH=2~12,在适宜酸度下与 Cu^{2+}、Ni^{2+}、Pb^{2+}、Cd^{2+}、Zn^{2+}、Mn^{2+}、Fe^{2+} 形成紫红色配合物,自身显黄色。

⑤磺基水杨酸 简称 SSal,适用酸度范围为 pH=1.5~2.5,在此范围内与 Fe^{3+} 生成紫红色配合物,自身无色。

16. 分别滴定或连续滴定的方法

若 $c(M)\lg K'_f(MY) \geqslant 6$,$c(N)\lg K'_f(NY) \geqslant 6$,共存离子 M、N 分别准确滴定的条件为

$$\frac{c(M)K'_f(MY)}{c(N)K'_f(NY)} \geqslant 10^5$$

(1)酸度的选择 若 $c(M)=0.01 \text{ mol} \cdot L^{-1}$,单一金属离子被准确滴定的条件为 $\lg \alpha_{Y(H)} \leqslant \lg K^\ominus_f(MY)-8$,据此可求出准确滴定的最高酸度(最低 pH);由一定浓度的金属离子形成氢氧化物沉淀时的 pH 可估算滴定的最低酸度(最高 pH)。

（2）掩蔽剂的使用　若被测金属离子和干扰离子的配合物的稳定性相差不大，可以加入某种试剂，使之仅与干扰离子 N 反应，这样溶液中游离 N 的浓度大大降低，N 对被测离子 M 的干扰也会减弱以至消除，这种方法称为掩蔽法。常用的有配位掩蔽剂法、沉淀掩蔽剂法、氧化还原掩蔽剂法。

8.2　知识结构图

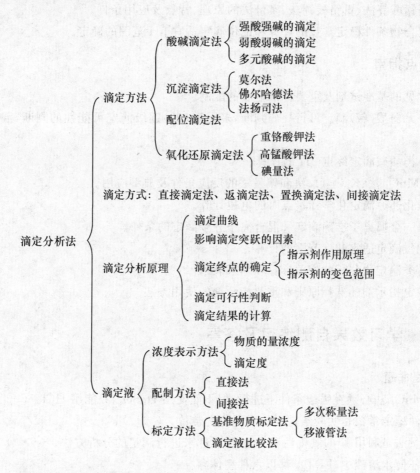

8.3　重点、难点和考点指南

1. 重点

（1）滴定分析法对化学反应的要求、滴定方式。

（2）标准溶液的配制、浓度的表示方法，基准试剂的要求。

（3）各类滴定法的原理、测定对象及应用条件，滴定曲线、滴定突跃范围，影响突跃的因素，滴定可行性的判断，提高滴定选择性的方法。

（4）各类指示剂的原理、变色范围，正确选择指示剂的依据。

(5)滴定分析的应用及计算。

2.难点

(1)化学计量基本单元的确定及滴定分析的有关计算。

(2)酸碱滴定终点 pH 的计算及指示剂的选择。

(3)多元酸(碱)逐级滴定可能性的判据,混合酸(碱)的滴定。

(4)高锰酸钾法、重铬酸钾法、碘量法的原理、特点及应用条件。

(5)配合物条件稳定常数的计算和配位滴定适宜 pH 范围的确定。

3.考点指南

(1)常见的基准试剂及重要标准溶液的配制。

(2)一元弱酸(碱)滴定可行性的判断,多元酸(碱)逐级滴定可能性的判断,混合酸(碱)的滴定。

(3)各类酸碱滴定终点 pH 的计算。

(4)$KMnO_4$ 法、$K_2Cr_2O_7$ 法和碘量法的反应条件及典型应用。

(5)氧化还原滴定化学计量点时的电位计算。

(6)单一金属离子准确滴定和混合离子分步滴定的条件。

(7)配位滴定适宜酸度范围的计算。

(8)各类滴定法分析的相关计算和结果表示。

(9)滴定指示剂的选择原则和重要指示剂的使用方法。

8.4 学习效果自测练习及答案

一、是非题

1.$KMnO_4$ 法必须在强酸条件下进行,但不能使用 H_2SO_4,只能用 HCl。(   )

2.条件稳定常数是实验条件下的实际稳定常数。(   )

3.碘量法是利用 I_2 的氧化性和 I^- 的还原性来进行滴定的分析方法。(   )

4.在任何水溶液中,EDTA 都以六种型体存在。(   )

5.用 $K_2Cr_2O_7$ 法测定 Fe^{2+} 含量时,用二苯胺磺酸钠作指示剂,如不加混合酸($H_2SO_4+H_3PO_4$)其结果将产生正误差。(   )

6.当浓溶液稀释为稀溶液时,或固体试剂配制溶液时,稀释前后溶质的物质的量不变,稀释前后溶质的质量分数不变。(   )

7.酸碱指示剂的变色范围越大,酸碱滴定法测定的结果越准确。(   )

8.基准物 $Na_2C_2O_4$ 既可标定 $KMnO_4$ 溶液又可标定 NaOH 溶液。(   )

9.佛尔哈德法滴定时的 pH 范围是 6.5~10.5。(   )

10.多元酸碱滴定,有几级 K_a,就可分几步滴定。(   )

二、选择题

1. 某碱液 25.00 mL,以 0.100 0 mol·L^{-1} HCl 标准溶液滴定至酚酞褪色,用去20.00 mL,再用甲基橙为指示剂继续滴定至变色,又消耗了 6.50 mL,此碱液的组成是_____。

A. OH$^-$

B. OH$^-$ $+$CO$_3^{2-}$

C. HCO$_3^-$ $+$CO$_3^{2-}$

D. CO$_3^{2-}$

2. EBT 指示剂在溶液中存在下列平衡

$$H_2In^- \xrightarrow{pK_{a_3}^{\ominus}=6.3} HIn^{2-} \xrightarrow{pK_{a_4}^{\ominus}=11.6} In^{3-}$$
紫红色　　　　　　　　　蓝色　　　　　　　　　橙色

它与金属离子形成的配合物显红色,则使用该指示剂的 pH 范围是____。

A. pH$<$1

B. pH$>$13

C. pH$=$7$\sim$11

D. pH$=$5

3. EDTA 在 pH$>$10.5 的溶液中,主要的存在形式为____。

A. Y^{4-}

B. HY^{3-}

C. H$_2$Y^{2-}

D. H$_3$Y$^-$

4. 用 HCl 标准溶液测定吸有 CO$_2$ 的 NaOH 溶液时,选酚酞作指示剂,测定结果将____。

A. 偏高

B. 偏低

C. 无影响

D. 前三种都有可能

5. 用同一 NaOH 标准溶液滴定相同浓度的不同的一元弱酸,则 $K_a^{\ominus}$ 较大的一元弱酸____。

A. 消耗 NaOH 多

B. 突跃范围大

C. 化学计量点 pH 较高

D. 指示剂变色不敏锐

6. 酸碱滴定中选择指示剂时可不考虑的因素是____。

A. 突跃范围

B. 指示剂变色范围

C. 指示剂颜色变化

D. 指示剂的结构

7. 用 NaOH 标准溶液滴定 H$_2$CO$_3$ 溶液时,选酚酞作指示剂,则 H$_2$CO$_3$ 的基本计量单元是____。

A. H$_2$CO$_3$

B. $\frac{1}{2}$H$_2$CO$_3$

C. 1

D. $\frac{1}{2}$

8. 用于配位滴定法的反应不需具备的条件是____。

A. 反应生成的配合物很稳定

B. 反应须在加热下进行

C. 反应速度要快

D. 生成配合物的配位数必须固定

9. 用 KMnO$_4$ 标准溶液滴定 Fe^{2+} 时,介质酸度用 H$_2$SO$_4$ 而不用 HCl 调节,是为了____。

A. 防止诱导效应的发生

B. 防止指示剂的封闭

C. 使指示剂变色敏锐

D. 加快滴定反应速度

10. 移取 KHC$_2$O$_4$·H$_2$C$_2$O$_4$ 溶液 25.00 mL,以 0.150 0 mol·L^{-1} NaOH 溶液滴定到化学计量点时,消耗 25.00 mL。今移取上述 KHC$_2$O$_4$-H$_2$C$_2$O$_4$ 溶液 20.00 mL,酸化后用 KMnO$_4$ 溶液滴定到化学计量点时,消耗 20.00 mL,则 KMnO$_4$ 溶液的浓度(mol·L^{-1})为____。

A. 0.010 00

B. 0.020 00

C. 0.040 00

D. 0.060 00

11. 在 Mohr 法中用标准 Cl$^-$ 测定 Ag$^+$ 时不适合用直接滴定法,是由于____。

A. AgCl 的溶解度太大

B. AgCl 强烈吸附 Ag$^+$

C. Ag_2CrO_4 转化为 $AgCl$ 的速度太慢　　　　D. Ag^+ 容易水解

12. 在滴定曲线的 pH 突跃范围内任一点停止滴定,其滴定误差都小于____。

A. $\pm 0.2\%$　　　　B. $\pm 0.1\%$　　　　C. $\pm 0.01\%$　　　　D. $\pm 0.02\%$

13. 在 $K_2Cr_2O_7$ 法滴定 Fe^{2+} 时,化学计量点的电势在滴定突跃范围中的位置为____。

A. 滴定突跃范围中间　　　　　　　　B. 滴定突跃范围中间偏上

C. 滴定突跃范围中间偏下　　　　　　D. 不能确定

14. 用 $NaOH$ 标准溶液滴定 H_3PO_4 溶液时,选甲基橙作指示剂,则 H_3PO_4 的基本计量单元是____。

A. H_3PO_4　　　　B. $\frac{1}{2}H_3PO_4$　　　　C. $\frac{1}{3}H_3PO_4$　　　　D. $2H_3PO_4$

15. 在配位滴定法中,返滴定法适用于____。

A. 难溶于水的试样测定　　　　　　　B. 有沉淀物生成的反应

C. 直接滴定无合适指示剂的反应　　　D. 含杂质较多的试样测定

16. 以 Fajans 法测定 Cl^- 时,应选择的指示剂是____。

A. K_2CrO_4　　　　B. $NH_4Fe(SO_4)_2$　　　　C. $K_2Cr_2O_7$　　　　D. 荧光黄

17. 在滴定分析中,对其化学反应的主要要求是____。

A. 反应必须定量完成　　　　　　　　B. 反应必须有颜色变化

C. 滴定剂与被测物必须是 1:1 反应　　D. 滴定剂必须是基准物质

18. 当 M 与 Y 反应时,溶液中若 $\alpha_{Y(H)}=1$,则说明____。

A. 没有酸效应　　　　　　　　　　　B. 酸效应严重

C. Y 与 H 副反应较弱　　　　　　　　D. $c(Y)=c(H)$

19. 用 $0.01\,mol\cdot L^{-1}$ EDTA 滴定同浓度的 M、N 离子混合溶液中的 M 离子。已知 $\lg K_f^{\ominus}(MY)=18.6$,$\lg K_f^{\ominus}(NY)=10$,滴定 M 离子的适宜的 pH 范围是____。

A. $2\sim6$　　　　B. $3\sim8$　　　　C. $4\sim8$　　　　D. $4\sim10$

20. Volhard 法中所用指示剂是____。

A. $AgNO_3$　　　　B. K_2CrO_4　　　　C. Fe^{3+}　　　　D. $KSCN$

21. 在酸碱滴定中,当溶液的 pH $\leqslant pK_{HIn}-1$,我们看到指示剂的____。

A. 碱式色　　　　B. 酸式色　　　　C. 混合色　　　　D. 无法判断

22. 当被测物质与标准溶液反应速度很慢时,常采用____。

A. 直接滴定法　　　　B. 间接滴定法　　　　C. 返滴定法　　　　D. 置换滴定法

23. 用 HCl 标准溶液滴定 Na_2CO_3 溶液,滴定到酚酞终点时,Na_2CO_3 的计量基本单元为____。

A. Na_2CO_3　　　　B. $\frac{1}{2}Na_2CO_3$　　　　C. $M\left(\frac{1}{2}Na_2CO_3\right)$　　　　D. $\frac{1}{2}$

24. 一个 EDTA 分子中,含有____个配位原子。

A. 2　　　　B. 4　　　　C. 6　　　　D. 5

25. 在 $1\,mol\cdot L^{-1}H_2SO_4$ 溶液中,用 $KMnO_4$ 滴定 Fe^{2+},化学计量点电位的位置在滴定突跃范围的____。

A. 中偏上　　　　B. 中偏下　　　　C. 中间　　　　D. 接近下部

三、填空题

1. $T(\text{Fe}/\text{KMnO}_4)=0.005\,489\ \text{g}\cdot\text{mL}^{-1}$ 的含义是_____。

2. $\text{KHC}_2\text{O}_4\cdot\text{H}_2\text{C}_2\text{O}_4\cdot\text{H}_2\text{O}$ 作酸时其基本单元为_____；做还原剂时其基本单元为_____。

3. 已标定过的 NaOH 标准溶液放置过程中吸收了空气中的少量 CO_2，用以测定 HAc 浓度，测定结果_____；若用以测定 HCl 浓度（甲基橙作指示剂），其测定结果_____（填偏高、偏低或无影响）

4. K_f' 值越大，表明配合物越_____；在配位滴定中，金属离子 M 能够被直接准确滴定的条件是_____。

5. 由于 CrO_4^{2-} 呈黄色，其浓度较大时，观察出现的微量 Ag_2CrO_4 的砖红色比较困难，故 K_2CrO_4 指示剂的实际用量_____于理论用量，为_____ $\text{mol}\cdot\text{L}^{-1}$。

6. 在配位滴定中，金属离子与金属指示剂生成的 MIn 是难溶的配合物时，将发生指示剂的_____现象。

7. 用 $\text{K}_2\text{Cr}_2\text{O}_7$ 法测定 $\text{Na}_2\text{S}_2\text{O}_3$ 时，采用的滴定方式为_____。

8. 用 NaOH 标准溶液滴定一元弱酸 HA，HA 被准确滴定的条件为_____。

9. 滴定分析中，指示剂指示终点的一般原理是利用指示剂在_____附近发生_____，指示终点的到达，酸碱指示剂是依据指示剂的_____的颜色不同，金属指示剂是依据指示剂的_____颜色不同，氧化还原指示剂则是依据指示剂的_____颜色不同。

10. 某酸碱指示剂的 $\text{p}K_{\text{HIn}}=8.1$，该指示剂的理论变色范围为_____。

四、计算题和问答题

1. 在下列反应中，
$$\text{Mg(OH)}_2+\text{HCl}=\text{Mg(OH)Cl}+\text{H}_2\text{O}$$
$$\text{CaCO}_3+2\text{HCl}=\text{CaCl}_2+\text{CO}_2+\text{H}_2\text{O}$$
$$\text{BrO}_3^-+6\text{Cu}^++6\text{H}^+=\text{Br}^-+6\text{Cu}^{2+}+3\text{H}_2\text{O}$$

Mg(OH)_2、CaCO_3、KBrO_3 应取的基本单元分别是什么？

2. 金属 M 与配体 A 形成颜色深的配合物，与配体 B 形成无色的配合物（其稳定常数大于前者）。如何用 A 和 B 作为试剂求出溶液中金属离子的浓度？

3. 工业用 NaOH 中含有 Na_2CO_3，取此试样 1.500 0 g，溶解于新煮沸除去 CO_2 的纯水中，用酚酞为指示剂，以 $c\left(\dfrac{1}{2}\text{H}_2\text{SO}_4\right)=0.800\,0\ \text{mol}\cdot\text{L}^{-1}$ 的标准溶液滴定至红色消失，消耗硫酸溶液 37.50 mL。然后用甲基橙为指示剂，继续滴定至甲基橙变色，又消耗硫酸溶液 2.30 mL。求此试样中 NaOH 和 Na_2CO_3 的含量。

4. 称取纯 KCl 和 KBr 混合试样 0.251 6 g，溶于水后，用 $c(\text{AgNO}_3)=0.101\,8\ \text{mol}\cdot\text{L}^{-1}$ AgNO_3 溶液滴定，消耗 25.73 mL。计算试样中 $w(\text{KCl})$ 和 $w(\text{KBr})$ 各为多少？$M(\text{KCl})=74.55\ \text{g}\cdot\text{mol}^{-1}$，$M(\text{KBr})=119.0\ \text{g}\cdot\text{mol}^{-1}$。

5. 某 Ag^+ 试液 25.00 mL，加入过量的 $[\text{Ni(CN)}_4]^{2-}$ 溶液后，以 $c(\text{EDTA})=0.020\,00\ \text{mol}\cdot\text{L}^{-1}$ EDTA 标准溶液滴定置换出的 Ni^{2+}，用去 21.68 mL，求每升试液中含有多少克 Ag^+。$M(\text{Ag}^+)=107.9\ \text{g}\cdot\text{mol}^{-1}$。

6. 有浓磷酸 4.000 g,用水稀释到 500 mL,取出 50.00 mL,用 0.100 0 mol·L^{-1} NaOH 滴定到甲基橙变橙黄色,消耗了 40.08 mL。写出反应式,计算该试样中磷酸的质量分数。$M(H_3PO_4)=98.00$ g·mol^{-1}。

7. 0.200 0 g 含铁、铝试样制成溶液,调节 pH=2.0,用 c(EDTA)=0.050 12 mol·L^{-1} EDTA 标准溶液滴定,用去 25.73 mL;再于溶液中加入 30.00 mL 同一 EDTA 标准溶液,煮沸,调节 pH=5.0,用 $c(Zn^{2+})$=0.049 72 mol·L^{-1} Zn^{2+} 标准溶液滴定剩余的 EDTA,用去 8.76 mL,求试样中 Fe_3O_4 与 Al_2O_3 的质量分数。$M(Fe_3O_4)=231.54$ g·mol^{-1},$M(Al_2O_3)=101.96$ g·mol^{-1}。

8. 取含 NaCl 的试液 20.00 mL,加入 K_2CrO_4 指示剂,用 0.102 3 mol·L^{-1} $AgNO_3$ 标准溶液滴定,用去 27.00 mL,求每升试液中含多少克 NaCl。$M(NaCl)=58.44$ g·mol^{-1}。

9. 在 1.000 g $CaCO_3$ 试样中加入 0.510 0 mol·L^{-1} HCl 溶液 50.00 mL,待完全反应后再用 0.490 0 mol·L^{-1} NaOH 标准溶液返滴定过量的 HCl 溶液,用去 NaOH 溶液 25.00 mL。求 $CaCO_3$ 的纯度。$M(CaCO_3)=100.09$ g·mol^{-1}。

10. 称取分析纯试剂 $MgCO_3$ 1.850 g,溶解于过量的 HCl 溶液 48.48 mL 中,待两者反应完全后,过量的 HCl 需 3.83 mL NaOH 溶液返滴定。已知 30.33 mL NaOH 溶液可以中和 36.40 mL HCl 溶液。计算该 HCl 和 NaOH 溶液的浓度。$M(MgCO_3)=84.32$ g·mol^{-1}。

11. 称取只有 $NaHCO_3$、Na_2CO_3 混合碱试样 0.338 0 g,以甲基橙作为指示剂,耗去 0.150 0 mol·L^{-1} HCl 标准溶液 35.00 mL。问以酚酞为指示剂将耗去上述 HCl 多少毫升? $NaHCO_3$ 的质量分数为多少? $M(Na_2CO_3)=106.0$ g·mol^{-1};$M(NaHCO_3)=84.01$ g·mol^{-1}。

12. 准确称取 0.500 0 g 含硫试样,加氧化剂使其中的 S 全部氧化为 SO_4^{2-},处理成溶液除去其他金属离子,加入 0.040 00 mol·L^{-1} $BaCl_2$ 标准溶液 20.00 mL,使之完全沉淀,过量的 Ba^{2+} 用 0.015 00 mol·L^{-1} EDTA 标准溶液滴定,用去 20.00 mL,计算此试样中 S 含量。$M(S)=32.00$ g·mol^{-1}。

13. 用 $KMnO_4$ 法测定硅酸盐样品中 Ca^{2+} 的含量,称取试样 0.600 0 g,在一定条件下,将钙沉淀为 CaC_2O_4,过滤、洗涤沉淀后,将其溶解于稀 H_2SO_4 中,用 $c\left(\dfrac{1}{5}KMnO_4\right)=0.250 0$ mol·L^{-1} $KMnO_4$ 标准溶液滴定,消耗 25.64 mL,计算 $T(Ca^{2+}/KMnO_4)$ 和硅酸盐中 Ca 的质量分数。$M(Ca)=40.08$ g·mol^{-1}。

14. 将 40.00 mL 0.102 0 mol·L^{-1} $AgNO_3$ 标准溶液加到 25.00 mL $BaCl_2$ 溶液中,剩余的 $AgNO_3$ 需用 15.00 mL 0.098 0 mol·L^{-1} NH_4SCN 标准溶液返滴定,计算 250.0 mL $BaCl_2$ 溶液中含有 $BaCl_2$ 多少克。$M(BaCl_2)=208.2$ g·mol^{-1}。

自测题答案

一、是非题

1. × 2. √ 3. √ 4. × 5. × 6. × 7. × 8. × 9. × 10. ×

二、选择题

1. B 2. C 3. A 4. B 5. B 6. D 7. A 8. B 9. A 10. C 11. C 12. B 13. B

14. A　15. C　16. D　17. A　18. A　19. B　20. C　21. B　22. C　23. A　24. C　25. A

三、填空题

1. 1 mL $KMnO_4$ 标准溶液相当于 0.005 489 g 的 Fe

2. $\frac{1}{3}KHC_2O_4 \cdot H_2C_2O_4 \cdot H_2O$；$\frac{1}{4}KHC_2O_4 \cdot H_2C_2O_4 \cdot H_2O$

3. 偏低，无影响

4. 稳定；$cK'_f \geqslant 10^6$ 或 $\lg(cK'_f) \geqslant 6$

5. 小；$(2.6 \sim 5.2) \times 10^{-3}$

6. 僵化

7. 置换滴定

8. $cK_a \geqslant 10^{-8}$

9. 化学计量点；颜色的突变；酸式和碱式；游离色和指示剂配合物；氧化态和还原态

10. $7.1 \sim 9.1$

四、计算题和问答题

1. $Mg(OH)_2$、$\frac{1}{2}CaCO_3$、$\frac{1}{6}KBrO_3$

2. 用 A 作为指示剂，用 B 作为滴定剂

3. (1) $w(NaOH) = \dfrac{c\left(\frac{1}{2}H_2SO_4\right) \cdot (V_1 - V_2) \cdot M(NaOH)}{m_s \times 1\,000} \times 100\%$

$$= \frac{0.800\,0 \times (37.50 - 2.30) \times 40.00}{1.500\,0 \times 1\,000} \times 100\% = 75.09\%$$

(2) $w(Na_2CO_3) = \dfrac{c\left(\frac{1}{2}H_2SO_4\right) \cdot V_2 \cdot M(Na_2CO_3)}{m_s \times 1\,000} \times 100\%$

$$= \frac{0.800\,0 \times 2.30 \times 105.99}{1.500\,0 \times 1\,000} \times 100\% = 13.00\%$$

4. **解**：设试样中的 KCl 为 x g，则 KBr 为 $(0.251\,6 - x)$ g。

$$\frac{x}{M(KCl)} + \frac{0.251\,6 - x}{M(KBr)} = c(AgNO_3) \cdot V(AgNO_3)$$

$$\frac{x}{74.55} + \frac{0.251\,6 - x}{119.0} = 0.101\,8 \times 25.73 \times 10^{-3}$$

$$x = 0.100\,8 \text{ g}$$

$$w(KCl) = \frac{m(KCl)}{m_s} = \frac{0.100\,8}{0.251\,6} \times 100\% = 40.06\%$$

$$w(KBr) = \frac{m(KBr)}{m_s} = \frac{0.251\,6 - 0.100\,8}{0.251\,6} \times 100\% = 59.94\%$$

5. **解**：$2Ag^+ \sim Ni^{2+} \sim EDTA$

$$c(Ag^+) = \frac{c(EDTA) \cdot V(EDTA) \cdot M(2Ag^+)}{V_s}$$

$$= \frac{0.020\,00 \times 21.68 \times 10^{-3} \times 107.9 \times 2}{25.00 \times 10^{-3}}$$

$$= 3.743(\text{g} \cdot \text{L}^{-1})$$

6. **解**：$H_3PO_4 + OH^- = H_2PO_4^- + H_2O$

$$w(H_3PO_4) = \frac{\dfrac{0.100\,0 \times \dfrac{40.08}{1\,000}}{50.00} \times 500 \times 98.00}{4.000} \times 100\% = 98.20\%$$

7. **解**：pH=2.0 时为滴定 Fe^{3+}。$\dfrac{1}{3}Fe_3O_4 \sim Fe^{3+}$

$$w(Fe_3O_4) = \frac{c(\text{EDTA}) \cdot V(\text{EDTA}) \cdot M\left(\dfrac{1}{3}Fe_3O_4\right)}{m_s} \times 100\%$$

$$= \frac{0.050\,12 \times 25.73 \times 10^{-3} \times \dfrac{231.54}{3}}{0.200\,0} \times 100\%$$

$$= 49.77\%$$

返滴定时,系测定 Al^{3+}。$\dfrac{1}{2}Al_2O_3 \sim Al^{3+}$

$$w(Al_2O_3) = \frac{\left[c(\text{EDTA}) \cdot V(\text{EDTA}) - c(Zn^{2+}) \cdot V(Zn^{2+})\right] \cdot M\left(\dfrac{1}{2}Al_2O_3\right)}{m_s} \times 100\%$$

$$= \frac{(0.050\,12 \times 30.00 \times 10^{-3} - 0.049\,72 \times 8.76 \times 10^{-3}) \times \dfrac{101.96}{2}}{0.200\,0} \times 100\%$$

$$= 27.22\%$$

8. **解**：$c(\text{NaCl}) = \dfrac{0.102\,3 \times 27.00}{20.00} = 0.138\,1(\text{mol} \cdot \text{L}^{-1})$

$m(\text{NaCl}) = 0.138\,1 \times 58.44 = 8.071(\text{g})$

9. **解**：$2HCl + CaCO_3 = CaCl_2 + H_2O + CO_2$

$HCl + NaOH = NaCl + H_2O$

$$w(CaCO_3) = \frac{\left[c(HCl)V(HCl) - c(NaOH)V(NaOH)\right]M\left(\dfrac{1}{2}CaCO_3\right) \times 10^{-3}}{m(CaCO_3)} \times 100\%$$

$$= \frac{(0.510\,0 \times 50.00 - 0.490\,0 \times 25.00) \times 100.09 \times \dfrac{1}{2}}{1.000 \times 1\,000} \times 100\%$$

$$= 66.31\%$$

10. **解**：设 HCl 和 NaOH 溶液的浓度分别为 c_1 和 c_2

$MgCO_3 + 2HCl = MgCl_2 + CO_2 + H_2O$

30.33 mL NaOH 溶液可以中和 36.40 mL HCl 溶液,即

36.40/30.33＝1.20

即 1 mL NaOH 相当 1.20 mL HCl。

因此,实际与 MgCO₃ 反应的 HCl 为:

48.48－3.83×1.20＝43.88(mL)

$$c_1 = c(\text{HCl}) = \frac{m(\text{MgCO}_3) \times 1\,000}{M\left(\frac{1}{2}\text{MgCO}_3\right) \times V(\text{HCl})} = \frac{1.850 \times 1\,000}{84.32 \times \frac{1}{2} \times 43.88} = 1.000(\text{mol} \cdot \text{L}^{-1})$$

再由 $\dfrac{V_1}{V_2} = \dfrac{c_1}{c_2}$ 得

$$c(\text{NaOH}) = \frac{36.40 \times 0.001}{30.33 \times 0.001} \times 1.000 = 1.200(\text{mol} \cdot \text{L}^{-1})$$

HCl 和 NaOH 溶液的浓度分别为 1.000 mol·L⁻¹ 和 1.200 mol·L⁻¹。

11. **解**:设 $n(\text{NaHCO}_3) = x$ mol,$n\left(\frac{1}{2}\text{Na}_2\text{CO}_3\right) = y$ mol,依题意有:

$x + y = 0.150\,0 \times 35.00 \times 10^{-3}$

$84.01x + 53.00y = 0.338\,0$

解得 $x = 1.928 \times 10^{-3}$ mol;$y = 3.322 \times 10^{-3}$ mol。

选用酚酞作指示剂时,Na₂CO₃ 反应到 NaHCO₃,$n\left(\frac{1}{2}\text{Na}_2\text{CO}_3\right)$ 只消耗一半,则

$$c(\text{HCl}) \times V(\text{HCl}) \times 10^{-3} = \frac{1}{2} \times n\left(\frac{1}{2}\text{Na}_2\text{CO}_3\right)$$

$$0.150\,0 \times V(\text{HCl}) \times 10^{-3} = \frac{1}{2} \times 3.322 \times 10^{-3}$$

$$V(\text{HCl}) = 11.07 \text{ (mL)}$$

$$w(\text{NaHCO}_3) = \frac{n(\text{HCO}_3^-)M(\text{NaHCO}_3)}{m_s} \times 100\%$$

$$= \frac{1.928 \times 10^{-3} \times 84.01}{0.338\,0} \times 100\% = 47.92\%$$

12. **解**:$w(\text{S}) = \dfrac{[c(\text{BaCl}_2)V(\text{BaCl}_2) - c(\text{EDTA})V(\text{EDTA})]M(\text{S})}{m_s} \times 100\%$

$$= \frac{[0.040\,00 \times 20.00 - 0.015\,00 \times 20.00] \times 10^{-3} \times 32.00}{0.500\,0} \times 100\%$$

$$= 3.200\%$$

13. **解**:$T(\text{Ca}^{2+}/\text{KMnO}_4) = c\left(\frac{1}{5}\text{KMnO}_4\right)M\left(\frac{1}{2}\text{Ca}\right) \times 10^{-3}$

$$= 0.250\,0 \times \frac{1}{2} \times 40.08 \times 10^{-3} = 5.010 \times 10^{-3}(\text{g} \cdot \text{mL}^{-1})$$

$$w(\text{Ca}) = \frac{c\left(\frac{1}{5}\text{KMnO}_4\right)V(\text{KMnO}_4)M\left(\frac{1}{2}\text{Ca}\right) \times 10^{-3}}{m_s} \times 100\%$$

$$=\frac{0.250\ 0\times25.64\times\frac{1}{2}\times40.08\times10^{-3}}{0.600\ 0}\times100\%=21.41\%$$

14. $m(\text{BaCl}_2)=\left[n(\text{AgNO}_3)-n(\text{NH}_4\text{SCN})\right]M\left(\frac{1}{2}\text{BaCl}_2\right)\times10^{-3}\times\frac{250.0}{25.00}$

$$=(0.102\ 0\times40.00-0.098\ 0\times15.00)\times104.1\times10^{-3}\times10.00=2.717\ (\text{g})$$

8.5　教材习题选解

基础题

8-1　(1) D　(2) A　(3) B　(4) B　(5) D　(6) D　(7) A　(8) B

8-3　基准试剂 $\text{H}_2\text{C}_2\text{O}_4\cdot2\text{H}_2\text{O}$ 因保存不当而部分风化；基准试剂 Na_2CO_3 因吸潮带有少量湿存水。

(1)用此 $\text{H}_2\text{C}_2\text{O}_4\cdot2\text{H}_2\text{O}$ 标定 NaOH 溶液(或用此 Na_2CO_3 标定 HCl 溶液)的浓度时，结果是偏高还是偏低？

(2)用此 NaOH(HCl)溶液测定某有机酸(有机碱)的摩尔质量时结果偏高还是偏低？

答：用 $\text{H}_2\text{C}_2\text{O}_4\cdot2\text{H}_2\text{O}$ 标定 NaOH 溶液的浓度时，结果偏低，用 Na_2CO_3 标定 HCl 溶液的浓度时，结果偏高；用此 NaOH 溶液测定有机酸时结果偏高，用此 HCl 溶液测定有机碱时结果偏低。

【评注】基准试剂 $\text{H}_2\text{C}_2\text{O}_4\cdot2\text{H}_2\text{O}$ 因保存不当而部分风化，计算时利用公式 $m_\text{A}/M_\text{A}=c_\text{B}V_\text{B}$，由于称取 $\text{H}_2\text{C}_2\text{O}_4\cdot2\text{H}_2\text{O}$ 的质量大，所以消耗 NaOH 溶液的体积大，因此标定 NaOH 溶液的浓度偏低。

用此 NaOH 溶液测定有机酸的摩尔质量，计算时利用公式 $M_\text{A}=m_\text{A}/(c_\text{B}V_\text{B})$，其中 $c(\text{NaOH})$ 偏低导致计算出的有机酸的摩尔质量偏高。

用 Na_2CO_3 标定 HCl 溶液的浓度，计算时利用公式 $m_\text{A}/M_\text{A}=c_\text{B}V_\text{B}$，$\text{Na}_2\text{CO}_3$ 因吸潮带有少量湿存水所以称量的基准物质质量小，所以消耗 HCl 的体积小，因此标定的 HCl 溶液的浓度偏高。

用此 HCl 溶液测定有机碱的摩尔质量，计算时利用公式 $M_\text{A}=m_\text{A}/(c_\text{B}V_\text{B})$，其中 $c(\text{HCl})$ 偏高导致计算出的有机碱的摩尔质量偏低。

8-6　将 0.249 7 g CaO 试样溶于 25.00 mL $c(\text{HCl})=0.280\ 3\ \text{mol}\cdot\text{L}^{-1}$ 的 HCl 溶液中，剩余酸用 $c(\text{NaOH})=0.278\ 6\ \text{mol}\cdot\text{L}^{-1}$ NaOH 标准滴定溶液返滴定，消耗 11.64 mL。求试样中 CaO 的质量分数。已知 $M(\text{CaO})=56.08\ \text{g}\cdot\text{mol}^{-1}$。

解：测定中涉及的反应式为

$$\text{CaO}+2\text{HCl}=\text{CaCl}_2+\text{H}_2\text{O}$$

$$\text{HCl}+\text{NaOH}=\text{NaCl}+\text{H}_2\text{O}$$

$$w(\text{CaO})=\frac{\left[c(\text{HCl})\cdot V(\text{HCl})-c(\text{NaOH})\cdot V(\text{NaOH})\right]\times M\left(\frac{1}{2}\text{CaO}\right)}{m_\text{s}\times1\ 000}\times100\%$$

代入数据得

$$w(\text{CaO})=\frac{(0.280\ 3\times25.00-0.278\ 6\times11.64)\times1/2\times56.08}{0.249\ 7\times1\ 000}\times100\%=42.34\%$$

【评注】此题利用返滴定法公式进行计算，CaO 的量是所用 HCl 的总量与返滴定所消耗的 NaOH 的量之差。其中注意 CaO 的基本单元的选取，$\frac{1}{2}\text{CaO}\sim\text{HCl}$。

8-7　称取铁矿石试样 0.314 3 g 溶于酸并将 Fe^{3+} 还原为 Fe^{2+}。用 $c\left(\frac{1}{6}\text{K}_2\text{Cr}_2\text{O}_7\right)=0.120\ 0\ \text{mol}\cdot\text{L}^{-1}$ 的 $\text{K}_2\text{Cr}_2\text{O}_7$ 标准滴定溶液滴定，消耗 $\text{K}_2\text{Cr}_2\text{O}_7$ 溶液 21.30 mL。计算试样中 Fe_2O_3 的质量分数。已知 $M(\text{Fe}_2\text{O}_3)=159.7\ \text{g}\cdot\text{mol}^{-1}$。

解：滴定反应为

$$\text{Cr}_2\text{O}_7^{2-}+6\text{Fe}^{2+}+14\text{H}^+=2\text{Cr}^{3+}+6\text{Fe}^{3+}+7\text{H}_2\text{O}$$

按等物质的量规则　　$n\left(\frac{1}{2}\text{Fe}_2\text{O}_3\right)=n\left(\frac{1}{6}\text{K}_2\text{Cr}_2\text{O}_7\right)$

则　　　$w(\text{Fe}_2\text{O}_3)=\dfrac{c\left(\frac{1}{6}\text{K}_2\text{Cr}_2\text{O}_7\right)V(\text{K}_2\text{Cr}_2\text{O}_7)M\left(\frac{1}{2}\text{Fe}_2\text{O}_3\right)}{m_s\times1\ 000}\times100\%$

代入数据得

$$w(\text{Fe}_2\text{O}_3)=\frac{0.120\ 0\times21.30\times1/2\times159.7}{0.314\ 3\times1\ 000}\times100\%=64.94\%$$

【评注】首先应找到参与反应的各物质的基本单元，其中 $\text{Cr}_2\text{O}_7^{2-}\rightarrow\text{Cr}^{3+}$ 转移了 6 个 e^-，试样中的 Fe_2O_3 先转化为 Fe^{2+} 再与 $\text{Cr}_2\text{O}_7^{2-}$ 反应生成 Fe^{3+}，此过程中转移两个电子，故两者选取的基本单元分别为 $\frac{1}{6}\text{K}_2\text{Cr}_2\text{O}_7$ 和 $\frac{1}{2}\text{Fe}_2\text{O}_3$。

提高题

8-9　用标记为 0.100 0 $\text{mol}\cdot\text{L}^{-1}$ 的 HCl 标准溶液标定 NaOH 溶液，求得其浓度为 0.101 8 $\text{mol}\cdot\text{L}^{-1}$。已知 HCl 溶液的真实浓度为 0.099 9 $\text{mol}\cdot\text{L}^{-1}$，如标定过程中其他误差均可忽略，求 NaOH 溶液的真实浓度。

解：设 NaOH 的真实浓度为 c，则

$$\frac{V_1}{V_2}=\frac{c_1}{c_2}=\frac{0.101\ 8}{0.100\ 0}=1.018$$

当 $c_1=0.099\ 9\ \text{mol}\cdot\text{L}^{-1}$ 时，$c=\dfrac{c_1V_1}{V_2}=\dfrac{0.099\ 9\times1.018}{1}=0.101\ 7\ (\text{mol}\cdot\text{L}^{-1})$

【评注】先根据题意利用 HCl 标准溶液的标记浓度和标定出的 NaOH 溶液的浓度计算出滴定过程中的酸碱体积比，再根据此体积比将 HCl 的真实浓度代入计算求得 NaOH 的真实浓度。

8-10　用 0.200 0 $\text{mol}\cdot\text{L}^{-1}$ HCl 标准溶液滴定含有 20% CaO、75% CaCO_3 和 5%酸不溶物质的混合物，欲使 HCl 溶液的用量控制在 25 mL 左右，应称取混合物试样多少克？

解：测定中涉及的反应式为

$$2\text{HCl}+\text{CaO}=\text{CaCl}_2+\text{H}_2\text{O}$$

$$2HCl + CaCO_3 = CaCl_2 + H_2O + CO_2$$

$$n(总\ HCl) = 0.2000 \times 2.5 \times 10^{-3} = 5 \times 10^{-3}(mol)$$

设称取混合物试样 x g,则

$$\frac{x \times 20\%}{56.08} \times 2 + \frac{x \times 75\%}{100.09} \times 2 = 5 \times 10^{-3}$$

解得 $x = 0.23$。

【评注】注意 CaO 和 $CaCO_3$ 与 HCl 反应时基本单元分别是 $\frac{1}{2}CaO$ 和 $\frac{1}{2}CaCO_3$。

8-11　化学耗氧量(COD)是指每升水中的还原性物质(有机物和无机物),在一定条件下被强氧化剂氧化时所消耗的氧的质量。今取废水样 100 mL,用 H_2SO_4 酸化后,加 25.00 mL $c(K_2Cr_2O_7) = 0.01667$ mol·L^{-1} 的 $K_2Cr_2O_7$ 标准溶液,以 Ag_2SO_4 为催化剂煮沸,待水样中还原性物质完全被氧化后,以邻二氮菲亚铁为指示剂,用 $c(FeSO_4) = 0.1000$ mol·L^{-1} 的 $FeSO_4$ 标准溶液滴定剩余的 $Cr_2O_7^{2-}$,用去 15.00 mL。计算水样的化学耗氧量。以 $\rho(g \cdot L^{-1})$ 表示。

解:按题意 $6Fe^{2+} + Cr_2O_7^{2-} + 14H^+ = 6Fe^{3+} + 2Cr^{3+} + 7H_2O$,得:

$$n\left(\frac{1}{4}O_2\right) = n\left(\frac{1}{6}K_2Cr_2O_7\right) - n(FeSO_4)$$

所以　$\rho(O_2) = \frac{m(O_2)}{V_{水样}} = \left[c\left(\frac{1}{6}K_2Cr_2O_7\right)V(K_2Cr_2O_7) - c(FeSO_4)V(FeSO_4)\right] \times \frac{M\left(\frac{1}{4}O_2\right)}{V_{水样}}$

$$\rho(O_2) = \left(\frac{1}{6} \times 0.01667 \times 25.00 - 0.1000 \times 15.00\right) \times \frac{8.000}{100} = 0.0800\ (g \cdot L^{-1})$$

【评注】$K_2Cr_2O_7$ 基本单元为 $\frac{1}{6}K_2Cr_2O_7$;$FeSO_4$ 基本单元为 $FeSO_4$,由于 $K_2Cr_2O_7$ 与 O_2 相当关系为:$\frac{1}{6}K_2Cr_2O_7 \sim \frac{1}{4}O_2$,所以 O_2 的基本单元为 $\frac{1}{4}O_2$。

8-12　用 $KBrO_3$ 法测定苯酚。取苯酚试液 10.00 mL 于 250 mL 容量瓶中,加水稀释至标线。摇匀后准确移取 25.00 mL 试液,加入 $c\left(\frac{1}{6}KBrO_3\right) = 0.1102$ mol·L^{-1} $KBrO_3$-KBr 标准溶液 35.00 mL,再加 HCl 酸化,放置片刻后再加 KI 溶液,使未反应的 Br_2 还原并析出 I_2,然后用 $c(Na_2S_2O_3) = 0.08730$ mol·L^{-1} 的 $Na_2S_2O_3$ 标准溶液滴定,用去 28.55 mL。计算每升苯酚试液中含有苯酚多少克。已知 $M(C_6H_5OH) = 94.68$ g·mol^{-1}。

解:$n\left(\frac{1}{6}C_6H_5OH\right) = n\left(\frac{1}{6}KBrO_3\right) - n(Na_2S_2O_3)$

$$\rho(C_6H_5OH) = \frac{\left[c\left(\frac{1}{6}KBrO_3\right)V(KBrO_3) - c(Na_2S_2O_3)V(Na_2S_2O_3)\right]M\left(\frac{1}{6}C_6H_5OH\right)}{V_s}$$

$$\rho(C_6H_5OH) = \frac{(0.1102 \times 35.00 - 0.08730 \times 28.55) \times 15.68}{10.00 \times \frac{25.00}{250.0}} = 21.40\ (g \cdot L^{-1})$$

【评注】根据以下测定反应：

$$KBrO_3 + 5KBr + 6HCl \rightarrow 3Br_2 + 6KCl + 3H_2O$$

$$C_6H_5OH + 3Br_2 \rightarrow C_6H_2Br_3OH + 3HBr$$

$$Br_2 + 2KI \rightarrow 2KBr + I_2$$

$$I_2 + 2S_2O_3^{2-} \rightarrow S_4O_6^{2-} + 2I^-$$

确定各物质的转化关系为 $C_6H_5OH \sim KBrO_3 \sim 3Br_2 \sim 3I_2 \sim 6Na_2S_2O_3$，并由此推出 C_6H_5OH 的基本单元为 $\frac{1}{6}C_6H_5OH$。

8-14 检验某病人血液中的钙含量，取 2.00 mL 血液稀释后，用 $(NH_4)_2C_2O_4$ 溶液处理，使 Ca^{2+} 生成 CaC_2O_4 沉淀，沉淀经过滤、洗涤后，溶解于强酸中，然后用 $c\left(\frac{1}{5}KMnO_4\right) = 0.0500\ mol \cdot L^{-1}$ 的 $KMnO_4$ 溶液滴定，用去 1.20 mL，试计算此血液中钙的含量。已知 $M(Ca) = 40.08\ g \cdot mol^{-1}$。

解： $\rho(Ca) = \dfrac{c\left(\frac{1}{5}KMnO_4\right) \cdot V(KMnO_4) \cdot M\left(\frac{1}{2}Ca\right)}{V_s}$

代入数据得

$$\rho(Ca) = \frac{0.0500 \times 1.20 \times 1/2 \times 40.08}{2.00} = 0.601\ (g \cdot L^{-1})$$

【评注】此题采用间接法对被测组分进行滴定，因此应从几个反应中寻找被测物与滴定剂之间量的关系。按题意，测定经如下几步：

$$Ca^{2+} \xrightarrow{C_2O_4^{2-}} CaC_2O_4 \downarrow \xrightarrow{H^+} H_2C_2O_4 \xrightarrow{KMnO_4 + H^+} Mn^{2+} + 2CO_2 \uparrow$$

反应中 Ca^{2+} 与 $C_2O_4^{2-}$ 的计量比为 1：1，而 $KMnO_4$ 滴定 $H_2C_2O_4$ 反应中

$$C_2O_4^{2-} \xrightarrow{-2e^-} CO_2 \uparrow\ ; \quad MnO_4^- \xrightarrow{+5e^-} Mn^{2+}$$

因此 $KMnO_4$ 的基本单元为 $\frac{1}{5}KMnO_4$，钙的基本单元为 $\frac{1}{2}Ca^{2+}$。根据等物质的量规则，有

$$n\left(\frac{1}{2}Ca^{2+}\right) = n\left(\frac{1}{2}H_2C_2O_4\right) = n\left(\frac{1}{5}KMnO_4\right)$$

Chapter 9 第 9 章
紫外–可见分光光度法
Ultraviolet and Visible Spectrophotometry

（建议课外学习时间：8 h）

9.1 内容要点

1. 物质对光的选择性吸收

波长范围在 $400 \sim 760$ nm 的光能被人眼感觉，称为可见光。不同波长的光具有不同的颜色，理论上常将单一波长的光称为单色光，包含不同波长的光称为复合光。白光（如日光、白炽灯光等）是一种复合光，它是由各种不同波长的光按一定的强度比例混合而成的。两种适当颜色的光按照一定的比例混合也可成为白光，这两种颜色的光称为互补色光。

物质的颜色是因为物质对不同波长的光具有选择性吸收而产生的。不同的物质由于结构不同，对光的选择性吸收就不同。溶液呈现不同的颜色是由于溶液中的质点（分子或离子）对不同波长的光选择性吸收而产生的。当白光透过溶液时，若溶液选择地吸收某一部分波长的光，而让其他波长的光透过，则溶液呈现透过光的颜色，即溶液呈现的颜色是它吸收光的互补色。

2. 吸收曲线

将不同波长的光依次通过某一有色溶液，测量每一波长下有色溶液对该波长光的吸收程度，然后以波长 λ 为横坐标，吸光度 A 为纵坐标，所得曲线称为光吸收曲线或吸收光谱。在光吸收曲线上，可以直观地看到物质对不同波长光吸收的选择性。不同的物质光吸收曲线不同，λ_{max} 不同。同一物质，无论其浓度大小，光吸收曲线相似，λ_{max} 不变，由此可根据光吸收曲线进行定性分析。同一物质的溶液在某波长处的吸光度 A 随着浓度的改变而变化，这个特征可作为定量分析的依据。

3. 朗伯-比尔定律

当一束强度为 I_0 的平行单色光通过液层厚度为 b 的有色溶液时，由于溶液中吸光质点对光的吸收作用，使透过溶液后的光强度减弱为 I。I/I_0 称为透光度或透光率，用 T 表示，即

$$T = \frac{I}{I_0}$$

用 $\lg \dfrac{I_0}{I}$ 表示溶液对光的吸收强度,称为吸光度,用符号 A 表示。溶液的吸光度 A 与有色溶液浓度 c 及液层厚度 b 成正比,这就是朗伯-比尔定律,是光吸收基本定律。朗伯-比尔定律的数学表达式为

$$A = kbc$$

朗伯-比尔定律适用于任何均匀、非散射的固体、溶液或气体介质。式中比例常数 k 与吸光物质的性质、入射光波长、温度等因素有关,并随着 c、b 所取的单位不同而不同。

当 c 的单位为 $g \cdot L^{-1}$,液层厚度 b 的单位为 cm 时,常数 k 以 a 表示,称为吸光系数,单位为 $L \cdot g^{-1} \cdot cm^{-1}$。其物理意义是:吸光质点浓度为 $1 \ g \cdot L^{-1}$,液层厚度为 1 cm,在一定波长下测得的吸光度。

如果 c 的单位为 $mol \cdot L^{-1}$,液层厚度 b 的单位为 cm,k 用 ε 来表示,称为摩尔吸光系数,单位为 $L \cdot mol^{-1} \cdot cm^{-1}$。它表示吸光质点的浓度为 $1 \ mol \cdot L^{-1}$,液层厚度为 1 cm 时溶液的吸光度。ε 反映了吸光物质对光的吸收能力,ε 值越大,表明有色溶液对光的吸收能力越强,溶液颜色越深,用光度分析法测定该吸光物质时的灵敏度越高。ε 是衡量光度分析法灵敏度的重要指标。

4. 偏离朗伯-比尔定律的原因

浓度与吸光度之间的关系应该是一条通过直角坐标原点的直线。但在实际测定时,往往会偏离线性而发生弯曲的情况,这种现象就称为偏离朗伯-比尔定律。偏离朗伯-比尔定律的原因很多,主要由单色光不纯和溶液不均匀引起。另外,溶液中的吸光物质常因离解、缔合及互变异构等化学变化而使其浓度发生改变,导致偏离朗伯-比尔定律。

5. 紫外-可见分光光度计

各种形式的紫外-可见分光光度计的基本结构相同,都是由光源、单色器、吸收池、检测器及信号处理系统等五部分组成(图 9-1)。

图 9-1 紫外-可见分光光度计结构示意图

6. 显色反应的要求与影响显色反应的因素

在光度法测定中,将被测组分转变成有色化合物的反应称为显色反应。使被测组分转变成有色化合物的试剂叫显色剂。显色反应的类型主要有配合反应和氧化还原反应两大类,应用最多的是配合反应,可用下式表示:

$$\begin{array}{ccc} M & + \quad R & \rightleftharpoons \quad MR \\ \text{被测组分} & \text{显色剂} & \text{有色配合物} \end{array}$$

选择合适的显色反应,是提高分析测定的灵敏度、准确度和重现性的前提。作为显色反应,一般应满足下列要求:选择性好,灵敏度高(摩尔吸光系数大),有色化合物的组成恒定,有色化合物稳定性好,色差大。

分光光度法测定显色反应达到平衡时溶液的吸光度,因此应严格控制反应条件,使显色反应趋于完全和稳定,以提高测定的准确度。影响显色反应的因素主要有:显色剂的用量,溶液的酸度,显色时间,显色温度,共存离子等。

7.分析条件的选择

为了使分光光度分析有较高的灵敏度和测定结果有较高的准确度,在进行测定时,应注意选择合适的测定条件。

(1)入射光波长　根据"最大吸收原则",所选入射光的波长应等于有色物质的最大吸收波长 λ_{max}。如果最大吸收波长不在仪器的可测波长范围之内,或干扰组分在最大吸收波长处也有较大的吸收,应根据"吸收最大、干扰最小"的原则来选择入射光。

(2)控制适当的吸光度范围　要使浓度测定的相对误差较小,应控制溶液的吸光度 A 在 $0.2\sim0.8$ 范围内。可通过调节被测溶液的浓度或选择不同厚度的吸收池来控制溶液吸光度。

(3)选择合适的参比溶液　在测定吸光度时,利用参比溶液来调节仪器的零点,即人为将参比溶液的吸光度调为零,以消除由于溶剂、干扰组分、显色剂、吸收池器壁及其他试剂等对入射光的反射和吸收带来的误差。在测定吸光度时,应根据不同的情况选择纯溶剂(或蒸馏水)空白、试剂空白、试液空白等不同的参比溶液。

8.紫外-可见分光光度测定方法

紫外-可见分光光度法测定未知溶液浓度的方法通常采用标准曲线法和标准对照法。

(1)标准曲线法　又称工作曲线法。测定时,首先配制一系列浓度不同的标准溶液,然后使用相同厚度的吸收池,在一定波长下分别测其吸光度。以标准溶液的浓度为横坐标,相应的吸光度为纵坐标作图,所得曲线称为标准曲线或工作曲线。然后用同样的方法,在相同的条件下测定试液的吸光度,从工作曲线上查得其浓度或含量。该方法适用于大批试样的分析。

(2)标准对照法　又称比较法。用相同的方法对一定量的标准样品和未知样品进行处理、显色制得测定使用的标准溶液和未知溶液。然后在相同的条件下分别测其吸光度。设标准溶液和被测试液的浓度分别为 c_s 和 c_x,吸光度分别为 A_s 和 A_x,则

$$\frac{A_s}{A_x}=\frac{c_s}{c_x}$$

$$c_x=\frac{A_x}{A_s}c_s$$

该方法适用于个别试样的测定。测定时,应使标准溶液与被测试液的浓度相近,否则会引起较大的测定误差。

9.分光光度法的应用

(1)单组分含量的测定

(2)示差法　当被测组分含量高时,应用分光光度法进行测定时常常偏离朗伯-比尔定

律；即使不偏离，也由于吸光度太大而超出了准确读数的范围，使测定误差增大，采用示差分光光度法能够克服这一缺点。示差分光光度法与一般的分光光度法的不同之处在于参比溶液。一般的分光光度法以空白溶液作参比溶液，而示差法则是采用比待测试液浓度稍低的标准溶液作参比溶液。

（3）多组分含量的测定　由于吸光度具有加和性，应用分光光度法有可能在同一溶液中不经分离而同时测定两个或两个以上组分。在实际应用中，常限于 2～3 个组分体系，对于更复杂的多组分体系，可由计算机处理测定结果。

（4）配合物组成的测定　用分光光度法测定有色配合物的组成，常用的方法有物质的量比法、连续变化法等。

（5）定性分析　紫外-可见分光光度法主要适用于不饱和有机化合物，尤其是共轭体系的鉴定，以此推断未知物的骨架结构。在配合红外光谱、核磁共振谱、质谱等进行定性鉴定和结构分析中，它无疑是一个十分有用的辅助方法。吸收光谱曲线的形状、吸收峰的数目以及最大吸收波长的位置和相应的摩尔吸光系数，是进行定性鉴定的依据。

9.2　知识结构图

紫外-可见分光光度法
- 光吸收的基本定律
  - 电磁波谱
  - 物质对光的选择性吸收
  - 吸收曲线
  - 朗伯-比尔定律
  - 偏离朗伯-比尔定律的原因
- 紫外-可见分光光度计构造
  - 光源
  - 单色器
  - 吸收池
  - 检测器
  - 信号处理系统
- 显色反应
  - 要求：选择性好，灵敏度高，有色化合物的组成恒定，有色化合物稳定性好，色差大
  - 影响因素：显色剂的用量，溶液的酸度，显色时间，显色温度，共存离子
- 分析条件的选择
  - 入射光波长
  - 适当的吸光度范围
  - 合适的参比溶液
- 定量分析方法
  - 标准曲线法
  - 标准对照法
- 分光光度法的应用
  - 单组分含量的测定
  - 示差法
  - 多组分含量的测定
  - 配合物组成的测定
  - 定性分析

9.3 重点、难点和考点指南

1.重点

(1)紫外-可见分光光度法的基本原理(朗伯-比尔定律)。

(2)紫外-可见分光光度法的定量分析方法(单组分分光光度分析法)。

(3)紫外-可见分光光度计的基本构成。

2.难点

(1)朗伯-比尔定律数学表达式的建立;透光率、吸光度、吸光系数等概念的理解。

(2)浓度测量的相对误差与透光度的关系。

3.考点指南

(1)溶液颜色与吸收光的关系。

(2)朗伯-比尔定律,透光率与吸光度的关系,吸光系数。

(3)入射光波长、吸光度范围、参比溶液的选择原则。

(4)显色反应的特点,显色条件的选择。

(5)分光光度法的应用。

(6)利用标准曲线法、标准对照法进行定量计算。

9.4 学习效果自测练习及答案

一、是非题

1.白光由七种颜色的光复合而成,因此两种光不可能成为互补色光。(   )

2.摩尔吸光系数较大,说明该物质对某波长的光吸收能力较强。(   )

3.光吸收定律不仅适用于溶液,也适合于均匀、非散射的气体和固体。(   )

4.透光率和吸光度呈倒数关系。(   )

5.标准曲线就是光的吸收曲线。(   )

6.在光吸收曲线中,同一物质随其浓度大小改变,最大吸收波长的位置也会发生改变。(   )

7.偏离朗伯-比尔定律的主要原因是单色光不纯和溶液不均匀。(   )

8.当白光透过溶液时,如果各种颜色光的透过程度相同,则该溶液就是无色透明的。(   )

二、选择题

1.高锰酸钾溶液显紫色是由于它吸收了白光中的____。

A.绿光   B.蓝光   C.黄光   D.紫光

2.分光光度法中不影响摩尔吸光系数的是____。

A.溶液温度   B.入射光波长   C.液层厚度   D.物质特性

3.某有色溶液用 $2.0\ cm$ 吸收池测定时,透光率是 60%,若改用 $3.0\ cm$ 吸收池进行测定,该溶液的透光率是____。

　　A. 0.22　　　　　　　B. 0.11　　　　　　　C. 0.46　　　　　　　D. 0.90

4.显色反应是指____。

　　A.将无机物转变为有机物　　　　　　　B.将无色混合物转变为有色混合物

　　C.将有机物转变为无机物　　　　　　　D.将待测无色化合物转变为有色化合物

5.在符合朗伯-比尔定律的范围内,有色物的浓度、最大吸收波长、吸光度三者的关系是____。

　　A.增加,增加,增加　　　　　　　　　　B.减少,不变,减少

　　C.减少,增加,增加　　　　　　　　　　D.增加,不变,减少

6.在紫外-可见分光光度法中,利用朗伯-比尔定律进行定量分析,采用的入射光是____。

　　A.白光　　　　　　　B.复合光　　　　　　　C.单色光　　　　　　　D.可见光

7.符合光吸收定律的某有色溶液稀释时,其最大吸收波长 λ_{max} 的位置将____。

　　A.向长波长方向移动　　　　　　　　　　B.向短波长方向移动

　　C.不移动,但峰高值降低　　　　　　　　D.不移动,但峰高值增大

8.分光光度法中,参比溶液的选择原则是____。

　　A.选择空白溶液作参比

　　B.利用参比溶液调节仪器的零点

　　C.符合朗伯-比尔定律

　　D.尽量使所测试液的吸光度真正反映待测物质的浓度

三、填空题

1.透光率是指溶液透过光的强度与_____之比,用符号_____表示;吸光度是_____倒数的_____,用符号_____表示。

2.吸光系数有两种表示方法,b 以_____为单位,c 以_____为单位,用 a 表示;b 以_____为单位,c 以_____为单位,用 ε 表示,称为_____系数。

3.朗伯-比尔定律不仅适用于有色溶液,也适用于_____溶液及_____和_____的非散射均匀体系;不仅适用于可见光区的单色光,也适用于_____和_____区的单色光。

4.同种物质不同浓度的吸收曲线形状_____,最大吸收波长_____;不同种物质的吸收曲线形状和最大吸收波长_____。

5.用分光光度法测量时,要选择最合适的条件,包括选择_____、_____范围和_____溶液。

6.光度分析误差主要来源于两个方面,一方面是_____,另一方面_____。

7.紫外-可见分光光度测定方法中有_____和_____;前一种方法适用于_____的分析,后一种方法适用于_____的分析。

8.各种形式的紫外-可见分光光度计的基本结构都相同,由_____、_____、_____、_____、_____等五部分组成。

四、计算题和问答题

1. 在进行水中微量铁的测定时,所用的标准溶液含 Fe_2O_3 0.25 mg·L^{-1},测得其吸光度为 0.370,将试样稀释至 10 倍后,在同样条件下测定,其吸光度为 0.205,求试样中 Fe_2O_3 的含量。

2. 维生素 D_2 在 264 nm 处有最大吸收,$\varepsilon_{264} = 1.82 \times 10^{-4}$ L·mol^{-1}·cm^{-1},$M = 397$ g·mol^{-1}。称取维生素 D_2 粗品 0.008 1 g,配成 1 L 溶液,在 264 nm 紫外光下用 1.50 cm 比色皿中测得该溶液透光率为 0.35,计算粗品中维生素 D_2 的含量。

3. 有两种高锰酸钾溶液,当液层厚度相同时,在 527 nm 处测得其透光率分别是(1) 65.0%,(2)42.0%。它们的吸光度各是多少?若已知(1)的浓度为 6.51×10^{-4} mol·L^{-1},(2)的浓度是多少?

4. 某苦味酸铵试样 0.025 0 g,用 95%乙醇溶解并配成 1.0 L 溶液,在 380 nm 波长处用 1.0 cm 比色皿测得吸光度为 0.760,试估计该苦味酸铵的摩尔质量。(已知在 95%乙醇溶液中的苦味酸铵在 380 nm 时的摩尔吸光系数 $\varepsilon = 1.34 \times 10^4$ L·mol^{-1}·cm^{-1})。

5. 浓度为 1.00×10^{-4} mol·L^{-1} 的 $KMnO_4$ 溶液,在 525 nm 处用 1.00 cm 的比色皿测得透光率为 50.0%。问:(1)该溶液的吸光度为多少?(2)在同样条件下,若此溶液的浓度增加一倍,吸光度和透光率各为多少?(3)在同样条件下,测得某溶液的透光率为 75.0%,溶液的浓度为多少?

6. 朗伯-比尔定律的物理意义是什么?偏离朗伯-比尔定律的原因有哪些?

7. 分光光度法中,测定条件的选择应该从哪几个方面考虑?

8. 浓度测定的相对误差最小,透光率和吸光度分别是多少?简述推导过程。

9. 分光光度计一般由哪几部分组成?各部分的作用是什么?

10. 何谓光吸收曲线?光吸收曲线的特征是什么?

自测题答案

一、是非题

1. × 2. √ 3. √ 4. × 5. × 6. × 7. √ 8. √

二、选择题

1. A 2. C 3. C 4. D 5. B 6. C 7. C 8. D

三、填空题

1. 入射光的强度;T;透光率;对数;A

2. cm;g·L^{-1};cm;mol·L^{-1};摩尔吸光

3. 无色;气体;固体;紫外光;红外光

4. 相似;相同;不同

5. 波长;吸光度;参比溶液

6. 由于各种化学因素使溶液偏离朗伯-比尔定律;来源于测量仪器本身

7. 标准曲线法;标准对照法(比较法);大批试样;个别试样

8. 光源;单色器;吸收池;检测器;信号处理系统。

四、计算题和问答题

1. 1.39 mg · L^{-1}

2. 6.28%

3. 0.187；0.377；1.31×10^{-3} mol · L^{-1}

4. 441 g · mol^{-1}

5. (1)0.301；(2)0.602,25.0%；(3)4.15×10^{-3} mol · L^{-1}

6～10. 略。

9.5 教材习题选解

基础题

9-1 (1)C (2)B C (3)C (4)C (5)C (6)D (7)C (8)B

提高题

9-11 5.0×10^{-5} mol · L^{-1} KMnO$_4$ 溶液，在 λ_{max}=525 nm 用 3.0 cm 吸收皿测得吸光度 A=0.336。

(1)计算吸光系数 a 和摩尔吸光系数 ε；

(2)若仪器的透光度的绝对误差 ΔT=0.4%，计算浓度的相对误差。

解：(1)ε=$A/(bc)$=0.336/(5.0×10^{-5}×3.0)=2.2×10^3(L · mol^{-1} · cm^{-1})

$$c=5.0×10^{-5}×158.04=7.9×10^{-3}(g · L^{-1})$$

$$a=0.336/(7.9×10^{-3}×3.0)=14(L · g^{-1} · cm^{-1})$$

(2)T=$10^{-0.336}$=0.461

$$\frac{\Delta c}{c}=\frac{0.434×0.4\%}{0.461×\lg 0.461}=-1.1\%$$

【评注】(1)考查朗伯-比尔定律的两种表达方式：$A=\varepsilon bc$ 和 $A=abc$，当浓度表达方式不一样时，系数的单位和数值均不同。(2)根据公式 $\frac{\Delta c}{c}=\frac{0.434\Delta T}{T\lg T}$，只要计算出此时的 T，即可计算出浓度的相对误差。

9-12 某钢样含镍约 0.12%，用丁二酮肟比色法(ε=1.3×10^4 L · mol^{-1} · cm^{-1})进行测定。试样溶解后，显色，定容至 100 mL。取部分试液，于波长 470 nm 处用 1 cm 比色皿进行测量，如希望此时测量误差最小，应称取试样多少克？

解：c=$A/(b\varepsilon)$=0.434/(1×1.3×10^4)=3.3×10^{-5}(mol · L^{-1})

$$m=cV · M_r=3.3×10^{-5}×0.100×58.69=1.94×10^{-4}(g)$$

$$m/m_s=0.12\%, \quad m_s=0.16(g)$$

【评注】吸光度在 0.2～0.8 之间，浓度测定的相对误差较小，当吸光度为 0.434 时，浓度测定的相对误差最小。

9-13 5.00×10^{-5} mol · L^{-1} KMnO$_4$ 溶液，在 520 nm 处用 2.0 cm 比色皿测得吸光度 A=0.224。称取钢样 1.00 g，溶于酸后，将其中的 Mn 氧化为 MnO_4^-，定容至 100.00 mL 后

在上述相同条件下测得吸光度为 0.314。求钢样中锰的含量。

解:$\varepsilon = A/(bc) = 0.224/(2 \times 5.00 \times 10^{-5}) = 2.24 \times 10^3 (\text{L} \cdot \text{mol}^{-1} \cdot \text{cm}^{-1})$

$c_x = A/(b\varepsilon) = 0.314/(2 \times 2.24 \times 10^3) = 7.01 \times 10^{-5} (\text{mol} \cdot \text{L}^{-1})$

$w(\text{Mn}) = 7.01 \times 10^{-5} \times 0.100 \times 54.9/1.00 = 0.038\,5\%$

【评注】根据朗伯-比尔定律,求出摩尔吸光系数 ε,然后在相同条件下测定,求出待测液浓度,依据体积和摩尔质量,即可求出待测液中锰的质量。

9-14 普通光度法分别测得 0.5×10^{-4},1.0×10^{-4} mol · L^{-1} Zn^{2+} 标液和试液的吸光度 A 分别为 0.600,1.200,0.800。

(1)若以 0.5×10^{-4} mol · L^{-1} Zn^{2+} 标准溶液作参比溶液,调节 $T = 100\%$,用示差法测定,则第二种标液和试液的吸光度各为多少?

(2)两种方法中标液和试液的透光度各为多少?

(3)示差法与普通光度法比较,标尺扩展了多少倍?

(4)根据(1)中所得的有关数据,用示差法计算试液中 Zn 的含量(mg · L^{-1})。

解:(1)示差法测定时,相对吸光度 $\quad A_r = \Delta A = \varepsilon b \Delta c = k \Delta c$

第二标液的吸光度 $\quad A_{rs2} = 1.200 - 0.600 = 0.600$

试液的吸光度 $\quad A_{rx} = 0.800 - 0.600 = 0.200$

(2)普通法:第一标液的透光度 $\quad T_{s1} = 10^{-0.600} = 25.1\%$

第二标液的透光度 $\quad T_{s2} = 10^{-1.200} = 6.31\%$

试液的透光度 $\quad T_x = 10^{-0.800} = 15.8\%$

示差法:第一标液的透光度 $\quad T_{s1} = 100\%$

第二标液的透光度 $\quad T_{rs2} = 10^{-0.600} = 25.1\%$

试液的透光度 $\quad T_{rx} = 10^{-0.200} = 63.1\%$

(3)扩展了 4 倍

(4)$\dfrac{\Delta A_s}{\Delta A_x} = \dfrac{\Delta c_s}{\Delta c_x}$

$\dfrac{0.600}{0.200} = \dfrac{1.0 \times 10^{-4} - 0.5 \times 10^{-4}}{c_x - 0.5 \times 10^{-4}}$

$c_x = 0.67 \times 10^{-4} (\text{mol} \cdot \text{L}^{-1})$

$\rho(\text{Zn}) = 0.67 \times 10^{-4} \times 65.39 = 4.4 \times 10^{-3} = 4.4 (\text{mg} \cdot \text{L}^{-1})$

【评注】示差法是将低浓度作为参比,算出高浓度的相对吸光度,再利用朗伯-比尔定律进行相关计算。

9-15 用分光光度法测定含有两种配合物 x 和 y 的溶液的吸光度($b = 1.0$ cm),可获得如下数据:

溶液	浓度 $c/(\text{mol} \cdot \text{L}^{-1})$	吸光度 A_1 $\lambda = 285$ nm	吸光度 A_2 $\lambda = 365$ nm
x	5.0×10^{-4}	0.053 0	0.430
y	1.0×10^{-3}	0.950	0.050
$x+y$	未知	0.640	0.370

计算未知液中 x 和 y 的浓度。

解:$\lambda = 285$ nm 时,有

$0.053\ 0 = \varepsilon_x^{285} \times 5.0 \times 10^{-4} \times 1.0$

$0.950 = \varepsilon_y^{285} \times 1.0 \times 10^{-3} \times 1.0$

解得 $\varepsilon_x^{285} = 1.1 \times 10^2 (\text{L} \cdot \text{mol}^{-1} \cdot \text{cm}^{-1})$

$\varepsilon_y^{285} = 9.5 \times 10^2 (\text{L} \cdot \text{mol}^{-1} \cdot \text{cm}^{-1})$

$\lambda = 365$ nm 时,有

$0.430 = \varepsilon_x^{365} \times 5.0 \times 10^{-4} \times 1.0$

$0.050 = \varepsilon_y^{365} \times 1.0 \times 10^{-3} \times 1.0$

解得 $\varepsilon_x^{365} = 8.6 \times 10^2 (\text{L} \cdot \text{mol}^{-1} \cdot \text{cm}^{-1})$

$\varepsilon_y^{365} = 0.500 \times 10^3 (\text{L} \cdot \text{mol}^{-1} \cdot \text{cm}^{-1})$

285 nm:$0.640 = 1.1 \times 10^2 c_x + 9.5 \times 10^2 c_y$

365 nm:$0.370 = 8.6 \times 10^2 c_x + 0.500 \times 10^3 c_y$

解上面两个方程,得:

$c_x = 3.9 \times 10^{-4} (\text{mol} \cdot \text{L}^{-1})$

$c_y = 6.3 \times 10^{-4} (\text{mol} \cdot \text{L}^{-1})$

【评注】这是多组分含量的测定。溶液中的 x,y 两组分相互干扰。这时,可在波长 285 nm 和 365 nm 处分别测出 x,y 两组分的总吸光度 A_1 和 A_2,然后再根据吸光度的加和性列联立方程

$A_1 = \varepsilon_x^{285} bc(x) + \varepsilon_y^{285} bc(y)$

$A_2 = \varepsilon_x^{365} bc(x) + \varepsilon_y^{365} bc(y)$

ε_x^{285},ε_y^{285},ε_x^{365},ε_y^{365} 可由已知准确浓度的纯组分 x 和纯组分 y 分别在 285,365 nm 处测得,代入上式解联立方程,即可求出 x,y 两组分的含量。

9-16　A solution containing iron (as the thiocyanate complex)was observed to transmit 74.2% of the incident light with $\lambda = 510$ nm compared with an appropriate blank. (1)What is the absorbance of this solution? (2)What is the transmittance of a solution of iron with four times as concentrated?

Solution:(1)$A_1 = -\lg T = -\lg 74.2\% = 0.130$

(2)$A_2 = 4A_1 = 0.520, T_2 = 10^{-0.520} = 30.2\%$

9-17　Zinc(Ⅱ)and the ligand L from a product cation that absorbs strongly at 600 nm. As long as the concentration of L excess that of zinc(Ⅱ)by a factor of 5,the absorbance of the solution is only lined on the cation concentration. Neither zinc(Ⅱ)nor L absorbs at 600 nm. A solution that is 1.60×10^{-6} mol $\cdot$ L^{-1} in zinc(Ⅱ)1.00 mol $\cdot$ L^{-1} in L has an absorbance of 0.164 in a 1.00 cm cell at 600 nm. Calculate

(1)the transmittance of this solution.

(2)the transmittance of this solution in a 3 cm cell.

(3)the molar absorbance of the complex at 600 nm.

Solution：(1) $T_1 = 10^{-A} = 10^{-0.164} = 68.5\%$

(2) $A_2 = 3A_1 = 0.492$

$T_1 = 10^{-A} = 10^{-0.492} = 32.2\%$

(3) $\varepsilon = A/(bc) = 0.164/(1.0 \times 1.60 \times 10^{-6}) = 1.03 \times 10^5 (L \cdot mol^{-1} \cdot cm^{-1})$

【评注】当配体 L 浓度是 Zn^{2+} 浓度的 5 倍时，在 600 nm 这两种物质的干扰都被排除，即都没有吸收。因此，在 600 nm 的吸光度就是配合物的吸光度，根据朗伯-比尔定律，可以算出溶液的透光率以及配合物的摩尔吸光系数。

第10章
电势分析法
Potentiometry

（建议课外学习时间：6 h）

10.1 内容要点

1.电势分析法

电势分析法是在零电流条件下以测定被测液中两电极间的电动势或电动势变化来进行定量分析的一种电化学分析方法。电势法的依据和基本公式：

$$\varphi(M^{n+}/M) = \varphi^{\ominus}(M^{n+}/M) + \frac{0.059\ 2}{n} \lg c(M^{n+})$$

根据测量方式，电势分析法可分为直接电势法和电势滴定法。直接电势法是通过测定指示电极的电势数值，利用能斯特方程式求出待测离子的活度（或浓度）；电势滴定法是利用指示电极在滴定过程中的电势变化来确定滴定终点，再根据标准溶液的浓度和消耗的体积来计算待测离子的含量。

2.指示电极和参比电极

指示电极是电极电势随被测电活性物质活度（浓度）变化的电极。常见的指示电极可分为金属基电极和离子选择性电极。

参比电极是电势稳定且已知电势值用作比较标准的电极。实际工作中最常用的参比电极是甘汞电极和银-氯化银电极。

3.离子选择性电极

离子选择性电极又称膜电极。它是一种利用选择性薄膜对溶液中特定离子产生选择性的能斯特响应，以测量或指示溶液中离子活度（或浓度）的电极。离子选择性电极包括：玻璃电极、晶体膜电极、液态膜电极、敏化电极等。

用选择性系数 $K_{i,j}$ 作为衡量电极选择性能的量度。在实验条件相同时,引起离子选择性电极的电势有相同变化时,所需的被测离子(i)活度与所需的干扰离子(j)的活度的比值称为选择性系数($K_{i,j}$),以 n 和 m 分别表示离子 i 和 j 的电荷数,则:

$$K_{i,j} = \frac{\alpha_i}{\alpha_j^{n/m}}$$

利用 $K_{i,j}$ 可以判断电极对各种离子的选择性能,并可粗略地估算某种干扰离子 j 共存下测定 i 离子所造成的误差。

4. 溶液 pH 的测定

溶液 pH 的测定是以 pH 玻璃电极为指示电极,以饱和甘汞电极作为参比电极,与待测溶液一起组成一个测量电池:

$$pH\ 玻璃电极 \parallel 试样溶液 \mid 饱和甘汞电极$$

该电池电动势与溶液 pH 间的关系:

$$\begin{aligned}
E &= \varphi_{甘汞} - \varphi_{玻璃} = \varphi_{甘汞} - (常数 + 0.059\,2\lg\alpha_{H^+,试液}) \\
&= K - 0.059\,2\lg\alpha_{H^+,试液} \\
&= K + 0.059\,2pH_{试液}
\end{aligned}$$

实际测定时,一般采用与标准缓冲溶液对比的方法来确定待测溶液的 pH:

$$pH_x = pH_s + \frac{E_x - E_s}{0.059\,2}$$

通过测定标准缓冲溶液和待测试液各自组成的工作电池的电动势就可求出试液的 pH。

5. 离子浓度的测定

以适当的离子选择性电极为指示电极,在一定的实验条件下电动势与待测离子的活度的对数值呈线性关系:

$$E = K + \frac{2.303RT}{nF}\lg\alpha_{阳离子}$$

$$E = K - \frac{2.303RT}{nF}\lg\alpha_{阴离子}$$

因此根据测得的电动势可确定待测离子的活度。

通常测定的方法包括标准曲线法、一次标准加入法和格氏作图法等。

(1)标准曲线法 测定时以适当的离子选择性电极为指示电极,以饱和甘汞电极为参比电极,依次测定系列标准溶液的电动势。然后以测得的电动势 E 为纵坐标,以相应的

浓度 c 的对数值为横坐标,作出标准曲线。另取待测液,在与上述条件完全相同的情况下测定电动势。由所测得的电动势在标准曲线上查得 $\lg c_x$ 值,计算出试液中被测离子的浓度。

(2)一次标准加入法 本法是以被测物质的标准溶液作为加入物质,只加一次。设被测试液体积为 V_x,待测离子的浓度为 c_x,标准溶液浓度 c_s,加入体积 V_s,则

$$c_x = \frac{\Delta c}{10^{\Delta E/S} - 1}$$

式中:$\Delta c = \dfrac{c_s \cdot V_s}{V_s + V_x}$,为标准溶液浓度增量;$\Delta E$ 为电动势改变量;$S = \dfrac{0.059\,2}{n}$,为电极斜率。

6. 电势滴定法

电势滴定法是借助指示电极电势的变化,以确定滴定终点的容量分析方法。在被测溶液中插入对待测离子有能斯特响应的指示电极和参比电极构成一原电池,用滴定剂进行滴定,在滴定的同时测定电池电动势的变化(图 10-1)。随着滴定的进行,电池电动势将相应地随着标准溶液的加入而变化。在计量点附近,被测离子的浓度发生突跃变化,从而引起电动势的突跃变化。

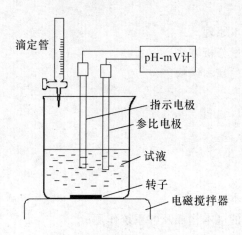

图 10-1 电势滴定基本仪器装置

在电势滴定法中,滴定终点的确定方法通常有下列三种:E-V 曲线法;$\Delta E/\Delta V$-V 曲线法(一级微商法);$\Delta^2 E/\Delta V^2$-V 曲线法(二级微商法)。应用二级微商曲线法,也可不必作图,用计算法直接确定终点时所消耗标准溶液的体积。

10.2 知识结构图

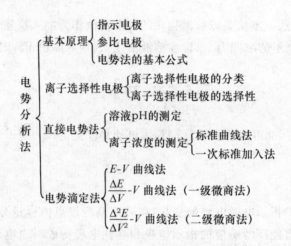

$$
电势分析法
\begin{cases}
基本原理
\begin{cases}
指示电极 \\
参比电极 \\
电势法的基本公式
\end{cases} \\
离子选择性电极
\begin{cases}
离子选择性电极的分类 \\
离子选择性电极的选择性
\end{cases} \\
直接电势法
\begin{cases}
溶液pH的测定 \\
离子浓度的测定
\begin{cases}
标准曲线法 \\
一次标准加入法
\end{cases}
\end{cases} \\
电势滴定法
\begin{cases}
E\text{-}V\ 曲线法 \\
\dfrac{\Delta E}{\Delta V}\text{-}V\ 曲线法（一级微商法） \\
\dfrac{\Delta^2 E}{\Delta V^2}\text{-}V\ 曲线法（二级微商法）
\end{cases}
\end{cases}
$$

10.3 重点、难点和考点指南

1.重点

(1)电势分析法的基本原理。

(2)电势分析法的定量分析方法。

(3)离子选择性电极的基本结构。

2.难点

电势分析法的基本原理。

3.考点指南

(1)电势分析法的基本原理。

(2)离子选择性电极的基本构成及各系统作用。

(3)利用标准曲线法、一次标准加入法进行定量计算。

10.4 学习效果自测练习及答案

一、是非题

1.离子选择性电极的选择性系数 $K_{i,j}$ 愈大,说明该电极对待测离子的选择性越差。(   )

2.电势分析中,常选用一个电极电势随溶液中被测离子活度变化而变化的电极作为参比电极。(   )

3.离子选择性电极的电位与待测离子活度呈线性关系。(   )

4.在电位分析中,通常测定的应是待测物的活度,但采用标准加入法测定时,由于加入了大量强电解质,所以测定的是待测物的浓度而不是活度。(　　)

二、选择题

1.在电池:玻璃电极∣H^+‖饱和甘汞电极中,当缓冲溶液的 pH 等于 5.00 时,25℃测得电动势为 0.269 V。用该电池测定未知溶液时电动势为 0.387 V,未知溶液的 pH 为____。

A. 5.50　　　　　　　B. 6.00　　　　　　　C. 6.50　　　　　　　D. 7.00

2.电势分析法测得的结果是____。

A. 电势　　　　　　　B. 质量　　　　　　　C. 活度　　　　　　　D. 摩尔数

3.离子选择性电极的选择性常用选择性系数 $K_{i,j}$ 的大小来衡量,____。

A. $K_{i,j}$ 的值越大表明电极选择性越高　　　B. $K_{i,j}$ 的值越小表明电极选择性越高

C. $K_{i,j}$ 的值越小表明电极选择性越低　　　D. 电极选择性与 $cK_{i,j}$ 的乘积有关

4.测量 pH 时,需要用标准 pH 溶液定位,这是为了____。

A. 避免产生酸差　　　　　　　　　　　B. 避免产生碱差

C. 消除温度的影响　　　　　　　　　　D. 消除不对称电位的液接电位的影响

5.在电势分析中,指示电极的电极电势与待测离子活度的关系是____。

A. 电极电势与离子活度成正比　　　　　B. 符合扩散电流公式

C. 符合能斯特方程　　　　　　　　　　D. 电极电势与离子活度的对数成正比

6.电位滴定中,确定滴定终点体积通常采用____。

A. 标准曲线法　　　B. 指示剂法　　　C. 二级微商法　　　D. 标准加入法

三、填空题

1.电势分析法包括_____和_____。

2.选择性系数 $K_{i,j}$ 越小,表明电极对被测离子选择性_____,即干扰离子对响应离子的影响_____。

3.电极电势随被测电活性物质活度(浓度)变化的电极称为_____;电势稳定且已知电势值用作比较标准的电极称为_____。

4.电势滴定法是借助_____的变化,以确定滴定终点的容量分析方法。在电势滴定法中,滴定终点的确定方法通常有_____、_____、_____三种。

四、计算题和问答题

1.简述电势分析法的基本原理。

2.何谓直接电势法? 何谓电势滴定法?

3.简述测定 pH 的基本原理。为什么测定溶液 pH 时必须使用 pH 标准缓冲溶液?

4.电势滴定法有哪些类型? 与化学分析中的滴定方法相比有何特点? 为什么有这些特点?

5.在用 pH 玻璃电极测定溶液 pH 时,为什么要选用与待测试液 pH 相近的 pH 标准溶液定位?

6.用标准加入法测定铜离子浓度时,于 100 mL 铜盐溶液中加入 1 mL 0.1 mol·L^{-1} $Cu(NO_3)_2$ 后,电动势增加 6 mV,求铜原来的总浓度。

7.下列电池(25℃)(一)玻璃电极|标准溶液或未知液‖饱和甘汞电极(＋)

当标准缓冲溶液 pH＝5.00 时,电动势为 0.268 V,当缓冲溶液由未知液代替时,测得下列电动势值(1)0.188 V,(2)0.301 V。求未知液的 pH。

自测题答案

一、是非题

1.√   2.×   3.×   4.×

二、选择题

1.D   2.C   3.B   4.D   5.C   6.C

三、填空题

1.直接电势法;电势滴定法

2.越高;越小

3.指示电极;参比电极

4.指示电极电势;E-V 曲线法;$\dfrac{\Delta E}{\Delta V}$-$V$ 曲线法(一级微商法);$\dfrac{\Delta^2 E}{\Delta V^2}$-$V$ 曲线法(二级微商法)

四、计算题和问答题

1～5.略。

6.**解:**

$$\Delta c=\frac{c_s \cdot V_s}{V_x+V_s}=\frac{0.1\times1.0}{100+1}=1.0\times10^{-3}(\text{mol}\cdot\text{L}^{-1})$$

$$\Delta E=6(\text{mV})\qquad S=59.2/2(\text{mV})$$

$$c_x=\frac{\Delta c}{10^{\Delta E/S}-1}=\frac{1.0\times10^{-3}}{10^{2\times6/59.2}-1}=1.68\times10^{-3}(\text{mol}\cdot\text{L}^{-1})$$

7.**解:**(1)$\text{pH}=\text{pH}_s+\dfrac{E_x-E_s}{0.0592}=5.00+\dfrac{0.188-0.268}{0.0592}=3.65$

(2)$\text{pH}=\text{pH}_s+\dfrac{E_x-E_s}{0.0592}=5.00+\dfrac{0.301-0.268}{0.0592}=5.56$

10.5 教材习题选解

基础题

10-1 (1)B (2)C (3)C (4)D (5)B (6)A

10-8 将氯离子选择性电极与饱和甘汞电极插入 10^{-4} mol·L^{-1} 的 Cl$^-$ 溶液中,测得 $E_s=130$ mV,测未知 Cl$^-$ 溶液,得 $E_x=238$ mV,求试液中 Cl$^-$ 的浓度。(25℃)

解:$\lg c_x=\lg c_s+\dfrac{n(E_x-E_s)}{0.0592}=\lg10^{-4}+\dfrac{1\times(0.238-0.130)}{0.0592}=-2.18$

$c_x=6.67\times10^{-3}(\text{mol}\cdot\text{L}^{-1})$

【评注】已知标准电动势、标准离子浓度和未知溶液电动势,根据在一定实验条件下,电动势与待测离子的浓度的对数值呈线性关系,可求未知离子浓度。

提高题

10-9 氟离子选择性电极测定水中氟含量。根据下列数据计算水样中氟离子浓度。

(1)取 20.00 mL 水样于 100 mL 容量瓶中,再加入 10 mL TISAB,用去离子水定容,倒入 200 mL 干燥的塑料烧杯中,测定电动势 $E_1 = 0.550$ V;

(2)向上述溶液中加入 1.00 mL 100 $\mu g \cdot mL^{-1}$ 的氟标准溶液,摇匀,测定 $E_2 = 0.530$ V;

(3)取 10 mL TISAB 于 100 mL 容量瓶中,用去离子水定容。然后倒入第二步测定过的溶液中,摇匀,测定 $E_3 = 0.547$ V。

解:$\Delta c = \dfrac{c_s \cdot V_s}{V_x + V_s} = \dfrac{1.00 \times 100}{100 + 1} = 0.990 (\mu g \cdot mL^{-1})$

$\Delta E = |E_2 - E_1| = |0.530 - 0.550| = 0.020 (V)$

$S = \dfrac{E_3 - E_2}{\lg 2} = \dfrac{0.547 - 0.530}{0.301} = 0.0565 (V)$

$c_x = \dfrac{\Delta c}{10^{\Delta E/S} - 1} = \dfrac{0.990}{10^{0.020/0.0565} - 1} = 0.786 (\mu g \cdot mL^{-1})$

$c_{水样} = \dfrac{100 c_x}{20} = \dfrac{100 \times 0.786}{20} = 3.93 (\mu g \cdot mL^{-1})$

【评注】本题考查用一次标准加入法求待测离子的浓度。假设(2)中氟离子浓度为 $c(F^-)$,(3)中氟离子浓度近似为 $\frac{1}{2} c(F^-)$,可求 S。

10-10 未知浓度的弱酸 HA 溶液 10.0 mL,稀释至 100 mL,以 0.1 mol·L^{-1} NaOH 溶液进行电势滴定,用的是饱和甘汞电极-氢电极对。当一半酸被中和时,电动势读数为 0.524 V,滴定终点时是 0.749 V,已知饱和甘汞电极的电势为 0.2438 V,求:(1)该酸的解离常数;(2)终点时溶液的 pH;(3)终点时消耗 NaOH 溶液的体积;(4)弱酸 HA 的原始浓度。

解:(1)HA $\rightleftharpoons$ A$^-$ + H$^+$

HA + OH$^-$ = A$^-$ + H$_2$O

当一半酸被中和时,$c(HA) = c(A^-)$,则

$K_a = \dfrac{c(A^-) \cdot c(H^+)}{c(HA)} = c(H^+)$

$E = \varphi_{SCE} - \varphi_H = 0.2438 - \varphi_H = 0.524 (V)$,则

$\varphi_H = -0.2802 (V)$

$\varphi_H = \varphi_H^{\ominus} + \dfrac{0.0592}{2} \lg \dfrac{c^2(H^+)/c^{\ominus 2}}{p(H_2)/p^{\ominus}} = 0.0592 \lg c(H^+)$,则

$0.0592 \lg c(H^+) = -0.2802$

$c(H^+) = 1.85 \times 10^{-5} (mol \cdot L^{-1})$

$K_a = c(H^+) = 1.85 \times 10^{-5}$

(2)终点时,$E = \varphi_{SCE} - \varphi_H = 0.2438 - \varphi_H = 0.749 (V)$,则

$\varphi_H = -0.5052 (V)$

$0.059\ 2\lg c(\mathrm{H^+})=-0.505\ 2$

$c(\mathrm{H^+})=2.93\times10^{-9}(\mathrm{mol}\cdot\mathrm{L^{-1}})$

$\mathrm{pH}=8.53$

(3)终点时,产物为 $\mathrm{A^-}$,有

$$c(\mathrm{OH^-})=\frac{K_\mathrm{w}}{c(\mathrm{H^+})}=\frac{1.0\times10^{-14}}{2.93\times10^{-9}}=3.14\times10^{-6}(\mathrm{mol}\cdot\mathrm{L^{-1}})$$

$$K_\mathrm{b}=\frac{K_\mathrm{w}}{K_\mathrm{a}}=\frac{1.0\times10^{-14}}{1.85\times10^{-5}}=5.41\times10^{-10}$$

$$c(\mathrm{OH^-})=\sqrt{K_\mathrm{b}\cdot c(\mathrm{A^-})}=\sqrt{5.41\times10^{-10}\times c(\mathrm{A^-})}=3.41\times10^{-6}(\mathrm{mol}\cdot\mathrm{L^{-1}})$$

$$c(\mathrm{A^-})=\frac{(3.41\times10^{-6})^2}{5.41\times10^{-10}}=2.15\times10^{-2}(\mathrm{mol}\cdot\mathrm{L^{-1}})$$

设终点时消耗 NaOH 溶液的体积为 V,则:

$0.1V=c(\mathrm{A^-})\cdot(V+100)=2.15\times10^{-2}\cdot(V+100)$

$V=27.39(\mathrm{mL})$

(4) $c(\mathrm{HA})\cdot V(\mathrm{HA})=c(\mathrm{NaOH})\cdot V(\mathrm{NaOH})$,则

$$c(\mathrm{HA})=\frac{c(\mathrm{NaOH})\cdot V(\mathrm{NaOH})}{V(\mathrm{HA})}=\frac{0.1\times27.39}{10.0}=0.273\ 9(\mathrm{mol}\cdot\mathrm{L^{-1}})$$

【评注】(1)(2)由电动势可求氢电极的电极电势,根据能斯特方程求出氢离子浓度。(3)终点产物为 $\mathrm{A^-}$,生成 $\mathrm{A^-}$ 的物质的量为消耗的 NaOH 的物质的量。(4)HA 与 NaOH 反应,消耗的物质的量相等。

第 11 章
物质结构基础
The Basis of Substance Structure

（建议课外学习时间：28 h）

11.1 内容要点

1.核外电子的运动特征

核外电子是一种微观粒子，因此其运动特征不能用经典力学来描述，而要用量子力学中的统计方法来加以处理。其运动的主要特征是具有波粒二象性，具体体现在量子化和统计性上。

电子衍射实验表明电子的运动规律具有统计性，衍射图上衍射强度大的地方，就是电子出现概率大的地方，所以电子波又称概率波。用波函数 ψ（又称为原子轨道）描述核外电子运动状态，ψ 本身没有明确的物理意义，是描述核外电子运动状态的数学表达式。波函数 ψ 绝对值的平方 $|\psi|^2$ 代表核外空间某点电子出现的概率密度。

2.量子数

（1）主量子数 n 可取的数为 $1,2,3,4,\cdots,n$，值愈大，电子离核愈远，能量愈高。单电子原子轨道的能量由主量子数决定。

（2）角量子数 l 决定电子云的形状，l 的取值受 n 的限制，l 可取的数为 $0,1,2,\cdots,(n-1)$，共可取 n 个，在光谱学中分别用符号 s，p，d，f…表示，相应为 s 亚层、p 亚层、d 亚层、f 亚层等。在多电子原子中，主量子数 n 和角量子数 l 决定核外电子的能量。

（3）磁量子数 m 决定电子云的空间取向，m 可取的数值为 $0,\pm1,\pm2,\pm3,\cdots,\pm l$，共可取 $2l+1$ 个值。m 值反映原子轨道或电子云在空间的伸展方向，即取向数目。

一个原子轨道由 n,l,m 三个量子数确定。

（4）自旋量子数 s_i 用 $s_i = +1/2$ 或 $s_i = -1/2$ 分别表示电子的两种不同的自旋运动状态。

根据四个量子数可以确定核外电子的运动状态和各电子层中电子可能的状态数。

3.原子轨道和电子云的图像

(1)原子轨道角度分布图 原子轨道角度分布图表示波函数的角度部分 $\psi_{l,m}(\theta,\varphi)$ 随 θ 和 φ 变化的图像。只要量子数 l,m 相同,$\psi_{l,m}(\theta,\varphi)$ 函数式就相同,就有相同的原子轨道角度分布图。

(2)电子云角度分布图 电子云角度分布图是波函数角度部分函数 $\psi_{l,m}(\theta,\varphi)$ 的平方 $|\psi|^2$ 随 θ,φ 角度变化的图形,反映出电子在核外空间不同角度的概率密度大小。

(3)电子云径向分布图 电子云径向分布图反映电子在核外空间出现的概率离核远近的变化。

电子云径向分布曲线上有 $n-l$ 个峰值。在角量子数 l 相同时,随主量子数 n 增大,电子离核的平均距离越来越远;当主量子数 n 相同而角量子数 l 不同时,电子离核的平均距离则较为接近。

4.屏蔽效应和钻穿效应

多电子原子中轨道能级交错现象可用屏蔽效应和钻穿效应来说明。

(1)屏蔽效应 在多电子原子中,电子除受到原子核的吸引外,还受到其他电子的排斥,其余电子对指定电子的排斥作用可看成是抵消部分核电荷的作用,从而削弱了核电荷对某电子的吸引力,使作用在某电子上的有效核电荷下降。这种由于其他电子排斥作用而减弱核对指定电子吸引力的现象叫屏蔽效应。电子受到屏蔽作用越强,能量越高。

(2)钻穿效应 因电子穿过内层钻穿到核附近而使其能量下降的作用称为钻穿效应。电子的钻穿能力越强,能量越低。

5.鲍林近似能级图

美国化学家鲍林根据光谱实验数据及理论计算结果,把原子轨道能级按从低到高分为 7 个能级组,其能级顺序为

$E_{1s} < E_{2s} < E_{2p} < E_{3s} < E_{3p} < E_{4s} < E_{3d} < E_{4p} < E_{5s} < E_{4d} < E_{5p} < E_{6s} < E_{4f} < E_{5d} < E_{6p} < E_{7s} < E_{5f} < E_{6d} < E_{7p}$

6.核外电子排布的一般原则

(1)能量最低原理 多电子原子在基态时核外电子的排布将尽可能优先占据能量较低的轨道,以使原子能量处于最低。

(2)泡利不相容原理 在同一原子中不可能有四个量子数完全相同的两个电子存在。或者说在轨道量子数 n,l,m 确定的一个原子轨道上最多可容纳两个电子,而这两个电子的自旋方向必须相反,即自旋量子数分别为 $+1/2$ 和 $-1/2$。

(3)洪特规则 电子在能量相同的轨道(即简并轨道)上排布时,总是尽可能以自旋相同的方式分占不同的轨道,因为这样的排布方式原子的能量最低。此外,作为洪特规则的补充,当亚层的简并轨道被电子半充满、全充满或全空时最为稳定。

7.电子层结构与元素周期律

各元素在周期表中的位置(包括各周期元素数,主副族确定,元素分区等)都是元素原子电子层结构的反映。

长式周期表分 7 行 18 列,每行称为一个周期,共 7 个周期。

按列分为 18 个族,包括ⅠA~ⅦA 族,ⅠB~ⅦB 族,第Ⅷ族和零族。

按元素原子价电子层结构特点,可分为 5 个区:

s 区——包括ⅠA,ⅡA 主族元素,外层电子构型为 ns^1 和 ns^2。

p 区——包括ⅢA~ⅦA 主族和零族元素,外层电子构型为 $ns^2np^{1\sim6}$。

d 区——包括ⅢB~ⅦB 副族和Ⅷ族元素,外层电子构型为 $(n-1)d^{1\sim9}ns^{1\sim2}$。

ds 区——包括ⅠB,ⅡB 副族,外层电子构型为 $(n-1)d^{10}ns^{1\sim2}$。

f 区——包括镧系、锕系元素,外层电子构型为 $(n-2)f^{0\sim14}(n-1)d^{0\sim2}ns^2$。

8.原子性质的周期性

元素周期律是各元素原子的内部结构周期性变化的反映,各元素原子电子层结构的周期性变化是元素性质周期性的内在原因。

(1) 原子半径(r)

①共价半径　同种元素的两个原子以共价键结合时,它们核间距的一半称为该原子的共价半径。

②金属半径　金属晶体中相邻两个金属原子的核间距的一半称为金属半径。

③范德华半径　当两个原子只靠范德华力(分子间作用力)互相吸引时,它们核间距的一半称为范德华半径。

④原子半径的周期性　同一主族元素原子半径从上到下逐渐增大。副族元素的原子半径从上到下递变不是很明显,第一过渡系到第二过渡系的递变较明显,而第二过渡系到第三过渡系基本没变,这是由于镧系收缩的结果。

同一周期中原子半径的递变按短周期和长周期有所不同。在同一短周期中,由于有效核电荷的逐渐递增,核对电子的吸引作用逐渐增大,原子半径逐渐减小。在长周期中,过渡元素由于有效核电荷的递增不明显,因而原子半径减小缓慢。

镧系收缩　镧系元素从 Ce 到 Lu 整个系列的原子半径逐渐收缩的现象称为镧系收缩。由于镧系收缩,镧系以后的各元素如 Hf、Ta、W 等原子半径也相应缩小,致使它们的半径与上一个周期的同族元素 Zr、Nb、Mo 非常接近,相应的性质也非常相似。

(2)元素的电离能(I)　使基态的气态原子失去一个电子形成+1 氧化态气态离子所需要的能量,叫作第一电离能 I_1。电离能的大小反映了原子失去电子的难易程度,即元素的金属性的强弱。电离能愈小,原子愈易失去电子,元素的金属性愈强。

(3)电子亲合能(A)　处于基态的气态原子得到一个电子形成气态阴离子所放出的能量,为该元素原子的第一电子亲合能 A_1。电子亲合能的大小反映了原子得到电子的难易程度,即元素的非金属性的强弱。

(4)元素的电负性(χ)　元素的电负性是指元素的原子在分子中吸引电子能力的相对大

小,即不同元素的原子在分子中对成键电子吸引力的相对大小,它较全面地反映了元素金属性和非金属性的强弱。

元素的性质是原子内部结构的反映。元素电子构型、有效核电荷、原子半径的周期性变化,是元素电离能、电子亲合能、电负性周期性变化的原因。一般来说,同一周期元素从左到右,作用于最外层电子的有效核电荷增加,原子半径减小,元素电离能变大,元素电子亲合能变大,原子电负性变大;同一族元素,从上到下,原子半径增大,元素电离能减小,元素电子亲合能减小,原子电负性减小。以上变化规律,主族元素表现较明显。

9.离子键理论

(1)离子键的本质是正、负离子间的静电吸引作用。离子键的特点是没有方向性和饱和性。

(2)离子晶体的晶格能是指由气态离子形成离子晶体时所放出的能量。通常为在标准压力和一定温度下,由气态离子生成离子晶体的反应其反应进度为 1 mol 时所放出的能量,单位为 $kJ \cdot mol^{-1}$。晶格能的数值越大,离子晶体越稳定。

10.价键理论基本要点

如 A、B 两原子各有一未成对电子,并自旋相反,则互相配对构成共价单键。如果 A、B 两原子各有两个或三个未成对电子,则在两个原子间可以形成共价双键或共价三键。如果 A 原子有两个未成对电子,B 原子只有一个未成对电子,则 A 原子可同时与两个 B 原子形成共价单键,则形成 AB_2 分子。若原子 A 有能量合适的空轨道,原子 B 有孤电子对,原子 B 的孤电子对所占据的原子轨道和原子 A 的空轨道能有效地重叠,则原子 B 的孤电子对可以与原子 A 共享,这样形成的共价键称为共价配键,以符号 A←B 表示。

原子轨道叠加时,轨道重叠程度愈大,电子在两核间出现的概率愈大,形成的共价键也愈稳定。因此,共价键应尽可能沿着原子轨道最大重叠的方向形成,这就是最大重叠原理。

11.共价键的特征

(1)饱和性 共价键的本质是原子轨道的重叠和共用电子对的形成,而每个原子的未成对电子数是一定的,所以形成共用电子对的数目也就一定。

(2)方向性 根据最大重叠原理,在形成共价键时,原子间总是尽可能沿着原子轨道最大重叠的方向成键。这就是共价键的方向性。

12.共价键的类型

(1)σ键 如果原子轨道沿核间连线方向进行重叠形成共价键,具有以核间连线(键轴)为对称轴的 σ 对称性,则称为 σ 键,其特点为"头碰头"方式达到原子轨道的最大重叠。重叠部分集中在两核之间,对键轴呈圆柱形对称。

(2)π键 原子轨道以对键轴方向"肩并肩"地达到最大重叠,重叠部分集中在键轴的上方和下方,形成的共价键称为 π 键。

σ键重叠程度大于 π 键,所以 σ 键一般比较稳定。以单键形成的共价型分子,其化学键

都是 σ 键,若分子中有多重键(双键或三键),其中只有一个是 σ 键,其余是 π 键。

13. 共价键参数

(1)键级　成键原子间共价单键的数目(即共用电子对的数目)称为键级。分子的键级越大,表明共价键越牢固,分子也越稳定。

(2)键能　是从能量因素衡量化学键强弱的物理量。其定义为:在标准状态下,将气态分子 AB(g)解离为气态原子 A(g)、B(g)所需要的能量,用符号 E 表示,单位为 kJ·mol^{-1}。

一般说来键能越大,化学键越牢固。双键的键能比单键的键能大得多,但不等于单键键能的两倍;同样三键键能也不是单键键能的三倍。

(3)键长　当两原子间形成稳定的共价键时,两个原子间保持着一定的平衡距离,此距离叫作键长,符号 l,单位 m 或 pm。

(4)键角　分子中相邻的共价键之间的夹角称为键角,通常用符号 θ 表示,单位为"°"、"′"。键角是反映分子空间结构的重要参数。

14. 杂化轨道理论

在原子间相互作用形成分子的过程中,同一原子中能量相近的不同类型的原子轨道(即波函数)可以相互叠加,重新组成同等数目、能量完全相等而成键能力更强的新的原子轨道,这些新的原子轨道称为杂化轨道。杂化轨道的形成过程称为杂化。杂化轨道在某些方向上的角度分布更集中,因而杂化轨道比未杂化的原子轨道成键能力强,使形成的共价键更加稳定。不同类型的杂化轨道有不同的空间取向,从而决定了共价型多原子分子或离子的不同的空间构型。杂化轨道的类型见表 11-1。

表 11-1　中心原子的杂化轨道类型和分子的空间构型

轨道数	杂化轨道类型	空间构型		实　例
2	sp	直线形		$[Ag(CN)_2]^-$,CO_2
3	sp^2	平面三角形		BF_3,$AlCl_3$
4	sp^3	正四面体		$[Zn(NH_3)_4]^{2+}$,CH_4,NH_4^+
	dsp^2	平面正方形		$[PtCl_4]^{2-}$,$[Cu(NH_3)_4]^{2+}$
5	dsp^3	三角双锥		$[Fe(CO)_5]$,$[Co(CN)_5]^{3-}$,PCl_5
6	sp^3d^2	正八面体		$[Fe(H_2O)_6]^{2+}$,$[FeF_6]^{3-}$,SF_6,
	d^2sp^3			$[Fe(CN)_6]^{3-}$,$[Cr(NH_3)_6]^{3+}$

参与杂化的每个原子轨道均有未成对的单电子,杂化后每个轨道的 s、p 成分均相同的杂化称为等性杂化。当参与杂化的原子轨道不仅包含未成对的单电子原子轨道而且也包含成对电子的原子轨道时,这种杂化称为不等性杂化。NH_3^+、PCl_3 等分子中 N 和 P 都有一对成对电子,为不等性 sp^3 杂化,分子构型为三角锥形。H_2O、H_2S、OF_2、SCl_2 等分子中 O 和 S 都有两对成对电子,也为不等性 sp^3 杂化,分子的键角减小到 $104.5°$,形成 V 形结构。

15. 价层电子对互斥理论(VSEPR 理论)

价层电子对互斥理论是一种较为简单又能比较正确地判断无机小分子几何构型的理论。

通常共价分子(或离子)可以通式 AX_m 表示,其中 A 为中心原子,X 为配位原子或含有一个配位原子的基团(同一分子中可有不同的 X),m 为配位原子的个数(即中心原子的键电子对数,也是中心原子的 σ 键数)。

中心原子 A 的价电子对数以 VP 表示,$VP = m+n$,其中 m 可由分子式直接得到,n 为中心原子 A 的孤电子对数,可由下式得出:

$$n = \frac{\text{中心原子 A 的价电子总数} \pm \text{负/正离子电荷数} - m \text{ 个基态配位原子的未成对电子数}}{2}$$

中心原子价电子对的排布方式见表 11-2。

表 11-2　中心原子价电子对的排布方式

$VP=m+n$	2	3	4	5	6
价电子对排布方式	直线	平面三角形	正四面体	三角双锥	正八面体

孤电子对只受中心原子的吸引,电子云比较"肥大",对邻近的电子对的斥力就较大。所以不同的电子对之间的斥力(在夹角相同情况下,一般考虑 $90°$ 夹角)大小顺序为:

孤电子对与孤电子对 > 孤电子对与键电子对 > 键电子对与键电子对

此外,分子若含有双键、三键,由于重键电子较多,斥力也较大,对分子构型也有影响。

如果中心原子 A 没有孤电子对($n = 0$),价电子对的空间排布就是分子的空间构型。若中心原子有孤电子对,则须考虑孤电子对的位置,孤电子对可能会有几种可能的排布方式,对比这些排布方式中电子对排斥作用的大小,选择斥力最小的排布方式,即为分子具有的稳定构型。

16. 配位化合物的价键理论

配合物的形成体 M 同配体 L 之间以配位键结合。配体提供孤电子对,是电子给予体。形成体提供空轨道,接受配体提供的孤对电子,是电子对的接受体。两者之间形成配位键,一般表示为 M←L。形成体用能量相近的轨道(如第一过渡金属元素 3d、4s、4p、4d)杂化,以杂化的空轨道来接受配体提供的孤对电子形成配位键。配位离子的空间结构、配位数、稳定性等,主要决定于杂化轨道的数目和类型。

形成配合物时,若形成体是以 ns,np,nd 轨道组成杂化轨道的,这类配合物称为外轨型配合物,由于电子没有重排,有较多的未成对电子,又称为高自旋配合物。若形成体是以$(n-1)d, ns, np$轨道组成杂化轨道的,由于$(n-1)d$是内层轨道,故这类配合物称为内轨型配合物,由于受到配体的影响,内层电子发生重排,未成对电子较少,又称为低自旋配合物。一般来说,结构相似的配合物,内轨型配合物比外轨型配合物稳定,如果配位原子电负性较小,如C(在CN^-、CO 中),N(在NO_2^- 中)等,较易给出孤电子对,对形成体的影响较大,使其结构发生变化,$(n-1)d$ 轨道上的成单电子被强行配对,常生成内轨型配合物。电负性较大的配位原子如 F、O 等,不易给出孤电子对,对形成体的结构影响较小,常生成外轨型配合物。

还可通过对配合物磁矩的测定来确定配合物的类型。磁矩μ和物质中未成对电子数n之间具有下列近似关系式:

$$\mu = \sqrt{n(n+2)} \ \text{B.M}$$

利用配合物的磁矩计算未成对电子数,判断 d 电子是否发生重排,从而确定配合物属于内轨型还是外轨型。

17. 分子间力

分子与分子之间存在的力叫分子间力。这种力比较弱,为几十$kJ \cdot mol^{-1}$,比化学键小一个数量级。分子间力虽然比较弱,却决定着物质的沸点、熔点和汽化热等物理性质。分子间力不同于共价键,没有方向性和饱和性。分子间力与分子的极性有关,分子的极性和变形性,是产生分子间力的根本原因。分子间力一般包括三种力:色散力、诱导力和取向力。极性分子与极性分子之间的作用力由取向力、诱导力和色散力三部分组成;极性分子与非极性分子间只存在诱导力和色散力;非极性分子之间仅存在色散力。在多数情况下,色散力占分子间力的绝大部分。

18. 氢键

氢键是与电负性很大的原子 X 形成共价键的氢原子和另一个电负性很大且具有孤对电子的原子 X(或 Y)之间形成的一种弱键。一般在 X—H···X(Y)中,把"···"称作氢键。在化合物中,容易形成氢键的元素有 F、O、N,有时还有 Cl、S。

氢键的键能一般在$40 \ kJ \cdot mol^{-1}$以下,比化学键的键能小得多,而和范德华力处于同一数量级。氢键具有饱和性和方向性。

分子间形成氢键时,使分子间结合力增强,使化合物的熔点、沸点、熔化热、汽化热、黏度等增大,蒸气压则减小。

分子内氢键的形成一般使化合物的熔点、沸点、熔化热、汽化热、升华热减小。

当溶质和溶剂分子间形成氢键时,使溶质的溶解度增大;当溶质分子间形成氢键时,在极性溶剂中的溶解度下降,而在非极性溶剂中的溶解度增大。当溶质形成分子内氢键时,在极性溶剂中的溶解度也下降,而在非极性溶剂中的溶解度则增大。

19. 离子的电子层结构

离子化合物中,简单负离子其外层都具有稳定的 8 电子构型。正离子情况比较复杂,可以有几种不同的情况,见表 11-3。

表 11-3　正离子的电子层构型

正离子电子层构型	外层电子分布	实　例	电子构型
无电子	$1s^0$	H^+	$1s^0$
2 电子构型	$1s^2$	Li^+,Be^{2+},	$1s^2$
8 电子构型(八偶体)	ns^2np^6	Na^+,Mg^{2+},Al^{3+}	$2s^2 2p^6$
		K^+,Ca^{2+}	$3s^2 3p^6$
18 电子构型	$ns^2np^6nd^{10}$	Cu^+,Zn^{2+},Ga^{3+}	$3s^2 3p^6 3d^{10}$
		Ag^+,Cd^{2+},In^{3+}	$4s^2 4p^6 4d^{10}$
		Au^+,Hg^{2+},Tl^{3+}	$5s^2 5p^6 5d^{10}$
(18+2)电子构型	$(n-1)s^2(n-1)p^6(n-1)d^{10}ns^2$	In^+,Sn^{2+},Sb^{3+}	$4s^2 4p^6 4d^{10} 5s^2$
		Tl^+,Pb^{2+},Bi^{3+}	$5s^2 5p^6 5d^{10} 6s^2$
(9~17)电子构型	$ns^2np^6nd^{1\sim9}$	Fe^{3+}	$3s^2 3p^6 3d^5$
		Cr^{3+}	$3s^2 3p^6 3d^3$
		Pt^{4+}	$5s^2 5p^6 5d^6$

20. 离子极化作用

离子极化是离子键向共价键过渡的重要原因。当一个离子处于外电场中时,正负电荷中心发生位移,产生诱导偶极,这一过程称为离子的极化。离子极化能力的大小取决于离子的半径、电荷和电子层构型。离子电荷愈高,半径愈小,极化能力愈强。此外,正离子的电子层构型对极化能力也有影响,其极化能力大小顺序为:

18、(18+2)及 2 电子构型＞(9~17)电子构型＞8 电子构型

离子的半径愈大,变形性愈大。因为负离子的半径一般比较大,所以负离子的极化率一般比正离子大;正离子的电荷数越高,极化率越小;负离子的电荷数越高,极化率越大。在常见离子中 S^{2-} 和 I^- 是很易被极化的。

离子的变形性也与离子的电子层构型有关:

18、(18+2)电子构型＞(9~17)电子构型＞8 电子构型

在讨论离子的极化作用时,一般情况下,只需考虑正离子的极化能力和负离子的变形性。只有在遇到如 Ag^+、Hg^{2+} 等变形性很大的正离子以及极化能力较大的负离子时,才考虑离子的附加极化作用。

离子极化作用的结果使化合物的键型从离子键向共价键过渡,因而熔沸点下降。离子极化的结果也能导致化合物在水中的溶解度下降;化合物中离子极化程度越大,化合物的颜色越深。

21.晶体的类型

晶体的类型见表11-4。

表 11-4 四种主要的晶体类型

晶体类型	晶胞结构单元	作用力	熔沸点	硬度
离子晶体	正、负离子	离子键	较高	较高
原子晶体	原子	共价键	高	高
微观分子晶体	分子	分子间力	低	低
金属晶体	原子、正离子	金属键	高、低均有	高、低均有

11.2 知识结构图

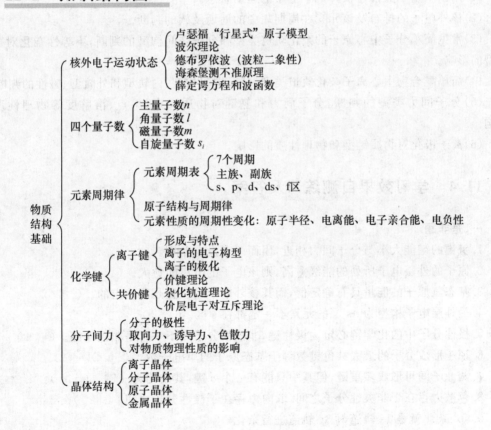

11.3 重点、难点和考点指南

1.重点

(1)四个量子数的取值规律、7个能级组、核外电子排布原则及方法。

(2)核外电子排布和元素周期性之间的关系,原子半径、电离能、电子亲合能、电负性的周期性变化规律。

(3)杂化轨道理论,简单分子的空间构型的判断。

(4)配位化合物的价键理论。

(5)分子间力和氢键的特征及对物性的影响,离子极化对物性的影响。

2.难点

核外电子运动特征,波函数的概念,能级交错,原子轨道角度分布图、电子云的角度分布图和径向分布图,杂化轨道理论,离子极化。

3.考点指南

(1)用四个量子数描述核外一个电子的运动状态。

(2)核外电子的排布及该元素在周期表中的周期及族的判断。

(3)常见简单分子中心原子的杂化轨道类型和分子空间构型的判断,不等性杂化对分子构型的影响。

(4)简单配合物中心离子杂化轨道类型、分子空间构型、内轨型和外轨型、磁性的判断。

(5)分子间力类型的判断,分子间力和氢键对物质沸点、熔点、溶解度等物理性质的影响。

(6)离子极化对物质键型和物理性质的影响。

11.4　学习效果自测练习及答案

一、是非题

1.氢键的键能大小与分子间力相近,因而两者没有差别。(　　　)

2.原子的外层电子所处的能级愈高,则该电子的电离能愈大。(　　　)

3.基态氢原子的能量具有确定值,而其核外电子的位置是不确定的。(　　　)

4.最外层电子构型为 $ns^{1\sim2}$ 的元素不一定都在 s 区。(　　　)

5.极性分子中的化学键必定为极性键,非极性分子则不一定是非极性键。(　　　)

6.原子形成分子的最大共价键数等于基态原子的单电子数。(　　　)

7.两原子间可形成多重键,但其中只能有一个 σ 键,其余均为 π 键。(　　　)

8.色散力存在于非极性分子之间,取向力存在于极性分子之间。(　　　)

9.sp^3 杂化就是 1s 轨道与 3p 轨道进行杂化。(　　　)

10.Si 的卤化物 SiF_4、$SiCl_4$、$SiBr_4$、SiI_4 均为分子晶体,随相对分子质量的增大,色散力增大,分子间作用力依次增大,熔沸点依次升高。(　　　)

二、选择题

1.电子的波粒二象性是由下列哪位科学家提出来的____。

A. Einstein　　　　　　B. Bohr　　　　　　C. de Broglie　　　　　　D. Pauling

2.下列电子构型中,通常第一电离能 I_1 最小的是____。

A. ns^2np^3 B. ns^2np^4 C. ns^2np^5 D. ns^2np^6

3.下列原子轨道不存在的是____。

A. 2d   B. 8s   C. 4f   D. 7p

4.某金属离子 M^{2+} 的第三电子层中有 14 个电子,则该离子的外层电子构型必为 ____。

A. $3d^64s^2$ B. $3d^84s^0$ C. $3d^84s^2$ D. $3d^64s^0$

5.基态原子外层轨道的能量存在 $E_{3d}>E_{4s}$ 的现象是因为 ____。

A. 钻穿效应   B. 洪特规则   C.屏蔽效应   D. A 和 C

6.氢原子的 s 轨道波函数 ____。

A. 与 r 有关   B. 与 θ 有关   C. 与 θ、φ 无关   D. 与 θ、φ 有关

7. 19 号元素 K 基态最外层电子的四个量子数为 ____。

A.4,0,0,1/2   B. 3,0,0,1/2   C. 4,1,1,1/2   D. 4,1,0,1/2

8.多电子原子中决定电子能量的量子数为 ____。

A. n B. n,l C. n,l,m D. n,l,m,s_i

9.下列元素的电负性大小顺序正确的是 ____。

A.B>C>N>O>F   B. F>Cl>Br>I

C. Si>P>S>Cl   D. Te>Se>S>O

10.两成键原子的原子轨道沿核间连线以"肩并肩"方式重叠形成 ____。

A. σ 键   B. 离子键   C. π 键   D. 氢键

11.周期表中第五、六周期的 ⅣB、ⅤB、ⅥB,同族元素的性质非常接近,是因为 ____。

A. s 区元素的影响   B. p 区元素的影响

C. d 区元素的影响   D. 镧系收缩的影响

12.PCl_3 分子中,与 Cl 原子成键的中心原子 P 采用的原子轨道是 ____。

A. p_x,p_y,p_z B. 三个 sp 杂化轨道

C. 三个 sp^2 杂化轨道   D. 三个 sp^3 杂化轨道

13 下列分子中,中心原子为 sp 杂化的是____。

A. H_2O B. NH_3 C. BH_3 D. CO_2

14.中心原子采用 sp^3 杂化轨道,而分子构型为三角锥形的是 ____。

A. H_2O B. NF_3 C. BF_3 D. SiH_4

15.根据价层电子对互斥理论,XeF_4 分子的几何构型为 ____。

A.平面正方形   B. 正四面体形   C. 变形四面体   D. 立方体形

16.气态卤化氢分子 HX 的偶极矩由小到大的顺序为 ____。

A. HF,HCl,HBr,HI   B. HCl,HF,HBr,HI

C. HI,HBr,HCl,HF   D. HI,HBr,HF,HCl

17. 有 a、b、c 三种主族元素,若 a 元素的阴离子与 b、c 元素的阳离子具有相同的电子结构,且 b 元素的阳离子半径大于 c 元素的阳离子半径,则这三种元素的电负性从小到大的顺序是 ____。

A. b < c < a   B. a < b < c

C. c < b < a   D. b < a < c

18. 下列化合物的熔点变化顺序不正确的是 ____。

A. $KF > KCl > KBr > KI$ B. $NaCl < MgCl_2 < AlCl_3 < SiCl_4$

C. $NaCl > KCl > RbCl > CsCl$ D. $BaO < SrO < CaO < MgO$

19. 下列物质的熔沸点变化顺序正确的是 ____。

A. $He > Ne > Ar > Kr$

B. $H_2O < H_2S < H_2Se < H_2Te$

C. $SiO_2 > NaCl > NH_3 > N_2$

D. $NaCl < MgCl_2 < AlCl_3 < SiCl_4$

20. 下列化合物在水中溶解度大小顺序正确的是 ____。

A. $H_2S > CCl_4$ B. $KF < CaF_2$

C. $HgI_2 > HgCl_2$ D. $BaO < MgO$

21. 以波函数 $\psi_{n,l,m}$ 表示原子轨道时,下列表示正确的是 ____。

A. $\psi_{3,3,2}$ B. $\psi_{3,1,1/2}$ C. $\psi_{3,2,0}$ D. $\psi_{4,0,-1}$

22. 已知 $[Co(NH_3)_6]^{3+}$ 的 $\mu = 0$,则 Co^{3+} 的杂化方式、配离子的空间构型分别为 ____。

A. sp^3d^2 杂化,正八面体   B. sp^3d^2 杂化,三方棱柱体

C. d^2sp^3 杂化,正八面体   D. d^2sp^3 杂化,四方锥

23. 下列分子中,偶极矩等于 0 的是 ____。

A. CS_2 B. PCl_3 C. $SnCl_2$ D. AsH_3

24. CO_3^{2-} 中的 C 原子、NH_3 中的 N 原子采取的杂化轨道类型分别是 ____。

A. sp^2、sp^2 B. sp,不等性 sp^3 C. sp^3、sp^3 D. sp^2、不等性 sp^3

25. 下列各组卤化物中,其离子键成分按从大到小的顺序排列正确的是 ____。

A. $CsF > RbCl > KBr > NaI$ B. $CsF > RbBr > KCl > NaI$

C. $RbBr > CsI > NaF > KCl$ D. $KCl > NaF > CsI > RbBr$

三、填空题

1. 在氢原子中,4s 和 3d 轨道的能量高低为 E_{4s} ____ E_{3d};在钾原子中,4s 和 3d 轨道的能量高低为 E_{4s} ____ E_{3d}。(填">"、"<"或"=")

2. 单电子原子的能量由量子数 ____ 决定,而多电子原子的能量由量子数 ____ 决定。

3. 已知某元素为第四周期元素,其二价离子的外层有 18 个电子,则该元素的原子序数为 ____,元素符号为 ____,在周期表中的 ____ 区,第 ____ 族。

4. 3p 符号表示主量子数 $n =$ ____、角量子数 $l =$ ____ 的原子轨道,其轨道形状为 ____,原子轨道数为 ____,由于这些轨道的能量 ____,因而将它们称为 ____ 轨道。电子在这些轨道上的排布首先根据 ____ 规则分占各个轨道,且 ____ 量子数相同,而后再成对。

5.填充下表(不查周期表):

原子序数	电子排布	价电子构型	周期	族	区	元素符号
	$1s^2 2s^2 2p^6 3s^2 3p^6 3d^6 4s^2$					
18						
		$4s^2$				
			四	ⅡB		

6.用价层电子对互斥理论和杂化轨道理论填充下表:

分子或离子	中心原子	n	VP	几何构型	中心原子杂化轨道类型
BCl_3					
CO_2					
H_2S					
$COCl_2$					

7.离子极化使化合物的键型从_____键向_____键过渡,晶型从_____晶体向_____晶体过渡,熔沸点_____。

8.下列物质:O_2、N_2、H_2O、H_2S、Na_2S、$NaCl$、CaO、MgO、He,熔点由小到大的顺序为

_____。

9.CO_2 与 SO_2 分子间存在的分子间力有 _____。

10.石墨是_____键型晶体,具有_____结构,层与层之间为_____作用力,同一层内的 C 原子互相以_____杂化轨道成键。

11.分子间氢键一般具有_____性和_____性,一般分子间形成氢键,物质的熔沸点_____,而分子内形成氢键,物质的熔沸点往往_____。

12.$NaCl$ 晶体中 Na^+ 与 Cl^- 的配位比为_____,$CsCl$ 晶体中 Cs^+ 与 Cl^- 的配位比为

_____。

13.已知$[Co(NH_3)_6]^{3+}$ 的 $\mu = 0$,则 Co^{3+} 杂化轨道的类型是_____,配离子的空间构型是_____。

14.Cr 价层电子构型为_____,Cu 价层电子构型为_____。

15.某原子轨道的 $n = 4$、$l = 3$,m 的所有取值为_____。

四、计算题和问答题

1.在一个原子中最多有多少电子可以具有下列量子数:

(1)$n=3$；　　　　　　(2)$n=2$,$l=1$；

(3)$n=4$,$l=2$；　　　　(4)$n=5$,$l=2$,$m=0$,$s_i=+1/2$

2.为什么 Na 原子的第一电离能 I_1 小于 Mg 原子,而 Na 原子的第二电离能 I_2 却大于 Mg 原子?

3.某元素的最高氧化态为$+6$,最外层电子数为1,原子半径是同族元素中最小的,试求:

(1)该元素原子的电子排布式及未成对电子数；

(2)+3 氧化态离子的电子排布式及未成对电子数；

4.用分子结构理论指出 OF_2 和 H_2O 分子的几何构型，O 原子的杂化轨道类型，并指出两者分子偶极矩的差异。

5.用 VSEPR 理论推测 I_3^- 的几何构型。

6.下列分子哪些是极性分子？哪些是非极性分子？

(1)CCl_4；(2)$CHCl_3$；(3)CO_2；(4)BCl_3；(5)H_2S；(6)CO；(7)SF_6；(8)PCl_3；(9)XeF_4

7.已知氯化物的熔点如下：

氯化物	KCl	$CaCl_2$	$FeCl_2$	$FeCl_3$	$ZnCl_2$	$GeCl_4$
熔点/℃	770	782	672	282	215	−49.5
沸点/℃	1 500	1 600	1 030	315	756	86.5
阳离子半径/pm	133	99	76	64	74	53*

*共价半径。

试用离子极化理论解释：

(1)KCl、$CaCl_2$ 的熔沸点高于 $GeCl_4$；

(2)$CaCl_2$ 的熔沸点高于 $ZnCl_2$；

(3)$FeCl_2$ 的熔沸点高于 $FeCl_3$。

8.判断下列各组晶体在水中溶解度的相对大小，并说明原因。

(1)CaF_2 与 LiF；　　　(2)$PbCl_2$ 与 PbI_2；　　　(3)AgF 与 AgBr；

(4)SiO_2 与 CO_2；　　　(5)I_2 与 HI；　　　(6)Na_2S 与 ZnS。

9.判断下列各对物质的熔沸点高低。

(1)H_2O 与 H_2S；　　　(2)PH_3 与 AsH_3；　　　(3)Br_2 与 I_2；　　　(4)SiF_4 与 $SiCl_4$。

10.试解释下列事实：

(1)碘的熔沸点比溴的高；(2)乙醇的熔沸点比乙醚的高；

(3)邻硝基苯酚的熔点比间硝基苯酚的低。

11.说明 BF_3 中心原子 B 的杂化轨道类型、BF_3 的分子构型和成键原子间共价键的键型。

12.氯和氮的电负性都等于 3.0，液态 NH_3 分子之间存在较强的氢键，而液态 HCl 分子之间形成氢键的倾向很小。请解释上述现象。

自测题答案

一、是非题

1.×　2.×　3.√　4.√　5.√　6.×　7.√　8.×　9.×　10.√

二、选择题

1.C　2.B　3.A　4.D　5.D　6.C　7.A　8.B　9.B　10.C　11.D　12.D　13.D

14.B　15.A　16.C　17.A　18.B　19.C　20.A　21.C　22.C　23.A　24.D　25.A

三、填空题

1. ＞;＜

2. n;n、l

3. 30;Zn;ds;ⅡB

4. 3;1;相切于原点的两个圆球;3;相等;简并;洪特;自旋

5.

原子序数	电子排布	价电子构型	周期	族	区	元素符号
26	$1s^2 2s^2 2p^6 3s^2 3p^6 3d^6 4s^2$	$3d^6 4s^2$	四	ⅧB	d	Fe
18	$1s^2 2s^2 2p^6 3s^2 3p^6$	$3s^2 3p^6$	三	ⅧA	p	Ar
20	$1s^2 2s^2 2p^6 3s^2 3p^6 4s^2$	$4s^2$	四	ⅡA	s	Ca
30	$1s^2 2s^2 2p^6 3s^2 3p^6 3d^{10} 4s^2$	$3d^{10} 4s^2$	四	ⅡB	ds	Zn

6.

分子或离子	中心原子	n	VP	几何构型	中心原子杂化轨道类型
BCl_3	B	$(3-3)/2=0$	3	平面三角形	sp^2
CO_2	C	$(4-2\times2)/2=0$	2	直线形	sp
H_2S	S	$(6-2\times1)/2=2$	4	V 形	sp^3
$COCl_2$	C	$(4-2-2\times1)/2=0$	3	平面三角形	sp^2

7. 离子;共价;离子;分子;下降

8. He ＜ N_2 ＜ O_2 ＜ H_2S ＜ H_2O ＜ Na_2S ＜ NaCl ＜ CaO ＜ MgO

9. 色散力和诱导力

10. 混合(或过渡);层状;分子间;sp^2

11. 方向;饱和;升高;下降

12. 6∶6;8∶8

13. d^2sp^3;正八面体

14. $3d^5 4s^1$;$3d^{10} 4s^1$

15. ±3、±2、±1、0

四、计算题和问答题

1. (1)18 个电子;(2)6 个电子;(3)10 个电子;(4)1 个电子。

2. Na:$1s^2 2s^2 2p^6 3s^1$;Mg:$1s^2 2s^2 2p^6 3s^2$;因为 $r(\text{Na})＞r(\text{Mg})$,$Z_{3s}^*(\text{Na})＜Z_{3s}^*(\text{Mg})$,所以 Na 失去第一个电子很容易,$I_1$ 很小;Na 失去第一个电子后为 $2s^2 2p^6$ 稀有气体稳定结构,所以 I_2 很大。Mg 是从 $3s^2$ 的满电子亚层中失去第一个电子,所以 I_1 很大,大于 $I_1(\text{Na})$,而 Mg 在失去第二个电子后成为 $2s^2 2p^6$ 稀有气体稳定结构,所以 I_2 较小,小于 $I_2(\text{Na})$。

3. (1)$1s^2 2s^2 2p^6 3s^2 3p^6 3d^5 4s^1$,未成对电子数 $n=6$;

(2)$1s^2 2s^2 2p^6 3s^2 3p^6 3d^3$,未成对电子数 $n=3$

4. 均为 V 形,O 原子均为 sp^3 杂化,两者的偶极矩方向相反,OF_2 的偶极矩小于 H_2O 的偶极矩。

5. I_3^- 为直线形分子。

6. (1)非极性分子;(2)极性分子;(3)非极性分子;(4)非极性分子;(5)极性分子;(6)极性分子;(7)非极性分子;(8)极性分子;(9)非极性分子

7. (1)Ge^{4+} 电荷高,且为 18 电子构型,极化能力和附加极化作用都很强;

(2)Zn^{2+} 半径小,且为 18 电子构型,有较强的极化能力和附加极化作用;

(3)Fe^{3+} 比 Fe^{2+} 电荷高、半径小。

8. (1)溶解度 $CaF_2 < LiF$;(2)溶解度 $PbI_2 < PbCl_2$;(3)溶解度 $AgBr < AgF$;

(4)溶解度 $SiO_2 < CO_2$;(5)溶解度 $I_2 < HI$;(6)溶解度 $ZnS < Na_2S$;

9. (1)$H_2O > H_2S$;(2)$PH_3 < AsH_3$;(3)$Br_2 < I_2$;(4)$SiCl_4 > SiF_4$。

10. (1)碘的相对分子质量大于溴的相对分子质量,碘的色散力大于溴的色散力,所以碘的熔沸点比溴的高。

(2)乙醇能形成分子间氢键,而乙醚不能形成分子间氢键,所以乙醇的熔沸点比乙醚的高。

(3)邻硝基苯酚形成分子内氢键,间硝基苯酚形成分子间氢键,一般含有分子内氢键物质的熔点低于含有分子间氢键的同分异构体的熔点,所以邻硝基苯酚的熔点比间硝基苯酚的低。

11. BF_3 中 B 原子采用 sp^2 杂化轨道,分子构型为平面三角形,B—F 键为 σ 键。

12. 氢与电负性很大、半径很小的原子形成共价键时,氢能与电负性很大的其他原子形成氢键。

因为氯的原子半径较大,氮的原子半径较小,所以液态 HCl 分子之间形成氢键的倾向很小,而液态 NH_3 分子之间存在较强的氢键。

11.5 教材习题选解

基础题

11-1 (1)A (2)C (3)D (4)A (5)B (6)B (7)D (8)B (9)C (10)B (11)C (12)B (13)B (14)A (15)D (16)C

11-3 用合理的量子数表示:

(1)3d 能级;(2)$4s^1$ 电子

解:(1)3d 能级:$n=3, l=2$;

(2)$4s^1$ 电子:$n=4, l=0, m=0, s_i=\frac{1}{2}$ 或 $-\frac{1}{2}$

【评注】d 轨道有 5 个能量相同的简并轨道,因此用 2 个量子数就可以表示 3d 能级。

11-4 分别写出下列元素基态原子的电子排布式,并分别指出各元素在周期表中的位置。

$_9F$ $\qquad$ $_{10}Ne$ $\qquad$ $_{25}Mn$ $\qquad$ $_{29}Cu$ $\qquad$ $_{24}Cr$ $\qquad$ $_{55}Cs$

解：

$_9$F	$1s^2 2s^2 2p^5$	第二周期ⅦA族	$_{10}$Ne	[He]$2s^2 2p^6$	第二周期ⅧA族
$_{25}$Mn	[Ar]$3d^5 4s^2$	第四周期ⅦB族	$_{29}$Cu	[Ar]$3d^{10} 4s^1$	第四周期ⅠB族
$_{24}$Cr	[Ar]$3d^5 4s^1$	第四周期ⅥB族	$_{55}$Cs	[Xe]$6s^1$	第六周期ⅠA族

【评注】作为洪特规则的补充，当简并轨道被电子半充满（p^3、d^5、f^7）、全充满（p^6、d^{10}、f^{14}）或全空（p^0、d^0、f^0）时最为稳定。因此$_{24}$Cr的电子分布式不是[Ar]$3d^4 4s^2$，而应该为[Ar]$3d^5 4s^1$，$_{29}$Cu的电子分布式不是[Ar]$3d^9 4s^2$，而应该为[Ar]$3d^{10} 4s^1$。

11-5 写出下列离子的最外层电子分布式：

S^{2-}	K^+	Pb^{2+}	Ag^+	Mn^{2+}	Co^{2+}

解：

S^{2-}	K^+	Pb^{2+}	Ag^+	Mn^{2+}	Co^{2+}
$3s^2 3p^6$	$3s^2 3p^6$	$6s^2$	$4s^2 4p^6 4d^{10}$	$3s^2 3p^6 3d^5$	$3s^2 3p^6 3d^7$

【评注】要写出离子的最外层电子分布式，首先要写出原子的电子分布式，然后根据离子所带电荷减少或增加最外层的电子。

11-6 已知某副族元素A的原子，电子最后填入3d轨道，最高氧化数为4；元素B的原子，电子最后填入4p轨道，最高氧化数为5：

(1)写出A、B元素原子的电子分布式；

(2)根据电子分布，指出它们在周期表中的位置（周期、区、族）。

解：(1)$_{22}$Ti：[Ar]$3d^2 4s^2$；$_{33}$As：[Ar]$4s^2 4p^3$；

(2)$_{22}$Ti：位于第四周期d区ⅣB；$_{33}$As：位于第四周期p区ⅤA

【评注】A原子最高能级组的主量子数为4，最后电子填入3d轨道，且3d轨道没有填满，所以为d区副族元素；最高氧化数为4，应为ⅣB族。B原子最后电子填入4p轨道，应为第四周期p区元素，最高氧化数为5，应为ⅤA族。

11-7 指出第四周期中具有下列性质的元素，并用元素符号表示。

(1)最大原子半径；(2)最大电离能；(3)最强金属性；

(4)最强非金属性；(5)最大电子亲合能；(6)化学性质最不活泼。

解：(1)最大原子半径：K；(2)最大电离能：Kr；(3)最强金属性：K；

(4)最强非金属性：Br；(5)最大电子亲合能：Br；(6)化学性质最不活泼：Kr。

11-10 据电负性差值判断下列各对化合物中键的极性大小。

(1) FeO 和 FeS　　　　　　　(2) AsH_3 和 NH_3

(3) NH_3 和 NF_3　　　　　　(4) CCl_4 和 $SiCl_4$

解：(1)$\chi(O) > \chi(S)$，FeO极性大于FeS；　　(2)$\chi(N) > \chi(As)$，N—H极性大于As—H；

(3)$\Delta\chi(N-H) = (3.0 - 2.1) = 0.9$，$\Delta\chi(N-F) = (4.0 - 3.0) = 1.0$，N—F极性大于N—H；

(4)$\Delta\chi(Si-Cl) = (3.16 - 1.90) = 1.26$，$\Delta\chi(C-Cl) = (2.56 - 1.90) = 0.66$，Si—Cl极性大于C—Cl。

【评注】化学键的极性可由组成化学键的两个原子的电负性的差值决定，电负性差值越大,键的极性越大。

11-12 试由下列各物质的沸点,推断它们分子间力的大小,列出分子间力由大到小的顺序,这一顺序与相对分子质量的大小有何关系?

Cl_2	$-34.1℃$	O_2	$-183.0℃$	N_2	$-196.0℃$
H_2	$-252.8℃$	I_2	$181.2℃$	Br_2	$58.8℃$

解:分子间力的大小顺序为 $I_2 > Br_2 > Cl_2 > O_2 > N_2 > H_2$。

这一顺序与相对分子质量大小的顺序一致。

【评注】相同类型分子的沸点高低取决于分子间力的大小。对非极性分子,分子间仅存在色散力,相对分子质量愈大,色散力愈大,分子间作用力愈强,相应的熔沸点愈高。

11-13 下列分子中偶极矩不为零的有哪些?

CS_2;CO_2;CH_3Cl;H_2S;SO_3

解:偶极矩不为零的分子有 CH_3Cl、H_2S。

【评注】多原子分子的偶极矩是否为零,决定于分子是否对称,如果对称,正、负电荷相互抵消,偶极矩为零。从以下杂化轨道类型、分子构型的信息,可以推断出 CH_3Cl、H_2S 分子的偶极矩不为零。

项目	CS_2	CO_2	CH_3Cl	H_2S	SO_3
杂化类型	sp	sp	sp³	sp³	sp²
分子构型	直线形	直线形	四面体	V形	正三角形
偶极矩 μ	0	0	>0	>0	0

11-14 判断下列各组分子之间存在着什么形式的分子间作用力。

CO_2 与 N_2 ｜ HBr(气) ｜ N_2 与 NH_3 ｜ HF 水溶液

解:CO_2 与 N_2:均为非极性分子,只存在色散力;

HBr(气):为极性分子,存在色散力、诱导力和取向力,无氢键;

N_2 与 NH_3:N_2 为非极性分子,NH_3 为极性分子,存在色散力、诱导力;

HF 水溶液:为极性分子,存在色散力、诱导力和取向力,还有氢键。

【评注】分子之间存在着什么形式的分子间作用力决定于分子的极性,所以首先要判断分子是极性分子还是非极性分子,然后再判断分子间存在分子间作用力的形式。

11-15 (1)Write the possible values of l when $n=5$.

(2)Write the allowed number of orbitals (a)with the quantum numbers $n=4, l=3$; (b)with the quantum numbers $n=4$, (c)with the quantum numbers $n=7, l=6, m=6$; (d)with the quantum numbers $n=6, l=5$.

Solution:

(1)When $n=5$,the possible values of l is 0,1,2,3 and 4.

(2)(a)The allowed number of orbitals with the quantum numbers $n=4, l=3$ is 7.

(b)The allowed number of orbitals with the quantum numbers $n=4$ is 16.

(c)The allowed number of orbitals with the quantum numbers $n=7, l=6, m=6$ is 1.

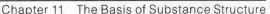

(d) The allowed number of orbitals with the quantum numbers $n = 6, l = 5$ is 11.

11-16 How many unpaired electrons are in atoms of Na, Ne, B, Be, Se, and Ti?

Solution:

atom	Na	Ne	B	Be	Se	Ti
unpaired electrons	1	0	1	0	2	2

提高题

11-17 有第四周期的 A、B、C 三种元素,其价电子数依次为 1、2、7,其原子序数按 A、B、C 顺序增大。已知 A、B 次外层电子数为 8,而 C 次外层电子数为 18,根据结构判断:

(1) C 与 A 的简单离子是什么?

(2) B 与 C 两元素间能形成何种化合物?试写出化学式。

解: 依题意,A 应为 ^{19}K,B 应为 ^{20}Ca,C 应为 ^{35}Br;

(1) C 与 A 的简单离子是 Br^- 与 K^+;

(2) B 与 C 两元素间能形成离子型化合物: $CaBr_2$。

11-18 某元素的原子序数小于 36,当此元素原子失去 3 个电子后,它的角动量量子数等于 2 的轨道内电子数恰好半满:

(1) 写出此元素原子的电子排布式;

(2) 此元素属哪一周期、哪一族、哪一区?元素符号是什么?

解: (1) 该元素原子的电子排布式应为 $[Ar]3d^6 4s^2$;

(2) 该元素属第四周期ⅧB族 d 区,元素符号 Fe。

【评注】 原子序数小于 36 应为前四周期元素;角动量量子数等于 2,$l = 2$,应为 d 轨道,前四周期只有第四周期有 d 轨道,因而应为第四周期元素;失去 3 个电子后,3d 轨道内电子数半满,该元素应有 $3d^6 4s^2$ 构型;最后的电子填入 3d 轨道,为副族元素,d 区;共有 8 个价电子,应为ⅧB族。

11-22 试用价层电子对互斥理论判断 $HgCl_2$、CO_3^{2-}、SO_2、NH_4^+、PCl_3 和 BrF_2^+ 的空间构型(列表写出 VP,孤电子对排布,杂化类型,分子构型)并指出其中心原子的杂化轨道类型:

解:

分子	n	VP	孤电子对排布	杂化类型	分子构型
$HgCl_2$	$(2-2)/2=0$	2	直线形	sp	直线形
CO_3^{2-}	$(4+2-6)/2=0$	3	平面三角形	sp^2	平面三角形
SO_2	$(6-4)/2=1$	3	平面三角形	sp^2	V 形
NH_4^+	$(5-1-4)/2=0$	4	正四面体	sp^3	正四面体
PCl_3	$(5-3)/2=1$	4	正四面体	sp^3	三角锥
BrF_2^+	$(7-1-2)/2=2$	4	正四面体	sp^3	V 形

【评注】 首先要确定中心原子的价电子对数,判断价电子对的空间排布,然后根据孤电子对数 n 确定分子的空间构型。

11-23 试判断 $Cl_2C=O$ 分子的空间构型及 ∠ClCCl 和 ∠ClCO 的相对大小。

解：$Cl_2C=O$分子的中心原子为 C 原子。

$$n=(4-2\times1-1\times2)/2=0 \quad VP=m+n=3+0=3$$

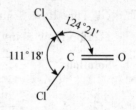

因为 $n=0$，所以价电子对排布与分子空间构型一致，为平面三角形。由于 C 和 O 之间是双键，其斥力大于单键斥力，所以 $\angle ClCCl$ 受挤压，角度小于 $120°$，而 $\angle ClCO$ 应大于 $120°$。

【评注】2 个 Cl 原子有 2 个未成对电子，1 个 O 原子有 2 个未成对电子，配位原子共有 4 个未成对电子，C 原子有 4 个价电子，刚好全部配对，没有孤对电子。C 原子有 3 个配位原子，因此呈平面三角形。

11-26　从离子极化角度讨论下列问题：

(1)AgF 在水中溶解度较大，而 $AgCl$ 则难溶于水。

(2)Cu^+ 的卤化物 CuX 的 $r_+/r_->0.414$，但它们都是 ZnS 型结构。

(3)Pb^{2+}、Hg^{2+}、I^- 均为无色离子，但 PbI_2 呈金黄色，HgI_2 呈朱红色。

解：(1)虽然 Ag^+ 是 18 电子构型，极化能力和变形性均很大，但 F^- 半径很小，不易变形，因而 AgF 极化作用不强，是离子晶体，在水中溶解度较大；而 $AgCl$ 中，由于 Cl^- 半径较大，变形性较大，$AgCl$ 的极化作用较强，共价成分较大，难溶于水。

(2)由于 Cu^+ 是 18 电子构型，极化能力和变形性均很大，X^- 又有较大极化率，易变形，因此 CuX 的离子极化作用较强，带有较大的共价成分，使之成为具有较大共价成分的 ZnS 型结构。

(3)Pb^{2+}、Hg^{2+} 分别为 18+2 和 18 电子构型，极化能力和变形性均很大，I^- 又有较大极化率，易变形，因而 PbI_2 和 HgI_2 的离子极化作用较强，由于离子极化作用的结果使相应化合物的颜色加深，分别生成金黄色和朱红色化合物。

【评注】通常考虑正离子的极化作用，负离子的变形性。18+2 和 18 电子构型的离子极化能力和变形性都很大。离子的极化能引起化合物键型、溶解度、熔沸点、颜色的变化。

11-28　试确定下列配合物是内轨型还是外轨型，说明理由，并以它们的电子层结构表示之。

(1)$K_4[Mn(CN)_6]$测得磁矩 $\mu=2.00$；

(2)$(NH_4)_2[FeF_5(H_2O)]$测得磁矩 $\mu=5.78$。

解：(1)$K_4[Mn(CN)_6]$，磁矩 $\mu=2.00$，只有一个未成对电子；

$_{25}Mn^{2+}$，$3d^5 4s^0$，↑↓ ↑↓ ↑ ＿＿ ＿＿，d^2sp^3 杂化，内轨型；

(2) $(NH_4)_2[FeF_5(H_2O)]$，磁矩 $\mu=5.78$，有五个未成对电子；

$_{26}Fe^{3+}$，$3d^5 4s^0$，↑ ↑ ↑ ↑ ↑，sp^3d^2 杂化，外轨型。

【评注】中心离子是以 $(n-1)d$,ns,np 轨道组成杂化轨道的配合物为内轨型配合物；形成体是以 ns,np,nd 轨道组成杂化轨道的为外轨型配合物。在形成外轨型配合物时，中心离子的电子层结构未发生电子的重新配对，未成对单电子数较多，磁矩较大(成单电子多，顺磁性大)；而形成内轨型配合物时，中心离子的电子层结构大多发生变化，使未成对单电子数减少，相应的磁矩也变小。可通过对配合物磁矩的测定来确定配合物的未成对电子数。根据磁矩的实验值 μ 与其未成对电子数 n 两者之间具有近似关系式：$\mu=\sqrt{n(n+2)}$，就可知道过渡金属离子形成的配离子的未成对电子数,从而可以判断配合物中心离子的杂化轨道类型。

11-29　For each of the following pairs indicate which substance is expected to be:

(a)More covalent:

$MgCl_2$ or $BeCl_2$　　　　$CaCl_2$ or $ZnCl_2$　　　　$CaCl_2$ or $CdCl_2$

$TiCl_3$ or $TiCl_4$　　　　　$SnCl_2$ or $SnCl_4$　　　　$CdCl_2$ or CdI_2

ZnO or ZnS　　　　　　NaF or $CuCl$　　　　　　$FeCl_2$ or $FeCl_3$

(b)higher melting point:

NaF or $NaBr$　　　　　　Al_2O_3 or Fe_2O_3　　　　Na_2O or CaO

Solution:(a)More covalent :

$MgCl_2 < BeCl_2$　　　　　$CaCl_2 < ZnCl_2$　　　　　$CaCl_2 < CdCl_2$

$TiCl_3 < TiCl_4$　　　　　　$SnCl_2 < SnCl_4$　　　　　$CdCl_2 < CdI_2$

$ZnO < ZnS$　　　　　　　$NaF < CuCl$　　　　　　　$FeCl_2 < FeCl_3$

(b) higher melting point:

$NaF > NaBr$　　　　　　　$Al_2O_3 > Fe_2O_3$　　　　　$Na_2O < CaO$

11-30　The boiling points of HCl, HBr and HI increase with increasing molecular weight. Yet the melting and boiling points of the sodium halides,NaCl,NaBr,and NaI,decrease with increasing formula weight. Explain why the trends opposite.

Solution:HCl,HBr and HI are all molecular crystal. There is a force in moleculars. The boiling points of HCl,HBr and HI increase with increasing molecular weight because the force in moleculars increases with increasing molecular weight.

The melting and boiling points of the sodium halides,NaCl,NaBr,and NaI,decrease with increasing formula weight,because the ionicity of NaCl,NaBr,and NaI decreases with increasing formula weight.

重要的生命元素
Important Life Element

（建议课外学习时间：8 h）

12.1 内容要点

1.元素的分布与分类

地球上天然存在的元素主要存在于岩石圈、水圈和大气圈。元素按性质分为金属元素和非金属元素。此外,在化学上又将元素分为普通元素和稀有元素。根据元素的生物效应,化学元素还可以分为具有生物活性的生命元素和非生命元素。按照其生物效应的不同,又可分为必需元素、有毒元素、有益元素和不确定元素四类。在生命必需的元素中,按体内含量的高低可分为宏量元素(常量元素)和微量元素。

2.s区元素

s区元素位于元素周期表的最左边,包括ⅠA族和ⅡA族,分别称为碱金属和碱土金属。ⅠA族元素包括 H,Li,Na,K,Rb,Cs,Fr 共 7 种元素,ⅡA族元素包括 Be,Mg,Ca,Sr, Ba, Ra 共 6 种元素。其中,第七周期的 Fr 和 Ra 为放射性元素。s区元素是同周期中最活泼的金属,为强还原剂,可以和氧、水、卤素、酸等多种物质发生反应。

氢是动植物所必需的宏量元素。

Na 和 K 是生物必需的重要元素。

钙和镁在生物体中含量较高,它们是植物所必需的宏量元素。

3.p区元素

p区元素是指价电子构型为 $n\mathrm{s}^2 n\mathrm{p}^{1\sim6}$ 的,位于元素周期表右边的元素,包括ⅢA～ⅦA和零族共计 6 个主族,31 个元素。p区元素中既有金属元素又有非金属元素,其性质变化较大。

铝在人和动植物体内广泛存在,是一种低毒、非必需的微量元素。

碳是最重要的生命元素,无论是植物还是动物的各种组织器官,都是由碳和其他元素构成的。

氮是动植物体内最重要的元素,是组成蛋白质的主要元素。

氧是地球上是最丰富的元素,含氧化合物广泛分布于生物体的各个器官和体液中。

卤素中的 F,Cl,Br,I 在生物体内含量不多,是微量元素。它们在生物体内的作用各不相同。

4.d 区元素

d 区元素位于元素周期表的中部,包括所有副族的元素,一般又称为过渡元素。d 区元素均为金属元素。特殊的电子构型,决定了其特殊的性质。如 d 区元素具有多种氧化数,易形成配合物等。

铜和锌都是生物体内重要的必需元素。其中,铜是植物体内许多氧化酶的组成元素,参与体内氧化还原过程。锌是植物体内许多酶的必要元素。如含锌碳酸酐酶与光合作用有关,植物体内生长素的合成,也必须有锌的参与。

钒主要存在于植物、动物和人的脂肪中,参与动植物的许多生理过程,具有十分重要的生物作用。

铬是植物、动物和人所必需的微量元素。

锰是植物、动物和人所必需的微量元素,是许多氧化酶的组成部分,能参与蛋白质合成和遗传信息的传递,对植物的光合作用和呼吸作用都有影响,因此,锰具有十分重要的生理作用。

铁是一切生命体(植物、动物和人)不可缺少的必需元素。铁对生命体是有益的必需元素,而且毒性很小。

5.f 区元素

镧系元素和锕系元素的最后一个电子填充到 f 轨道,故把它们统一称为 f 区元素,并把它们单独列于元素周期表的下部,成为独立的一个区。

镧系元素的原子半径和离子半径,随着原子序数的增加,而减少量不明显的现象,在无机化学中就称为镧系收缩。

镧系元素的许多离子在晶体或水溶液中均有颜色,这与其 f-f 电子的跃迁有关。

镧系元素化学性质活泼,可与非金属元素氧、硫、氯、氮等反应,并且可与水反应放出氢气,与酸反应非常激烈。

稀土元素包括镧系元素和 21 号元素钪以及 39 号元素钇,它们在生物体中含量甚微,但在农业生产中却发挥着非常重要的作用。

12.2 知识结构图

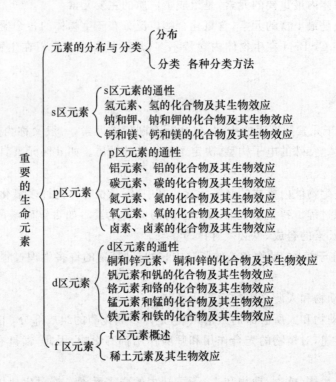

重要的生命元素
- 元素的分布与分类
  - 分布
  - 分类 各种分类方法
- s区元素
  - s区元素的通性
  - 氢元素、氢的化合物及其生物效应
  - 钠和钾、钠和钾的化合物及其生物效应
  - 钙和镁、钙和镁的化合物及其生物效应
- p区元素
  - p区元素的通性
  - 铝元素、铝的化合物及其生物效应
  - 碳元素、碳的化合物及其生物效应
  - 氮元素、氮的化合物及其生物效应
  - 氧元素、氧的化合物及其生物效应
  - 卤素、卤素的化合物及其生物效应
- d区元素
  - d区元素的通性
  - 铜和锌元素、铜和锌的化合物及其生物效应
  - 钒元素和钒的化合物及其生物效应
  - 铬元素和铬的化合物及其生物效应
  - 锰元素和锰的化合物及其生物效应
  - 铁元素和铁的化合物及其生物效应
- f区元素
  - f区元素概述
  - 稀土元素及其生物效应

12.3 重点、难点和考点指南

1.重点

(1)元素的分类方法及类别。

(2)s区元素的通性、物理化学性质的周期性变化规律,典型元素及其化合物的性质和生物效应。

(3)p区元素的通性、物理化学性质的周期性变化规律,典型元素及其化合物的性质和生物效应。

(4)d区元素的通性、物理化学性质的周期性变化规律,典型元素及其化合物的性质和生物效应。

(5)f区元素的通性,稀土元素及其生物效应。

2.难点

各元素及化合物的性质及周期性变化规律,元素及其化合物的生物效应。

3.考点指南

(1)各元素及化合物的性质。

(2)根据元素的周期律,判断元素及化合物的性质变化规律。

(3)常见元素及其化合物的生物效应。

12.4　学习效果自测练习及答案

一、是非题

1.地球上天然存在的元素主要存在于岩石圈、水圈和大气圈。(　　)

2.地球上分布最广的元素是碳。(　　)

3.我国的钨、锂、锑、锌、硼和稀土元素的储量均居世界之首。(　　)

4.按照元素的生物效应的不同,可分为必需元素、有毒元素、有益元素和不确定元素四类。(　　)

5.微量元素指占生物体总质量 0.001% 以下的元素。(　　)

6.碱金属和碱土金属都是 s 区元素。(　　)

7.人体中 Na 含量过高,会引起高血压等症。(　　)

8.Ca^{2+} 参与体内凝血过程,起到止血作用。(　　)

9.烷基铝的毒性较小,其毒性一般随其烷基链的增长而增加。(　　)

10.人体中的锌主要集中于肝脏、肌肉、骨骼和皮肤(包括头发)。(　　)

11.氟是人和动物必需的微量元素。若体内氟过量,会影响钙、磷正常代谢,抑制多种酶的活性,引起其他疾病。(　　)

二、选择题

1.在黄豆、小麦、脂肪、绿色蔬菜和茶叶中都富含____。

A. Fe　　　　　　B. Cr　　　　　　C. Mn　　　　　　D. Zn

2.植物的叶片边缘出现黄褐色斑点,可以判断该植物缺____。

A. Na　　　　　　B. Ca　　　　　　C. Mg　　　　　　D. K

3.下列疾病中缺钙会引发的为____。

A. 糖尿病　　　　B. 佝偻病　　　　C.大脖子病　　　　D.高血压

4.地球上分布最广的元素是____。

A. O　　　　　　B. Si　　　　　　C. Fe　　　　　　D. C

5.在 I A 族中碱金属的氢氧化物碱性最强的是____。

A. NaOH　　　　B. RbOH　　　　C. CsOH　　　　D. LiOH

6.p 区元素的价电子构型为____。

A. $ns^{1\sim2}$　　　B. $ns^2np^{1\sim6}$　　　C. $(n-1)d^{1\sim n}ns^{1\sim2}$　　　D. $f^{14\sim x}$

7.典型的两性元素是____。

A. Al　　　　　　B. C　　　　　　C. Fe　　　　　　D. O

8.氨的化学性质很活泼,根据其元素组成和结构特点,不具备的性质是 ____。

A. 加合反应　　　　B. 取代反应　　　　C. 氧化反应　　　　D.还原反应

9.高锰酸钾具有强氧化性,使其氧化能力最强的介质是 ____。

A. 强碱性介质　　　B. 中性介质　　　　C. 酸性介质　　　　D.水溶液

10.镧系收缩的结果使第二、第三过渡系元素的性质差别比第一、二过渡系元素的性质差别 ____。

A. 减小　　　　　　B.增大　　　　　　C.不变　　　　　　　D.无法确定

三、填空题

1.根据元素的生物效应,化学元素可以分为_____和_____ 。在生命必需的元素中,按体内含量的高低可分为_____ 和_____ 。

2.s 区元素位于元素周期表的_____,包括ⅠA族和ⅡA族,分别称为_____和_____ 。

3.氧化铝是_____ ,既可溶于酸,也可溶于碱。其中,$\alpha\text{-}Al_2O_3$ 是一种多孔性物质,以其比表面积大,并有优异的_____、_____和_____,常被用作催化剂的活性成分,又称_____ 。

4.动物通过食用植物或动物蛋白质,而获得氮元素。植物主要通过_____ 而补充氮元素。

若氮元素缺少,由于蛋白质的合成量减少,使作物_____ 。但若氮肥过多,可使细胞增大、细胞壁变薄、水分增多、含钙减少,植物变得_____ ,减少收成,所以要合理施肥。

5.人体含锌量为_____,约为铁含量的一半,是含量仅次于铁的微量元素。人体内各个器官都含有锌,主要集中于_____ 。缺锌时常出现蛋白质合成障碍和细胞分裂、生长速度缓慢,严重者则使_____ 。因为锌参与肝脏和视网膜内维生素 A 还原酶的合成,所以缺锌也表现为_____ 。另外,锌还可促进创伤愈合、_____ 和抗毒能力。

6.在某些海虫中,钒化合物是呼吸链中的_____ 。另外,钒血红素在海鞘类动物的血细胞中起运载氧的作用,由于钒的性质不同于铁,使其血液成为_____色。

7.铬是植物、动物和人所必需的微量元素。在动物和人体内,也发现了铬对维持胆固醇和脂肪的正常代谢的作用,缺铬就会引起这些物质的_____,是造成_____ 的主要原因之一。另外,Cr^{6+} 对人和动物有_____ 。人体内的 Cr 主要来源于食物中的_____ 。因精制的白糖和面粉中 Cr 的含量远远比不上原糖和粗制面粉,因此提倡多吃_____ 和_____ 。

8.锰在成人体中的总含量一般在_____ ,主要集中在肌肉、表皮、肝脏、大脑、骨骼、血液以及其他器官中。人体中锰缺乏会引起多种疾病,为了维护人体健康,我国暂行规定,成人锰摄入量为每日_____ ,最低不少于_____ 。在黄豆、小麦、脂肪、绿色蔬菜和茶叶中都富含锰,平时饮食中要注意多吃_____ 。

9.在元素周期表中,第六周期的_____ ,包括原子序数为 57 的_____ ,到原子序数为 71 的_____ ,共计 15 个元素,称为_____ ,以_____ 代表。类似地,第七周期的_____ ,包括原子序数为 89 的_____ ,到原子序数为 103 的_____ ,共计 15 个元素,称为_____ 。

10. 稀土元素包括_____和 21 号元素_____以及 39 号元素_____,它们在生物体中含量甚微,具有重要生理活性。

11. 镧系元素的原子半径和离子半径,随着原子序数的增加,而_____的现象,在无机化学中就称为_____。

四、问答题

1. 什么叫生物矿化?

2. 钾和钠的生物功能主要体现在哪些方面?

3. 什么叫镧系收缩?

4. 简述氮元素的生物效应。

自测题答案

一、是非题

1.√ 2.× 3.√ 4.√ 5.× 6.√ 7.√ 8.√ 9.× 10.√ 11.√

二、选择题

1.C 2.D 3.B 4.A 5.C 6.B 7.A 8.D 9.C 10.A

三、填空题

1. 生命元素;非生命元素;宏量元素(常量元素);微量元素

2. 最左边;碱金属;碱土金属

3. 两性氧化物;吸附性;表面活性;热稳定性;活性氧化铝

4. 生物固氮或人工氮肥;生长缓慢、植株矮小;叶大色浓、容易倒伏

5. 1.4~2.3 g;肝脏、肌肉、骨骼和皮肤(包括头发);繁殖器官发育不全;肝病和夜盲症;增强免疫能力

6. 色素成分,绿

7. 代谢紊乱;动脉硬化;剧毒;有机铬;原糖;粗粮

8. 12~20 mg;5~10 mg;3 mg;豆类食品

9. ⅢB;镧;镥;镧系元素;La;ⅢB;锕;铹;锕系元素

10. 镧系元素;钪;钇

11. 减少量不明显;镧系收缩

四、问答题

1.答:生物矿化是生物形成矿物的过程,是在生物的特定部位,在一定物理化学条件下,在生物有机物质的控制或影响下,将溶液中的离子转变为固相矿物的过程,也是钙代谢的重要组成部分。生物体从环境中摄取的钙离子大部分将转化为难溶钙盐,形成生物矿化材料(骨骼、牙、软骨、软体动物的外骨骼、蛋壳等)。生物矿化材料具有高度的装配有序性、特殊的理化性质、可控的动态性质,因而具有各自的生物功能。生物矿化涉及基因调控表达、蛋白质功能、界面作用、自组装等问题,是当今化学、材料科学和生物学等多学科交叉研究的热点之一。

2.答:钾和钠的生物功能主要体现在以下几个方面:

保持神经肌肉的应激性。K^+ 和 Na^+ 承担着传递神经脉冲的功能。

保持一定的渗透压,是机体正常生命活动的需要。K^+ 和 Na^+ 具有维持和调节体液渗透压的重要作用。

维持体液酸碱平衡。K^+ 或 Na^+ 与其他离子组成的各种缓冲体系具有调节体液酸碱平衡的重要作用,能维持体液酸碱平衡,保证生物体的物质代谢和生理机能可正常进行。

参与某些物质的吸收过程。体液中的 Na^+ 可参与糖和氨基酸的吸收过程,细胞内 Na^+ 的排出也与氨基酸和糖类进入细胞的传递过程相关联。由于 K^+ 的离子半径较 Na^+ 大,但电荷密度较 Na^+ 小,因而 K^+ 具有扩散通过疏水溶液的能力,如 K^+ 扩散通过脂质蛋白细胞膜几乎与水扩散通过一样容易。同时,K^+ 作为某些酶的辅基,也具有稳定细胞内部结构的作用。另外糖分解所必需的丙酮酸激酶需要高浓度的 K^+。核糖体内进行蛋白质合成是最关键的生命过程,为了获得较高的活性,也需要高浓度的 K^+。

此外,植物体内碳水化合物的形成过程中,钾也起着十分重要的作用。禾本科植物缺钾时,其籽实、块根或根茎的淀粉含量会显著下降。在植物体内,糖类物质在酶作用下,会转化为蛋白质和脂肪。因此,钾元素也会间接影响到植物体内蛋白质和脂肪合成。由于钾可促进维管束的发育,使植物茎秆更加坚固,因此钾的含量与植物的抗倒伏能力密切相关。

总之,Na、K 作为生物必需的重要元素,在生物体内具有重要的生理作用,但必须适量,若其过量也会对生物体带来一些不良反应,如人体中 Na 含量过高,会引起高血压等症。K 含量过高,会产生恶心、腹泻等症。因此,在日常生活中,我们应提倡少吃盐。

3. 答:镧系元素的原子半径和离子半径同元素周期表中同周期的其他元素一样,符合元素周期律,即在同一周期中,随着原子序数的增加,原子半径和离子半径逐渐减小。只是相比其他周期的元素,如在第三周期中,随着原子序数的增加 1,原子半径减少约为 5 pm,在第四周期的过渡金属元素中,随着原子序数的增加 1,原子半径减少约为 2.5 pm,而在镧系元素中,从原子序数为 57 的镧,到原子序数为 71 的镥,原子序数增加了 15,原子半径却仅减少约 15 pm。镧系元素的原子半径和离子半径,随着原子序数的增加,而减少量不明显的现象,在无机化学中就称为镧系收缩。

4. 答:氮是动植物体内最重要的元素之一,是组成蛋白质的主要元素。生物体是以蛋白质为基本成分构成的,小至细胞核和原生质,大至动物的毛、发、肌肉、神经、血液、乳汁,以及植物的根、茎、叶、花和果实、种子都由蛋白质组成,生物体内各种酶、激素、抗体也都以蛋白质为物质基础。由此可见,氮元素对生物体的重要意义。

动物通过食用植物或动物蛋白质,而获得氮元素。植物主要通过生物固氮或人工氮肥,而补充氮元素。若氮元素缺少,由于蛋白质的合成量减少,使作物生长缓慢、植株矮小。但若氮肥过多,可使细胞增大、细胞壁变薄、水分增多、含钙减少,植物变得叶大色浓、容易倒伏,减少收成,所以要合理施肥。

12.5　教材习题选解

基础题

12-1　(1)C　(2)C　(3)C　(4)A、B、C、D　(5)D　(6)D　(7)D　(8)A

12-2　元素通常是怎样分类的？在元素周期表中，如何划分金属元素和非金属元素？

答：元素按性质分为金属元素和非金属元素；在化学上又将元素分为普通元素和稀有元素；根据元素的生物效应，化学元素还可以分为具有生物活性的生命元素和非生命元素；在生命必需的元素中，按体内含量的高低可分为宏量元素（常量元素）和微量元素。

可以通过长式周期表中硼—硅—砷—碲—砹和铝—锗—锑—钋之间的对角线来区分。其中，位于对角线左下方的都是金属元素；右上方的都是非金属元素。这条对角线附近的锗、砷、锑、碲称为准金属元素，因其单质的性质介于金属和非金属之间，故多数可作半导体使用。

12-3　简述 s 区元素的特性。其性质的变化规律是什么？

答：在 s 区元素中，除 H 元素的单质为气体外，其余元素的单质均为金属，它们都具有金属光泽。它们的金属键较弱，故具有密度小、熔点低、硬度小的特点。s 区元素的金属一般都非常软，可用刀切。此外，s 区元素的金属还具有良好的导电性和传热性质。

s 区元素的共同特点是最后一个电子填充在 s 轨道上，形成 ns^1 或 ns^2 的价电子构型。相比同周期的其他元素，由于价电子离核较远，原子核对其束缚能力较弱，所以特别容易失去外层的电子，形成稳定的氧化数为 $+1$（ⅠA）和 $+2$（ⅡA）的离子，无变价。生成的化合物都是离子型化合物。

s 区元素是同周期中最活泼的金属，为强还原剂，可以和氧、水、卤素、酸等多种物质发生反应。相比较而言，在同一周期中，碱金属的还原性比碱土金属的还原性强。在同一族中，其还原性从上到下依次增强。

12-6　什么叫熟镪水？在金属焊接中，它有什么作用？

答：氯化锌的浓溶液，俗称熟镪水。因形成配合酸 $\{H[ZnCl_2(OH)]\}$，而使其溶液具有酸性，可以溶解、清除金属表面的氧化物而不损害金属表面。

$$ZnCl_2 + H_2O = H[ZnCl_2(OH)]$$
$$Fe_2O_3 + 6H[ZnCl_2(OH)] = Fe_2[ZnCl_2(OH)]_3 + 3H_2O$$

12-7　铜器在潮湿空气中生成的"铜绿"是什么？写出相关的反应方程式。

答：金属铜的化学性质比较稳定，在干燥的空气中稳定，但长期在 CO_2 和潮湿的空气中，会反应生成铜绿，即碱式碳酸铜。

$$2Cu + H_2O + CO_2 + O_2 = Cu_2(OH)_2CO_3$$

12-8　为什么碘微溶于水而易溶于碘化钾？

答：I_2 几乎不与 H_2O 发生反应，但与碘化钾反应生成 I_3^-。

$$I_2 + I^- = I_3^-$$

12-9　写出下列反应的反应式：

(1)氯气通入冷的石灰水。

(2)在长久保存的 Na_2SO_3 溶液，加入 $BaCl_2$，有不溶于 HNO_3 的白色沉淀生成。

(3)实验室制备氯气。

(4)氯气与水的反应。

答：(1)$2Ca(OH)_2 + 2Cl_2 = Ca(ClO)_2 + CaCl_2 + 2H_2O$

(2)$2Na_2SO_3 + O_2 = 2Na_2SO_4$

$Na_2SO_4 + BaCl_2 = BaSO_4 + 2NaCl$

(3)$MnO_2 + 4HCl(浓) = MnCl_2 + Cl_2 + 2H_2O$

(4)$Cl_2 + H_2O = HClO + HCl$

12-10　如何鉴别纯碱、烧碱和小苏打？

答：纯碱为碳酸钠（Na_2CO_3），烧碱为 NaOH，小苏打为 $NaHCO_3$。

先加入盐酸，无气体产生的为烧碱；有气体产生的为纯碱和小苏打。

分别取纯碱和小苏打配成溶液，滴加 $Ba(OH)_2$ 溶液，观察有无白色沉淀。有白色沉淀的为纯碱，无白色沉淀的为小苏打。

提高题

12-11　写出下列反应的离子方程式。

(1)铜与稀硝酸或浓硝酸的反应；

(2)氢氧化锌与氨水的反应；

(3)高锰酸钾在碱性溶液中与亚硫酸钠的反应；

(4)高氯酸钾与单质硫的反应。

答：(1)$Cu + 2NO_3^- + 4H^+ = Cu^{2+} + 2NO_2\uparrow + 2H_2O$

$3Cu + 2NO_3^- + 8H^+ = 3Cu^{2+} + 2NO\uparrow + 4H_2O$

(2)$Zn(OH)_2 + 4NH_3 = [Zn(NH_3)_4]^{2+} + 2OH^-$

(3)$2MnO_4^- + SO_3^{2-} + 2OH^- = 2MnO_4^{2-} + SO_4^{2-} + H_2O$

(4)$ClO_4^- + 2S = Cl^- + 2SO_2$

模拟试题

Practice Test

模拟试题一

一、选择题(将正确答案序号填于横线上,单选,每题 2 分,共 30 分)

1. 在配合物 $[Fe(en)_3]Cl_3$ 中,中心原子的氧化数和配位数分别为____。

   A. $+3,6$　　　　　　　 B. $+2,6$　　　　　　　 C. $+2,3$　　　　　　　 D. $+3,3$

2. H_3PO_4 的 $pK_{a_1}^{\ominus}$、$pK_{a_2}^{\ominus}$ 和 $pK_{a_3}^{\ominus}$ 分别是 2.12,7.21 和 12.32,在下列不同 pH 的溶液中,HPO_4^{2-} 分布百分数最大的溶液是 ____。

   A. 7.21　　　　　　　 B. 10　　　　　　　 C. 12.32　　　　　　　 D. 14

3. 在标准状态下,苯的熔点为 5℃,苯熔化过程中的 $\Delta_r S_m^{\ominus}$ 为 38.38 J·K⁻¹·mol⁻¹,则苯在熔化过程中的 $\Delta_r H_m^{\ominus}$ 为 ____。

   A. 19.19 kJ·mol⁻¹　　 B. 10.67 kJ·mol⁻¹　　 C. 10.88 kJ·mol⁻¹　　 D. 54.39 kJ·mol⁻¹

4. 对一样品做了两次平行测定,表示测定结果的精密度可用 ____。

   A. 偏差　　　　　　　 B. 标准偏差　　　　　　　 C. 相对误差　　　　　　　 D. 相对相差

5. 有关分步沉淀,下列叙述正确的是 ____。

   A. 溶解度小的沉淀先析出　　　　　　 B. 被沉淀的离子浓度大的先析出

   C. 溶度积小的沉淀先析出　　　　　　 D. 沉淀时所需沉淀剂浓度最小的先析出

6. 下列物质中,第一电子亲合能最大的是 ____。

   A. Cl　　　　　　　 B. F　　　　　　　 C. Br　　　　　　　 D. I

7. 下列电对中电极电势只与参与电极反应的阴离子浓度有关的电极是 ____。

   A. Fe^{3+}/Fe^{2+}　　 B. $AgCl/Ag$　　 C. Cu^{2+}/CuI　　 D. Hg^{2+}/Hg_2^{2+}

8. $2CuBr_2(s) = 2CuBr(s) + Br_2(g)$ 在标准状态下,298.15 K 时不能自发进行,但在加热时可自发进行,则该反应的 ____。

   A. $\Delta_r H_m^{\ominus} > 0$　　 B. $\Delta_r S_m^{\ominus} < 0$　　 C. $\Delta_r G_m^{\ominus} > 0$　　 D. $\Delta_r G_m^{\ominus} < 0$

9. 已知氧元素的标准电极电势图如下

$$\varphi_B^{\ominus}/V: O_2 \xrightarrow{\ -0.076\ } HO_2^- \xrightarrow{\ 0.88\ } OH^-$$

则 $\varphi_B^{\ominus}(O_2/OH^-)$ 为____。

    A. 0.804 V   B. 0.956 V   C. 0.402 V   D. 0.88 V

10. 某氧化还原反应：$2A^+ + 3B^{4+} = 2A^{4+} + 3B^{2+}$，到达化学计量点时，电势值为____。

    A. $(\varphi_A^{\ominus\prime} + \varphi_B^{\ominus\prime})/2$ B. $(2\varphi_A^{\ominus\prime} + 3\varphi_B^{\ominus\prime})/5$

    C. $(3\varphi_A^{\ominus\prime} + 2\varphi_B^{\ominus\prime})/5$ D. $6(\varphi_A^{\ominus\prime} + \varphi_B^{\ominus\prime})/0.059$

11. 单一金属离子可被准确滴定的判据是____。

    A. $cK_f' \geqslant 10^6$ B. $cK_f' \leqslant 10^6$ C. $cK_f' \geqslant 10^8$ D. $cK_f' \leqslant 10^8$

12. 下列物质中，沸点最低的是____。

    A. H_2O B. H_2S C. H_2Se D. H_2Te

13. 在 He^+ 的原子轨道，$n = 4$ 的简并轨道数目为____。

    A. 4   B. 8   C. 16   D. 32

14. 一封闭系统在等温、定容条件下发生一变化，可通过两条不同的途径完成 (1) $Q_1 = 20$ kJ，$W_1 = 60$ kJ；(2) $W_2 = 0$，则在过程 (2) 中____。

    A. 系统向环境放热 80 kJ   B. 系统向环境放热 20 kJ

    C. 系统从环境吸热 80 kJ   D. 无法判定

15. 下列分子，属平面三角形构型的为____。

    A. NH_3 B. BF_3 C. CO_2 D. SF_2

二、填空题（每空 1 分，共 30 分）

1. 铬元素基态原子的核外电子排布式为_____，价电子构型为_____。

2. 在乙烯分子中，碳原子的杂化方式为_____，分子中有____条 σ 键，____条 π 键。

3. 在配合物中，中心原子能够提供_____，配体中的配位原子提供_____，以形成配位键。

4. 分子间的作用力包括：_____、_____、_____ 和 _____，其中在分子间最为广泛存在的是_____，只存在于极性分子之间的作用力为_____。

5. 定量分析化学中，做对照实验的目的是_____，做空白实验的目的是_____。

6. 一定温度下，氧化还原反应的标准电动势与标准平衡常数的关系式为_____。

7. 使用高锰酸钾法进行滴定时不能使用盐酸作为滴定介质，这是为了避免____效应。

8. 已知 298 K 时，$K_f^{\ominus}\{[Zn(NH_3)_4]^{2+}\} = 2.9 \times 10^9$，$K_f^{\ominus}\{[Cu(NH_3)_4]^{2+}\} = 2.1 \times 10^{13}$，则下列反应：$[Cu(NH_3)_4]^{2+} + Zn^{2+} = Cu^{2+} + [Zn(NH_3)_4]^{2+}$ 的标准平衡常数为_____。

9. 化合物 $[Co(NH_3)_6]Cl_3$ 的名称为_____，其内界为_____。

10. NaH_2PO_4 水溶液的 PBE 为_____。

11. 为消除系统误差，分光光度法要用参比溶液调节仪器的吸光度为零。当试液、显色剂及其他试剂均无色时可用____作参比溶液，称为_____；若显色剂无色而试液中存在其他不与显色剂反应的有色离子时，可用不加显色剂的_____作参比溶液，称为_____。

12. $K_2Cr_2O_7$ 法测 Fe^{2+} 含量时,以二苯胺磺酸钠为指示剂,必须加入 H_2SO_4-H_3PO_4 混合酸,加 H_2SO_4 的目的是 _____ ,加 H_3PO_4 的目的是 _____ 和 _____ 。

13. $T(NaOH/H_2SO_4)=0.040\ 00\ g \cdot mol^{-1}$ 表示 _____ 。假设滴定某烧碱试样用去此 H_2SO_4 标准溶液 22.00 mL,则此试样中 NaOH 的质量为 _____ 。

三、简答题(每题 5 分,共 15 分)

1. 某古生物遗体化石的主要成分为 $Ca_3(PO_4)_2$,一般混杂于灰岩(主要成分为 $CaCO_3$)中,为了显示该古生物遗体化石的形态,一般选用 HAc 而不是 H_3PO_4 或 HCl 除去其周围的灰岩,请从沉淀溶解平衡的角度分析其原因。

2. Fe^{3+} 可分别与 F^- 和 CN^- 形成 6 配位的 $[FeF_6]^{3-}$ 和 $[Fe(CN)_6]^{3-}$,但这两种配离子的性质具有显著差别,例如:$[FeF_6]^{3-}$ 的稳定性不及 $[Fe(CN)_6]^{3-}$,$[FeF_6]^{3-}$ 的磁矩也比 $[Fe(CN)_6]^{3-}$ 要小。请从配合物价键理论的角度来解释二者在上述性质上的差异。

3. 制备高纯镍的方法是将粗镍在 323 K 时与 CO 反应,生成 $Ni(CO)_4$,经提纯后在 473 K 时分解得到纯镍,其反应式为:

$$Ni(s) + 4CO(g) = Ni(CO)_4$$

(1)判断上述反应在 298 K 时,$\Delta_r H_m^{\ominus}$ 和 $\Delta S_m^{\ominus}$ 的正负号。

(2)试从温度对化学平衡影响的角度解释该方法提纯镍的原理。

四、计算题(共 25 分)

1. (8 分)用 EDTA 配位滴定法测定 Fe^{3+} 与 Zn^{2+},若溶液中 Fe^{3+} 与 Zn^{2+} 的浓度均为 $0.01\ mol \cdot L^{-1}$,问:

(1)Fe^{3+} 与 Zn^{2+} 能否用控制酸度的方法进行分步滴定。

(2)若能分别准确滴定,如何控制酸度? 已知 $lgK^{\ominus}(FeY) = 25.1$,$lgK^{\ominus}(ZuY) = 16.5$。

pH	0	1	2	3	4	5	6	7
$lg\alpha_{Y(H)}$	24.0	18.3	13.3	10.8	8.6	6.6	4.8	3.4

2. (8 分)向 $0.25\ mol \cdot L^{-1}$ 的 NaCl 和 $0.002\ 2\ mol \cdot L^{-1}$ KBr 的混合溶液中逐滴加入 $0.10\ mol \cdot L^{-1}$ 的 $AgNO_3$ 溶液。

(1)哪种化合物先沉淀?

(2)Cl^- 和 Br^- 能否通过分步沉淀得到有效分离。

已知 $K_{sp}^{\ominus}(AgCl) = 1.56 \times 10^{-10}$,$K_{sp}^{\ominus}(AgBr) = 7.7 \times 10^{-13}$

3. (9 分)熵变很难通过实验方法直接测定,但可通过计算的方法得到。已知在 298.15 K 时,反应:

$Cr_2O_7^{2-} + 6Fe^{2+} + 14H^+ = 2Cr^{3+} + 6Fe^{3+} + 7H_2O$ 的 $\Delta_r H_m^{\ominus} = -759\ kJ \cdot mol^{-1}$,

$\varphi^{\ominus}(Cr_2O_7^{2-}/Cr^{3+}) = 1.33\ V$,$\varphi^{\ominus}(Fe^{3+}/Fe^{2+}) = 0.77\ V$。

(1)请写出上述反应的电极反应及电池符号;

(2)计算该反应在 298.15 K 时的熵变 $\Delta_r S_m^{\ominus}$。

模拟试题二

一、选择题(将正确答案序号填于横线上,单选,每题 **2** 分,共 **30** 分)

1. 在恒温恒压下,已知反应 A→2B 的反应热为 $\Delta_r H_1$,反应 2A→C 的反应热为 $\Delta_r H_2$,则反应 C→4B 的反应热 $\Delta_r H_3$ 为____。

A. $\Delta_r H_1 + \Delta_r H_2$　　　　　　　　B. $2\Delta_r H_1 + \Delta_r H_2$

C. $2\Delta_r H_1 - \Delta_r H_2$　　　　　　　　D. $\Delta_r H_2 - 2\Delta_r H_1$

2. 将 13.452,3.1105,250.650,修约为四位有效数字____。

A. 13.45,3.110,250.6　　　　　　B. 13.44,3.110,250.6

C. 13.45,3.111,250.6　　　　　　D. 13.44,3.111,250.7

3. 酸碱滴定中,指示剂的变色范围可表示为____。

A. $pK_{In}^{\ominus} \pm 1$　　　　　　　　　　　B. $pK_{In}^{\ominus}$

C. $E_{In}^{\ominus}{}' \pm (0.059/n)$　　　　　　D. $E_{In}^{\ominus}{}' = \pm 0.059$

4. 298 K 时,反应 $N_2(g) + 3H_2(g) = 2NH_3(g)$,$\Delta_r H < 0$,在密闭容器中该反应达到平衡时,若体积恒定加入惰性气体,则____。

A. 平衡右移,氨产量增加　　　　C. 平衡状态不变

B. 平衡左移,氨产量减少　　　　D. 正反应速率加快

5. 向 HAc 溶液中,加入少许固体物质,使 HAc 解离度减小的是 ____。

A. NaCl　　　　　B. NaAc　　　　　C. $FeCl_3$　　　　　D. KCN

6. $[Cr(en)_3]^{3+}$ 配离子中,铬的氧化数和配位数分别是 ____。

A. +3 和 3　　　　B. +6 和 3　　　　C. +3 和 9　　　　D. +3 和 6

7. $\psi(3,2,1)$ 代表简并轨道中的 ____。

A. 2p 轨道　　　　B. 3d 轨道　　　　C. 3p 轨道　　　　D. 4f 轨道

8. $\Delta_r G_m^{\ominus} > 0$ 的反应使用正催化剂后 ____。

A. $v_{正}$ 大大加速　　B. $v_{负}$ 减速　　C. $v_{正}$、$v_{负}$ 皆加速　　D. 无影响

9. 对于一定温度下的某化学反应,下列说法正确的是 ____。

A. E_a 越大,反应速率越快　　　　　　　　B. $K^{\ominus}$ 越大,反应速率越快

C. 反应物浓度越大,反应速率越快　　　　　D. $\Delta_r H_m^{\ominus}$ 的负值越大,反应速率越快

10. 由计算器算得 $(2.236 \times 1.112\,4) \div (1.036 \times 0.200)$ 的结果为 12.004 471,按有效数字运算规则应得结果修约为 ____。

A. 12　　　　B. 12.0　　　　C. 12.00　　　　D. 12.004

11. 标定 HCl 标准溶液浓度常用的基准物质有 ____。

A. 无水 $CaCO_3$　　　　　　　　　　B. 硼砂($Na_2B_4O_7 \cdot 10H_2O$)

C. $H_2C_2O_4 \cdot 2H_2O$　　　　　　　　D. 邻苯二甲酸氢钾

12. 在酸性介质中,用 $KMnO_4$ 滴定草酸盐,滴定速度应 ____。

A. 快速进行　　　　　　　　　　　B. 开始时快,然后缓慢

C. 始终缓慢进行　　　　　　　　　D. 开始时缓慢,以后逐渐加快

13. 任何两个溶液的吸光度读数之差 $A_1 - A_2$ 等于 ____。

A. $T_1 - T_2$ 　　　　B. $\lg T_1 - \lg T_2$ 　　　　C. $\lg T_2 - \lg T_1$ 　　　　D. $\lg(T_2 - T_1)$

14. 已知 $Fe^{3+} + e^- = Fe^{2+}$，$E^{\ominus\prime}(Fe^{3+}/Fe^{2+}) = 0.770\ V$，测得 Fe^{3+}/Fe^{2+} 电极的 $E = 0.750\ V$，则溶液中必定是 ____。

A. $c(Fe^{3+}) < 1$ 　　　　　　　　　　　B. $c(Fe^{2+}) < 1$

C. $c(Fe^{2+})/c(Fe^{3+}) < 1$ 　　　　　　D. $c(Fe^{3+})/c(Fe^{2+}) < 1$

15. 298 K 时，$Mg(OH)_2$ 的 $K_{sp}^{\ominus}$ 为 5.61×10^{-12}，在 $0.01\ mol \cdot L^{-1}$ 的 NaOH 溶液中的溶解度为 ____。

A. $5.61 \times 10^{-10}\ mol \cdot L^{-1}$ 　　　　　B. $2.37 \times 10^{-6}\ mol \cdot L^{-1}$

C. $5.61 \times 10^{-8}\ mol \cdot L^{-1}$ 　　　　　D. $1.12 \times 10^{-4}\ mol \cdot L^{-1}$

二、填空题（每空 1 分，共 30 分）

1. 已知某元素为第四周期元素，其二价离子的外层有 18 个电子，则该元素的原子序数为_____，元素符号为_____，位于周期表中的_____区，属于____族。

2. 离子极化使化合物的键型从 _____ 键向_____键过渡，晶型从_____晶体向_____晶体过渡，熔沸点_____。

3. 对于下列两个反应式 $2Fe^{3+} + 2Br^- = 2Fe^{2+} + Br_2$，$Fe^{3+} + Br^- = Fe^{2+} + \frac{1}{2}Br_2$，两者的 $E^{\ominus}$ _____，$\Delta_r G_m^{\ominus}$ _____，$K^{\ominus}$ _____。（填相等、不等）

4. 向含有 $1\ mol \cdot L^{-1} Na_2CO_3$ 和 $1\ mol \cdot L^{-1} NaHCO_3$ 的混合溶液中，加入少量盐酸后，该溶液的 pH _____。

5. 滴定分析的一般过程包括三个主要部分：_____、_____和_____。

6. 根据杂化轨道理论，BF_3 分子的几何构型为_____，中心原子轨道杂化形式为_____；NF_3 分子的几何构型为_____，中心原子轨道杂化形式为_____。

7. 下列物质：O_2、N_2、H_2O、H_2S、Na_2S、CaO、MgO，熔点由低到高的顺序为_____。

8. 纯萘 $(C_{10}H_8)1.28\ g$ 溶于 100 g 氯仿中，此溶液的质量摩尔浓度是_____ $mol \cdot kg^{-1}$。它的沸点比氯仿高 0.385℃，氯仿的沸点升高常数为_____ $K \cdot kg \cdot mol^{-1}$。

9. 用 $0.1000\ mol \cdot L^{-1}$ HCl 溶液滴定浓度为 $0.1\ mol \cdot L^{-1}$ 的 Na_3A 溶液，已知 H_3A 的 $K_{a1}^{\ominus} = 1.0 \times 10^{-3}$，$K_{a2}^{\ominus} = 1.0 \times 10^{-7}$，$K_{a3}^{\ominus} = 1.0 \times 10^{-11}$，滴定曲线的 pH 突跃为____个。

10. 光度分析中，要求入射光的颜色与被测溶液的颜色的关系为_____。

11. 欲配制 pH = 10.0 的缓冲溶液，应在 300 mL $0.5\ mol \cdot L^{-1}$ 氨水溶液中加____ g $NH_4Cl[pK_b^{\ominus}(NH_3) = 4.76]$。

12. 已知反应 $3H_2(g) + N_2(g) = 2NH_3(g)$ 的 $\Delta_r H_m^{\ominus}(298\ K) = -92.2\ kJ \cdot mol^{-1}$，该反应 $\Delta_r S_m^{\ominus}(298\ K)$ _____ 0（填 >、=、<）；升高温度 $\Delta_r G_m^{\ominus}$ _____，该反应的平衡常数 $K^{\ominus}$ _____（填不变、增大、减小）。

13. $K[CrCl_4(NH_3)_2]$ 的名称是_____。

三、简答题(每题 5 分,共 15 分)

1. 下列各分子的键角为多少? 为什么? 指出各分子的构型。

NH_3;CCl_4;BF_3;H_2O;$HgCl_2$。

2. 有一溶液含有 Fe^{3+}、Ca^{2+}(含干扰离子 Mg^{2+}),设计方案用配位滴定法分别测定 Fe^{3+}、Ca^{2+} 含量。

3. 说"活化能越高的反应,其反应速率越慢",又说"活化能较高的反应,温度上升时反应速率增加较快",有没有矛盾?

四、计算题(共 25 分)

1. (10 分)298 K 时反应 C(石墨)$+$ H_2O(g)$=$ CO(g)$+$ H_2(g)的热力学数据为

$$\Delta_f H_m^{\ominus}/(kJ \cdot mol^{-1}) \quad\quad 0 \quad\quad\quad -241.8 \quad\quad\quad -110.5 \quad\quad\quad 0$$
$$S_m^{\ominus}/(J \cdot mol^{-1} \cdot K^{-1}) \quad 5.74 \quad\quad\quad 188.8 \quad\quad\quad 197.7 \quad\quad\quad 130.7$$

(1)计算 298 K 标准状态下该反应的 $\Delta_r H_m^{\ominus}$、$\Delta_r S_m^{\ominus}$、$\Delta_r G_m^{\ominus}$。反应能否自发进行? 求反应自发进行的最低温度。

(2)计算 1 000 K 时此反应的平衡常数。

2. (6 分)一溶液含有 Fe^{2+} 和 Fe^{3+},浓度均为 0.05 mol · L^{-1},如果要求 $Fe(OH)_3$ 沉淀完全,而 $Fe(OH)_2$ 不沉淀,需控制 pH 在什么范围? 已知,$K_{sp}^{\ominus}\{Fe(OH)_3\} = 2.79 \times 10^{-39}$,$K_{sp}^{\ominus}\{Fe(OH)_2\} = 4.87 \times 10^{-17}$。

3. (9 分)某一样品仅含有 NaOH 和 Na_2CO_3,一份质量为 0.395 0 g 试样,需 40.00 mL HCl 溶液(1 mL HCl 相当于 0.004 500 g CaO)滴定至酚酞终点。那么还需要多少毫升该 HCl 溶液才可达到甲基橙终点? 计算 NaOH 和 Na_2CO_3 的质量分数。已知 $M(NaOH) = $ 40.00 g · mol^{-1};$M(Na_2CO_3) = 106.00$ g · mol^{-1};$M(CaO) = 56.08$ g · mol^{-1}。

模拟试题三

一、选择题(将正确答案序号填于横线上,单选,每题 2 分,共 50 分)

1. 在相同温度,相同体积,相同沸点的葡萄糖和蔗糖溶液中,葡萄糖和蔗糖溶液的物质的量之比为____。

A. 1:2   B. 2:1   C. 1:1   D. 不确定

2. 下列各组条件中反应可自发进行的是____。

A. $\Delta_r H_m^{\ominus} > 0$,$\Delta_r S_m^{\ominus} > 0$,高温   B. $\Delta_r H_m^{\ominus} > 0$,$\Delta_r S_m^{\ominus} > 0$,低温

C. $\Delta_r H_m^{\ominus} < 0$,$\Delta_r S_m^{\ominus} < 0$,高温   D. $\Delta_r H_m^{\ominus} > 0$,$\Delta_r S_m^{\ominus} < 0$,低温

3. 对于任意可逆反应,下列条件中能改变平衡常数的是____。

A. 增加反应物浓度   B. 增加生成物浓度

C. 加入催化剂   D. 改变反应温度

4. 升高温度能加快反应速度的主要原因是____。

A. 能加快分子运动的速度,增加碰撞机会   B. 能提高反应的活化能

C. 能加快反应物的消耗   D. 能增大活化分子的百分率

5. 下列用来表示核外电子运动状态的各组量子数(n,l,m,s_i)中,合理的是 ____。

A. $(2,1,-1,-1/2)$ B. $(0,0,0,1/2)$

C. $(2,1,0,0)$ D. $(1,2,0,1/2)$

6. 下列各个离子中,具有顺磁性的是 ____。

A. K^+ B. Ba^{2+} C. Mn^{2+} D. Zn^{2+}

7. 下列各组物质中沸点高低顺序正确的为 ____。

A. $CH_4 < HF < NH_3 < H_2O$ B. $CH_4 < HF < H_2O < NH_3$

C. $CH_4 < NH_3 < HF < H_2O$ D. $CH_4 < NH_3 < H_2O < HF$

8. 下列说法中正确的是 ____。

A. 色散力仅存在于非极性分子之间

B. 诱导力仅存在于极性分子与非极性分子之间

C. 取向力仅存在于极性分子与非极性分子之间

D. 相对分子质量小的物质,其熔点、沸点也可能高于相对分子质量大的物质

9. $BeCl_2$ 分子几何构型为直线型,Be 与 Cl 原子之间所形成的共价键是 ____。

A. (sp-p)σ 键 B. (p-p)σ 键 C. (s-s)σ 键 D. $(sp^2\text{-}p)$σ 键

10. 欲配制 $0.1\ mol \cdot L^{-1}$ HCl 溶液和 $0.1\ mol \cdot L^{-1} H_2SO_4$ 溶液,量取浓酸的合适的量器是 ____。

A.容量瓶 B.移液管 C.量筒 D.酸式或碱式滴定管

11. 在滴定分析测定中,属偶然误差的是 ____。

A.试样未经充分混匀 B.滴定时有液滴溅出

C.砝码生锈 D.滴定管最后一位估读不准确

12. 根据酸碱质子理论,下述物质不属于质子酸的是 ____。

A. HSO_4^- B. NH_4^+ C. H_3BO_3 D. H_2O

13. 下列各组溶液中不是缓冲溶液的是 ____。

A. $0.2\ mol \cdot L^{-1}\ NaH_2PO_4$ 和 $0.2\ mol \cdot L^{-1} Na_2HPO_4$ 等体积混合液

B. $0.2\ mol \cdot L^{-1}\ NH_4Cl$ 和 $0.1\ mol \cdot L^{-1}\ NaOH$ 等体积混合液

C. $0.1\ mol \cdot L^{-1}\ NaOH$ 与 $0.1\ mol \cdot L^{-1}\ HAc$ 等体积混合液

D. $0.1\ mol \cdot L^{-1} NH_4Cl$ 与 $0.1\ mol \cdot L^{-1}\ NH_3 \cdot H_2O$ 等体积混合液

14. 下列盐中,不能用强酸标准溶液直接滴定的是____。

A. Na_2CO_3(H_2CO_3 的 $K_{a_1}^{\ominus}=4.2 \times 10^{-7}$,$K_{a_2}^{\ominus}=5.6 \times 10^{-11}$)

B. $Na_2B_4O_7 \cdot 10H_2O$(H_3BO_3 的 $K_{a_1}^{\ominus}=5.8 \times 10^{-10}$)

C. $NaAc$(HAc 的 $K_a^{\ominus}=1.8 \times 10^{-5}$)

D. Na_3PO_4(H_3PO_4 的 $K_{a_1}^{\ominus}=7.5 \times 10^{-3}$,$K_{a_2}^{\ominus}=6.2 \times 10^{-8}$,$K_{a_3}^{\ominus}=2.2 \times 10^{-13}$)

15. 已知用 $0.100\ 0\ mol \cdot L^{-1} NaOH$ 溶液滴定 20 mL 同浓度的 HCl 溶液的 pH 突跃范围为 4.30~9.70。如果 NaOH 和 HCl 溶液的浓度都为 $0.010\ 00\ mol \cdot L^{-1}$,那么突跃范围的 pH 是 ____。

A. 5.30~8.70 B. 3.30~10.70 C. 4.30~9.70 D. 5.30~9.70

16. 已知 Ag_2CrO_4 的溶解度为 $S \text{ mol} \cdot L^{-1}$，其 $K_{sp}^{\ominus}$ 为 ____。

A. $4S^3$ B. S^3 C. $3S$ D. $2S^3$

17. 佛尔哈德法是用铁铵矾作指示剂，根据 Fe^{3+} 的特性，此滴定要求溶液必须是 ____。

A. 酸性   B. 中性   C. 弱碱性   D. 碱性

18. 下列溶液可以用相应的盐和蒸馏水直接配制的是 ____。

A. $FeCl_3$ B. $SbCl_3$ C. $BiCl_3$ D. NH_4Cl

19. 配合物 $H_2[PtCl_6]$ 中，内界和外界之间的化学键为 ____。

A. 共价键   B. 配位键   C. 离子键   D. 金属键

20. 下列配离子能在酸性介质中稳定存在的是 ____。

A. $[Ag(NH_3)_2]^+$ B. $[FeCl_6]^{3-}$

C. $[Fe(C_2O_4)_3]^{3-}$ D. $[Ag(S_2O_3)_2]^{3-}$

21. 高锰酸钾滴定法中酸化溶液时用的酸是 ____。

A. HNO_3 B. HCl C. H_2SO_4 D. HAc

22. 下列电对中，标准电极电势最小的是 ____。

A. Ag^+/Ag B. $AgCl/Ag$ C. $AgBr/Ag$ D. $[Ag(S_2O_3)_2]^{3-}/Ag$

23. 已知电对 I_2/I^- 和 MnO_4^-/Mn^{2+}，在 $25\,^{\circ}\!C$ 时的 $E^{\ominus}$ 各为 0.54 V 和 1.51 V。若将其构成原电池的总反应方程式为 $2MnO_4^- + 16H^+ + 10I^- \rightarrow 2Mn^{2+} + 5I_2 + 8H_2O$，可知该电池反应的 $\lg K^{\ominus}$ 为 ____。

A. 164   B. 110   C. 5.07   D. -164

24. 对于下列电极反应，$MnO_2 + 4H^+ + 2e^- = Mn^{2+} + 2H_2O$，如果增大溶液的 pH，则该电极的电极电势将 ____。

A. 增大   B. 减小   C. 不变   D. 不能判断

25. 吸收曲线可以用于定性分析，是因为吸收曲线 ____。

A. 只有一个峰   B. 形状与物质结构有关

C. 不与其他物质的吸收曲线相交   D. 只有一个最高峰

二、是非题（每题 1 分，共 10 分）

1. 标准状态下稳定单质的 $\Delta_c H_m^{\ominus}$、$\Delta_f H_m^{\ominus}$、$\Delta_f G_m^{\ominus}$、$\Delta_f S_m^{\ominus}$ 都等于零。（　　）

2. 催化剂可以加快正反应的速度，减缓逆反应的速度，故催化剂不仅可以改变化学反应的速率，还可以改变反应的平衡状态。（　　）

3. 单电子原子中电子的能量只与主量子数有关，与角量子数无关。（　　）

4. 多元弱酸的型体分布系数不仅与溶液的 pH 有关，还与溶液的分析浓度有关。（　　）

5. 偶然误差是由某些难以控制的偶然因素所造成的，因此是无规律可循的。（　　）

6. 如果反应的 $\Delta_r G_m^{\ominus} > 0$，则该反应在热力学上是不可能自发进行的。（　　）

7. 螯合物比一般配合物更稳定，是因为其分子内存在环状结构。（　　）

8. 莫尔法是以 K_2CrO_4 作为指示剂的银量法，终点时生成砖红色的 Ag_2CrO_4 沉淀。（　　）

9. 在 CrO_5 中 Cr 的氧化数与 $K_2Cr_2O_7$ 中 Cr 的氧化数相等。（　　）

10. 在分光光度法中，有色物质的摩尔吸光系数越大，光度分析的灵敏度就越高。（　　）

三、填空题(每空 1 分,共 20 分)

1. 普通 pH 玻璃电极测定溶液酸度的适用范围是_____。当 pH 高于____时,测得的 pH 比实际值要低。这种现象称为 pH 玻璃电极的____。

2. 9.50 mL 滴定管的读数最小可以估计至_____mL,从滴定管中放出 8 mL 溶液,应记录数据有_____位有效数字。

3. 某一有色溶液在一定波长下用 2 cm 比色皿测得其透光率为 60%,若在相同条件下改用 1 cm 比色皿测定时,透光率为_____;若用 3 cm 比色皿测定时,吸光度为_____。

4. NF_3 分子的空间构型为_____,N 原子采用_____杂化;

SO_2 分子的空间构型为_____,S 原子采用_____杂化;

$[Fe(CN)_6]^{3-}$ 的空间构型为_____,Fe^{3+} 采用_____杂化。

5. 在 NH_3 溶液中加入固体 NH_4Cl,溶液的 pH_____,在其中加入固体 KCl,溶液的 pH_____。

6. 配合物 $[Co(NH_3)_3(H_2O)Cl_2]Cl$ 的名称是_____,中心离子的配位数是_____。

7. $[Co(NH_3)_6]^{3+}$ 和 $[Ni(en)_2]^{2+}$ 均属于_____配合物,其磁矩为_____。

8. 为了减少测量误差,用分析天平称量试样,试样的质量必须在_____g 以上,用滴定管进行滴定分析时,滴定剂的用量应在_____mL 以上。

四、计算题(共 20 分)

1. (9 分)已知反应 $4CuO(s) \Longrightarrow 2Cu_2O(s) + O_2(g)$,在 300 K 时 $\Delta_r G_m^{\ominus} = 225.4$ kJ·mol^{-1};400 K 时 $\Delta_r G_m^{\ominus} = 203.2$ kJ·mol^{-1},计算:(1)该反应 $\Delta_r H_m^{\ominus}$(298 K)和 $\Delta_r S_m^{\ominus}$(298 K)的值;(2)标准状况下该反应能够自发进行的最低温度。

2. (5 分)亚铜离子 Cu^+ 与邻二氮菲所形成的有色配合物能被氯仿萃取,其萃取液在 450 nm 处的摩尔吸光系数为 7.94×10^3 L·mol^{-1}·cm^{-1}。现有某含铜硬币重 3.011 g,在 25.00 mL 冷的稀 HCl 中浸泡一周,将酸液中的 Cu^{2+} 还原为 Cu^+ 后,加邻二氮菲显色,用 20.00 mL 氯仿萃取,用 1.0 cm 比色皿在 450 nm 测得 $A = 0.125$,问该硬币损失铜多少克?

3. (6 分)298 K 时测得下列电池$(-)Pt,H_2(p^{\ominus})|HA(0.10$ mol·$L^{-1}),A^-(0.10$ mol·$L^{-1})\parallel KCl$(饱和)$|Hg_2Cl_2(s)|Hg(+)$的电动势 $E = 0.463$ V。计算弱酸 HA 的解离常数及溶液的 pH。[已知饱和甘汞电极 $\varphi^{\ominus}(Hg_2Cl_2/Hg) = 0.241$ V]

模拟试题四

一、选择题(将正确答案序号填于横线上,单选,每题 2 分,共 30 分)

1. 一定温度下,某容器中含有相同质量的 H_2,O_2,N_2 与 He 的混合气体,其中分压最小的组分是____。

A. N_2 B. O_2 C. H_2 D. He

2. 已知下列反应的平衡常数

$$H_2(g) + S(s) \Longrightarrow H_2S(g) \qquad K_1^{\ominus}$$

$$O_2(g) + S(s) \Longrightarrow SO_2(g) \qquad K_2^{\ominus}$$

则反应：$H_2(g) + SO_2(g) \Longrightarrow O_2(g) + H_2S(g)$ 的平衡常数为____。

A. $K_1^{\ominus}/K_2^{\ominus}$ 　　　　 B. $K_1^{\ominus} \cdot K_2^{\ominus}$ 　　　　 C. $K_2^{\ominus}/K_1^{\ominus}$ 　　　　 D. $K_1^{\ominus} - K_2^{\ominus}$

3. 表征 3s 轨道的量子数是____。

A. $n=3, l=0, m=0$ 　　　　　　　　 B. $n=3, l=2, m=0$

C. $n=2, l=1, m=0$ 　　　　　　　　 D. $n=4, l=2, m=1$

4. 下列原子中，具有最大电负性的是____。

A. Br 　　　　　　 B. Mg 　　　　　　 C. C 　　　　　　 D. O

5. 欲配制 500 mL 约 0.1 mol·L^{-1} 的氢氧化钠溶液，选用的合适的量器和存放溶液的容器分别是 ____。

A. 量筒和试剂瓶 　　　　　　　　　　 B. 移液管和试剂瓶

C. 量筒和容量瓶 　　　　　　　　　　 D. 移液管和容量瓶

6. 已知 Ag_2CrO_4 的 $K_{sp}^{\ominus}$，则其在水中的溶解度 s 为 ____。

A. $(K_{sp}^{\ominus})^{1/2}$ 　　　　　　　　　　　　 B. $(K_{sp}^{\ominus}/4)^{1/2}$

C. $(K_{sp}^{\ominus})^{1/3}$ 　　　　　　　　　　　　 D. $(K_{sp}^{\ominus}/4)^{1/3}$

7. 下列原子半径大小顺序中正确的是 ____。

A. Be < Na < Mg 　　　　　　　　　　 B. Be < Mg < Na

C. B < C < N 　　　　　　　　　　　　 D. I < Br < K

8. 下列关于平衡移动的说法中，正确的是 ____。

A. 平衡移动是指反应从不平衡到平衡的过程

B. 在反应式两边气体分子数不等的化学平衡中，保持体积不变的情况下，充入惰性气体以增加系统总压，原平衡不会移动

C. 加压总是使反应从分子数少的一方向分子数多的一方移动

D. 在平衡移动中，$K^{\ominus}$ 总是保持不变的

9. 欲配制 pH = 3.7 缓冲溶液，应选用的酸为 ____。

A. HAc ($pK_a^{\ominus} = 4.75$) 　　　　　　 B. HCOOH ($pK_a^{\ominus} = 3.75$)

C. $ClCH_2COOH$ ($pK_a^{\ominus} = 4.85$) 　　 D. 硼酸 ($pK_a^{\ominus} = 9.2$)

10. 在使用基准物 $Na_2C_2O_4$ 标定 $KMnO_4$ 溶液浓度时，加热反应溶液的目的是 ____。

A. 避免自身催化 　　　　　　　　　　 B. 使 $Na_2C_2O_4$ 较容易分解

C. 避免诱导作用发生 　　　　　　　　 D. 加快 $KMnO_4$ 与 $Na_2C_2O_4$ 反应的速度

11. 测定 n 元酸的总量，在允许 0.1% 的终点误差和滴定突跃为 0.3pH 的情况下，应满足 ____。

A. $c_0 \cdot K_{a_1}^{\ominus} \geqslant 10^{-8}$ 　　　　　　　　 B. $c_0 \cdot K_{a_1}^{\ominus} \geqslant 10^{-9}$

C. $K_{a_1}^{\ominus}/K_{a_2}^{\ominus} > 10^4$ 　　　　　　　　 D. $c/K_a^{\ominus} \geqslant 10^5$

12. 室温时,下列溶液中,凝固点最低的是 ____。

A. 0.01 mol·kg^{-1} Na$_2$SO$_4$　　　　B. 0.02 mol·kg^{-1} NaAc

C. 0.02 mol·kg^{-1} HAc　　　　　　D. 0.03 mol·kg^{-1} 尿素溶液

13. 有关条件电极电位的叙述,正确的是 ____。

A. 只有电对氧化态或还原态发生副反应时,条件电位才与标准电位不同

B. 条件电位与溶液酸度有关,与离子强度无关

C. 反映了在外界因素影响下,氧化还原电对的实际氧化还原能力

D. 条件电位与溶液离子强度有关,与酸度无关

14. 已知 H$_3$PO$_4$ 的 p$K_{a_1}^\ominus$、p$K_{a_2}^\ominus$、p$K_{a_3}^\ominus$ 分别为 2.12、7.20、12.36,则 PO$_4^{3-}$ 的 p$K_{b_1}^\ominus$ 为 ____。

A. 11.88　　　　B. 6.80　　　　　C. 1.64　　　　　D. 2.12

15. 已知 Fe$_2$O$_3$ 的相对分子质量为 159.7,则 0.200 0 mol·L^{-1} EDTA 溶液的 T(Fe$_2$O$_3$/EDTA)是 ____。

A. 0.007 985 g·mL^{-1}　　　　　　B. 0.079 85 g·mL^{-1}

C. 0.159 7 g·mL^{-1}　　　　　　　D. 0.015 97 g·mL^{-1}

二、填空题(每空 1 分,共 30 分)

1. 某元素原子的价电子层排布为 3s^{2}3p^4,在元素周期表中它位于第 ____ 周期第 ____ 族,其原子核外电子总数为 _____,该元素为 _____。

2. 反应 A(g)+2B(g)——→C(g)的速率方程式为 $v = kc($A$)·c($B$)$。该反应为 ____ 级反应。当只有 B 的浓度增加 2 倍时,反应速率将增加 ____ 倍;当反应容器的体积增大到原体积的 3 倍时,反应速率将为原速度的 ____ 倍。

3. NH$_3$,BeH$_2$,BF$_3$ 的空间构型分别为 ____,____,____。中心原子成键所采用的杂化轨道方式依次为 ____,____,____。

4. 描述一个原子轨道要用三个量子数,其符号分别为 _____;表征电子自旋的量子数是 _____,其值可为 _____。

5. 在配位滴定中应控制适当的 pH,由 EDTA 的 _____ 和金属离子的 _____ 决定,同时还要考虑 _____ 和掩蔽剂(若需要掩蔽)对 pH 的要求。

6. 强碱准确滴定一元弱酸的条件是 $c_a K_a^\ominus \geqslant$ _____,二元酸可分步滴定的条件是 $c_a K_{a_2}^\ominus \geqslant 10^{-8}$ 及 $K_{a_1}^\ominus/K_{a_2}^\ominus \geqslant$ _____;利用控制酸度以 EDTA 分别滴定混合离子 M 和 N 的条件是 _____。

7. 写出氧化还原滴定中指示剂的类型,并各举出一个例子:

(1) _____。

(2) _____。

(3) _____。

8. 基于物质对光的 _____ 而建立的分析方法称为分光光度法;若浓度单位为 g·L^{-1} 或 mol·L^{-1},则朗伯-比尔定律的数学表达式分别为 _____ 或 _____,应用中出现偏离朗伯-比尔定律的主要原因是 _____ 和 _____。

三、简答题(每题 5 分,共 15 分)

1. 多电子原子中核外电子排布应遵循哪些规则?

2. 为什么 AgCl 不溶于稀盐酸($2\ mol \cdot L^{-1}$),但可以适当溶解于浓盐酸中?

3. 请简述分光光度计的基本部件及其作用。

四、计算题(共 25 分)

1.(5 分)二氧化氮的分解反应为 $2NO_2(g) \rightarrow 2NO(g) + O_2(g)$,319℃ 时,$k_1 = 0.498\ mol \cdot L^{-1} \cdot s^{-1}$;354℃ 时,$k_2 = 1.81\ mol \cdot L^{-1} \cdot s^{-1}$。计算该反应的活化能 E_a 及 383℃时反应速率系数 k。

2.(10 分)设溶液中 $c(Cl^-)$ 和 $c(CrO_4^{2-})$ 各为 $0.010\ mol \cdot L^{-1}$,当慢慢滴加 $AgNO_3$ 溶液时,问 AgCl 和 Ag_2CrO_4 哪个先沉淀出来?Ag_2CrO_4 开始沉淀时,溶液中 $c(Cl^-)$ 是多少?

已知 $K_{sp}^{\ominus}(AgCl) = 1.56 \times 10^{-10}$,$K_{sp}^{\ominus}(Ag_2CrO_4) = 9.0 \times 10^{-12}$。

3.(10 分)计算 pH = 3.0,游离的 $c(F^-) = 10^{-1.4}\ mol \cdot L^{-1}$ 时,Fe^{3+}/Fe^{2+} 电对的条件电极电势。忽略离子强度的影响,已知 $\varphi^{\ominus}(Fe^{3+}/Fe^{2+}) = 0.77\ V$,$Fe^{3+}$ 和 F^- 的配合物 $lg\beta_1$、$lg\beta_2$ 和 $lg\beta_3$ 分别为 5.2,9.2,11.9。

模拟试题五

一、选择题(将正确答案序号填入横线上,单选,每题 2 分,共 30 分)

1. 由计算器算得 $(2.236 \times 1.1124) \div (1.036 \times 0.200)$ 的结果为 12.004 471,按有效数字运算规则应得结果修约为____。

A. 12　　　　　　 B. 12.0　　　　　　 C. 12.00　　　　　　 D. 12.004

2. 下列反应中,$\Delta_r H_m^{\ominus}$ 等于 $AgBr(s)$ 的 $\Delta_f H_m^{\ominus}$ 的是____。

A. $Ag^+(aq) + Br^-(aq) = AgBr(s)$ 　　　　 B. $Ag(s) + 1/2Br_2(s) = AgBr(s)$

C. $Ag(s) + 1/2Br_2(l) = AgBr(s)$ 　　　　 D. $2Ag(s) + Br_2(l) = 2AgBr(s)$

3. 某原子电子所处的四个原子轨道的量子数分别如下,其中能级最高的是 ____。

A. 4,3,2　　　　　 B. 4,2,0　　　　　 C. 4,1,-1　　　　　 D. 3,2,0

4. 下述情况中,会使分析结果产生负误差的是 ____。

A. 以盐酸标准溶液滴定某碱样,所用滴定管未洗净,滴定时内壁挂液珠

B. 用于标定 HCl 标准溶液的基准物质 Na_2CO_3 在称量时吸潮

C. 测定 $H_2C_2O_4 \cdot 2H_2O$ 的摩尔质量时,草酸失去部分结晶水

D. 滴定时速度过快,并在达到终点后立即读取滴定管读数

5. $SrCO_3$ 在其中溶解度最大的试剂是 ____。

A. $0.1\ mol \cdot L^{-1}\ HAc$ 　　　　　　 B. $0.1\ mol \cdot L^{-1}\ SrCO_3$

C. 纯水　　　　　　　　　　　 D. $1\ mol \cdot L^{-1}\ Na_2CO_3$

6. 难溶电解质 $A_2B_3(s)$ 在水溶液中形成饱和溶液,测得 $c(A^{3+}) = a\ mol \cdot L^{-1}$,$c(B^{2-}) = b\ mol \cdot L^{-1}$,则 $A_2B_3(s)$ 的 $K_{sp}^{\ominus}$ 可以表示为 ____。

A. $108a^2b^3$ 　　 B. $6ab$ 　　 C. a^2b^3 　　 D. $6a^2b^3$

7. 下列关于反应商 Q 的叙述中,不正确的是 ____。

A. Q 的数值随反应的进行而变化　　　 B. Q 既可能大于 $K^{\ominus}$,也可能小于 $K^{\ominus}$

C. Q 有时等于 $K^{\ominus}$　　　　　　　 D. Q 与 $K^{\ominus}$ 的数值始终相等

8. 下列四组缓冲溶液中,缓冲能力最强的一组是 ____。

　A. $0.8\ mol \cdot L^{-1}HAc$-$0.2\ mol \cdot L^{-1}NaAc$

　B. $0.2\ mol \cdot L^{-1}HAc$-$0.8\ mol \cdot L^{-1}NaAc$

　C. $0.6\ mol \cdot L^{-1}HAc$-$0.4\ mol \cdot L^{-1}NaAc$

　D. $0.5\ mol \cdot L^{-1}HAc$-$0.5\ mol \cdot L^{-1}NaAc$

9. 下列化合物中,碳原子的氧化数为 0 的是 ____。

　A. $C_6H_{12}O_6$　　　　B. C_2H_2　　　　C. HCOOH　　　　D. $CHCl_3$

10. 在 Fe^{3+}、Al^{3+}、Ca^{2+}、Mg^{2+} 的混合溶液中,用 EDTA 测定 Fe^{3+}、Al^{3+} 的含量时,为了消除 Ca^{2+}、Mg^{2+} 的干扰,最简便的方法是 ____。

　A. 控制酸度　　　B. 沉淀分离　　　C. 配位掩蔽　　　D. 溶剂萃取法

11. 下列关于 $\alpha_{Y(H)}$ 的叙述正确的是 ____。

　A. $\alpha_{Y(H)}$ 随酸度减小而增大　　　　B. $\alpha_{Y(H)}$ 随酸度增大而减小

　C. $\alpha_{Y(H)}$ 随 pH 增大而减小　　　　D. $\alpha_{Y(H)}$ 与 pH 变化无关

12. 已知 $Zn^{2+}+2e^-=Zn$,$\varphi^{\ominus}(Zn^{2+}/Zn)=-0.763\ V$,$[Zn(CN)_4]^{2-}$ 的稳定常数 $K_f^{\ominus}\{[Zn(CN)_4]^{2-}\}=5\times10^{16}$,则电对 $[Zn(CN)_4]^{2-}/Zn$ 的 $\varphi^{\ominus}$ 为 ____。

　A. $-0.763\ V$　　　B. $-1.52\ V$　　　C. $-1.76\ V$　　　D. $-1.26\ V$

13. 298 K 时,已知反应 $3A^{2+}+2B=3A+2B^{3+}$,其标准电动势为 1.2 V,在某条件下,其电动势为 1.5 V,则该反应的 $\lg K^{\ominus}$ 等于 ____。

　A. $\dfrac{3\times1.5}{0.059\ 2}$　　B. $\dfrac{6\times1.5}{0.059\ 2}$　　C. $\dfrac{3\times1.2}{0.059\ 2}$　　D. $\dfrac{6\times1.2}{0.059\ 2}$

14. 直接碘量法滴定分析中,往往需要控制介质的酸碱性,通常选用的介质是 ____。

　A. NaOH　　　　B. HAc　　　　C. H_2SO_4　　　　D. H_3PO_4

15. 下列说法正确的是 ____。

　A. 分光光度法只能测定有色溶液

　B. 对于吸光度较低的溶液,可采用厚比色皿测定

　C. 吸光度愈大,测量愈准确

　D. 摩尔吸光系数很大,说明测定该物质的灵敏度低

二、填空题(每空 1 分,共 30 分)

1. He,Ne,Ar,Kr,Xe 均为 ____ 原子分子,在它们的分子之间只存在 ____ 力,它们的沸点从低到高的顺序为 _____。

2. 下列物质 $KMnO_4$、$K_2Cr_2O_7$、KOH、Na_2CO_3、Na_2SO_3、$Na_2B_4O_7 \cdot 10H_2O$、$Na_2C_2O_4$ 中,可以作为基准物质的是 _____。

3. $0.1\ mol \cdot L^{-1}HAc$ 溶液中,浓度最大的物质是 ____,浓度最小的物质是 ____。

4. 在酸碱滴定中,如果用酸碱指示剂指示滴定终点,选择指示剂的基本原则是 _____。

5. AgCl 可溶解在 $NH_3 \cdot H_2O$ 中,发生如下反应:$AgCl+2NH_3=[Ag(NH_3)_2]^++Cl^-$,则该反应的 $K^{\ominus}=$ _____。已知 $K_{sp}^{\ominus}(AgCl)=1.8\times10^{-10}$,$K_{sp}^{\ominus}\{[Ag(NH_3)_2]^+\}=1.0\times10^7$。

6. 配位化合物 $[Co(NH_3)_4Cl_2]NO_3$ 的名称是 _____;已知该配合物的 $\mu = 0.00$ B.M,则中心离子的杂化轨道类型为 _____,分子构型为 _____。

7. 在 298 K 的标准状态下,已知反应 $2A(g) + 3B(g) = D(g) + 2E(g)$ 的 $\Delta_r U_m^{\ominus} = -97.68$ kJ·mol^{-1},则该反应的 $\Delta_r H_m^{\ominus} =$ _____ kJ·mol^{-1}。

8. 将氧化还原反应 $6Fe^{2+} + Cr_2O_7^{2-} + 14H^+ = 6Fe^{3+} + 2Cr^{3+} + 7H_2O$ 设计成原电池,则原电池符号为 _____。

9. 物质对特定波长的光的吸收具有选择性,当改变溶液的浓度作吸收曲线时,最大吸收波长 λ_{max} _____。(填入"变大"、"变小"或"不变")

10. 反应 $2NOBr(g) = 2NO(g) + Br_2(g)$ 是吸热反应,298 K 时,$K^{\ominus} = 1.0 \times 10^{-2}$。298 K 下,若 $p(NO) = p(Br_2) = 0.010 p^{\ominus}$,$p(NOBr) = 0.050 p^{\ominus}$,则此时 $Q =$ ____,反应向 ____ 方向进行。

11. 某元素的最高氧化数为 +6,其最外层电子数为 1 个,且其原子半径是同族元素中最小的,该元素为 _____,原子的电子排布式为 _____,它是第 _____ 周期第 _____ 族元素。

12. 无水 $CrCl_3$ 和 NH_3 化合生成一种配合物,配合物的化学组成为 $CrCl_3 \cdot 5NH_3$,硝酸银能从该配合物水溶液中沉淀出所有氯的 2/3,则配合物的化学式为 _____。

13. 已知结晶态硅和无定形硅的标准摩尔燃烧焓分别为 -850.6 kJ·mol^{-1} 和 -867.3 kJ·mol^{-1},则由结晶态硅转化为无定形硅的标准摩尔焓变值为 _____。

14. 某三元弱酸 1~3 级解离常数分别为:6.5×10^{-4}、1.0×10^{-7}、3.2×10^{-12},用等浓度的 NaOH 溶液滴定 0.1 mol·L^{-1} 该三元酸溶液时,可以准确滴定至第 ____ 级,能得到 ____ 个明显的滴定突跃。

15. 用酸度计测量溶液 pH 时,为定位仪器要采用已知准确 pH 的标准缓冲溶液,选择标准缓冲溶液的原则是 _____。将电极插入 pH = 4.00 的标准缓冲溶液中时测得电动势为 0.140 0 V,将电极插入待测溶液中时,测得电动势为 0.199 2 V,则待测溶液的 pH = _____。

16. 反应 $C(s) + H_2O \rightleftharpoons CO(g) + H_2(g)$ 的 $\Delta_r H_m^{\ominus} = 134$ kJ·mol^{-1},当升高温度时,该反应的平衡常数 $K^{\ominus}$ 将 _____;系统中,$CO(g)$ 的含量有可能 _____。增大系统压力会使平衡 _____ 移动;保持温度和体积不变,加入 $H_2O(g)$,平衡 _____ 移动。

三、简答题(每小题 5 分,共 15 分)

1. 与强酸、强碱滴定比较,强碱滴定弱酸滴定曲线有哪些特点?用 20.00 mL 0.100 0 mol·L^{-1} 的 NaOH 溶液滴定 20.00 mL 0.100 0 mol·L^{-1} 的 HAc,其滴定突跃为 7.7~9.7,问酸碱浓度均为 1.000 mol·L^{-1} 或 0.010 00 mol·L^{-1} 时滴定突跃如何变化?(可以不作计算)

2. 说明(1)水和乙醇,(2)苯和甲烷之间存在分子间作用力的类型。

3. 已知碱性溶液中 P 元素的电势图:

$$H_2PO_2^- \xrightarrow{-1.82 \text{ V}} P_4 \xrightarrow{\hspace{2cm}} PH_3$$
$$\underset{-1.18 \text{ V}}{\underbrace{\hspace{5cm}}}$$

求 $\varphi^{\ominus}(P_4/PH_3)$,并判断碱性溶液中 P_4 能否发生歧化反应。若能发生歧化反应,请写出反应的离子方程式。

四、计算题(共 25 分)

1. (8 分)称取含惰性物质的混合碱(可能含有 NaOH、NaHCO₃、Na₂CO₃ 中的一种或几种)2.000 g,溶解定容到 250.00 mL 的容量瓶中,移取此溶液 25.00 mL 两份。一份用酚酞作指示剂,用 0.100 0 mol·L⁻¹ 的 HCl 溶液滴定,消耗 30.00 mL HCl;另一份用甲基橙作指示剂,用相同浓度的 HCl 滴定,消耗 35.00 mL HCl。据此确定混合碱的组成,并计算各组分及杂质的质量分数。

已知 $M(\text{NaOH})=40.00\ \text{g·mol}^{-1}$,$M(\text{NaHCO}_3)=84.00\ \text{g·mol}^{-1}$,$M(\text{Na}_2\text{CO}_3)=106.00\ \text{g·mol}^{-1}$。

2. (9 分)100 mL 0.2 mol·L⁻¹ AgNO₃ 溶液中加入 100 mL 6.2 mol·L⁻¹ NH₃·H₂O,然后再向此混合溶液中加入 0.119 g KBr 固体(假设溶液的体积保持不变),此时有无 AgBr 沉淀生成? 欲阻止 AgBr 沉淀析出,则原来氨溶液的初始浓度至少应为多大?

已知 $K_{sp}^{\ominus}(\text{AgBr})=5.4\times10^{-13}$,$K_f^{\ominus}\{[\text{Ag(NH}_3)_2]^+\}=1.0\times10^7$,$M(\text{KBr})=119\ \text{g·mol}^{-1}$。

3. (8 分)已知 $\varphi^{\ominus}(\text{Cu}^{2+}/\text{Cu}^+)=0.153\ \text{V}$,$\varphi^{\ominus}(\text{I}_2/\text{I}^-)=0.536\ \text{V}$,计算 $\varphi^{\ominus}(\text{Cu}^{2+}/\text{CuI})$ 的值,并计算反应 $2\text{Cu}^{2+}+4\text{I}^-=2\text{CuI}\downarrow+\text{I}_2$ 的 $K^{\ominus}$。若 $c(\text{Cu}^{2+})=c(\text{I}^-)=0.1\ \text{mol·L}^{-1}$,判断该条件下反应自发进行的方向。已知 $K_{sp}^{\ominus}(\text{CuCl})=1.27\times10^{-12}$。

模拟试题六

一、选择题(将正确答案序号填于横线上,单选,每题 2 分,共 30 分)

1. 已知磷钼杂多酸配合物的透光率为 10%,而它与硅钼杂多酸配合物的吸光度差为 0.699,那么,硅钼杂多酸配合物的透光率为____。

A. 50%　　　　　　B. 20%　　　　　　C. 30%　　　　　　D. 40%

2. 下列性质不属于稀溶液依数性的是____。

A. 沸点升高　　　　B. 渗透压　　　　C. 蒸气压下降　　　　D. 密度

3. 某难挥发非电解质 0.6 g 溶于 100 mL 水中,测得该溶液的沸点为 373.20 K,已知 $K_b(\text{H}_2\text{O})=0.5\ \text{K·kg·mol}^{-1}$,则该物质的相对分子质量为____。

A. 100　　　　　　B. 600　　　　　　C. 60　　　　　　D. 120

4. 在氢原子中,3s、3p、3d、4s 轨道能量高低的情况为____。

A. 3s<3p<3d<4s　　　　　　　　　B. 3s<3p<4s<3d

C. 3s=3p=3d=4s　　　　　　　　　D. 3s=3p=3d<4s

5. 常压下,下列溶液中沸点最低的是 ____。

A. 0.1 mol·L⁻¹ C₁₂H₂₂O₁₁　　　　　　B. 0.1 mol·L⁻¹ KCl

C. 0.1 mol·L⁻¹ HAc　　　　　　　　D. 0.1 mol·L⁻¹ CaCl₂

6. 反应 $\text{CO(g)}+\text{H}_2\text{O(g)}=\text{CO}_2\text{(g)}+\text{H}_2\text{(g)}$ 处于平衡状态,等温条件下增大体系的总压力,则平衡的移动方向为 ____。

A. 向左　　　　　　B. 向右　　　　　　C. 平衡不发生移动　　　D. 无法确定

7. 下列物理量中,属于广度性质的是 ____。

A. 温度   B. 摩尔质量   C. 物质的量浓度   D. 热力学能

8. 下列各组量子数中合理的一组为 ____。

A. 1,1,1,0   B. 2,1,1,1/2   C. 1,2,3,0   D. 1,2,2,−1/2

9. CH_4 分子的空间构型为____。

A. 直线形   B. 三角锥形   C. 正四面体   D. 三角形

10. 减小测定过程中偶然误差的方法是____。

A. 进行对照实验   B. 进行空白实验

C. 进行仪器校准   D. 增加平行测定次数

11. 下列物理量中不是状态函数的为____。

A. W B. U C. H D. G

12. 下列分子中存在分子间氢键的为____。

A. H_2O B. CH_3Cl C. C_6H_6 D. C_2H_2

13. 已知 298 K,标准状态下,

反应 $C(s) + O_2(g) = CO_2(g)$,$\Delta_r H_m^{\ominus} = -393.5 \text{ kJ} \cdot \text{mol}^{-1}$,

反应 $CO(g) + \frac{1}{2}O_2(g) = CO_2(g)$,$\Delta_r H_m^{\ominus} = -283.0 \text{ kJ} \cdot \text{mol}^{-1}$,

则反应 $C(s) + \frac{1}{2}O_2(g) = CO(g)$ 的 $\Delta_r H_m^{\ominus}$ 为____。

A. 110.5 $\text{kJ} \cdot \text{mol}^{-1}$ B. 393.5 $\text{kJ} \cdot \text{mol}^{-1}$

C. 283.0 $\text{kJ} \cdot \text{mol}^{-1}$ D. −110.5 $\text{kJ} \cdot \text{mol}^{-1}$

14. 已知 $H_2S \rightleftharpoons H^+ + HS^-$,$K_{a_1}^{\ominus} = 9.1 \times 10^{-8}$,

$HS^- \rightleftharpoons H^+ + S^{2-}$,$K_{a_2}^{\ominus} = 1.1 \times 10^{-12}$,

则 $H_2S \rightleftharpoons 2H^+ + S^{2-}$ 的 $K_a^{\ominus}$ 为____。

A. 9.1×10^{-8} B. 1.1×10^{-12} C. 1.0×10^{-19} D. 8.3×10^{-4}

15. 25℃时,HCN 的 $K_a^{\ominus} = 4.93 \times 10^{-10}$,其共轭碱的 $K_b^{\ominus}$ 为____。

A. 4.93×10^{-10} B. 2.03×10^{-5} C. 1.00×10^{-14} D. 4.12×10^{-6}

二、填空题(每空 1 分,共 30 分)

1. 常用的滴定方式包括直接滴定法、_____、置换滴定法和_____四种。

2. 在等温等压标准状态下,某化学反应的 $\Delta_r H_m^{\ominus} < 0$,$\Delta_r S_m^{\ominus} < 0$,则该化学反应在 _____ 时自发。(填"高温"或"低温")。

3. 溶胶具有很高的稳定性,如果破坏了稳定存在的条件,溶胶能够聚沉,促使溶胶聚沉的方法有_____、_____和_____。

4. 多电子原子的轨道能级由量子数_____决定。

5. 某体系在一定的变化中从环境吸收 50 kJ 的能量,对环境做了 30 kJ 的功,体系热力学能变化为_____。

6. 在一定温度下,总压为 240 kPa,一容器中含有 2 mol 的 O_2 与 3 mol N_2 和 1 mol 的 H_2,则 O_2 的分压为_____ kPa,N_2 的分压为_____ kPa,H_2 的分压为

_____ kPa。

7. H_2O 和 CCl_4 分子之间的作用力为 _____ 和 _____ 。

8. 已知 HCOOH，CH_3COOH，$Cl_2CHCOOH$ 这三种酸的 $K_a^{\ominus}$ 分别为 1.77×10^{-4}，1.76×10^{-5} 和 3.32×10^{-2}，要配制 pH＝3.0 的缓冲溶液，应选择 _____ 及其共轭碱。

9. 体系状态函数的改变值取决于体系的 _____ 和 _____ ，而与变化的途径没有关系。

10. 有一混合碱液（可能含有 Na_2CO_3、$NaHCO_3$ 或 NaOH），用 HCl 溶液滴定，以酚酞为指示剂，消耗 HCl 体积为 V_1；继续加入甲基橙指示剂，再滴定，又消耗 HCl 体积为 V_2；$V_2 > V_1$，$V_1 > 0$；该碱液由 _____ 和 _____ 组成。

11. 某元素原子序数为 21，其核外电子排布式为 _____ 。

12. Ag^+/Ag 半电池中，加入氨水后，Ag^+/Ag 电对电极电势将变 _____ 。

13. 二氯化一氯·五氨合钴（Ⅲ）配合物的化学式为 _____ 。

14. H_2O 分子的空间构型是 _____ ，它的中心原子采用了 _____ 轨道。

15. 质量作用定律只适用于 _____ 。

16. 增大反应物浓度时，速率常数 k 值 _____ ；升高温度时，速率常数 k 值将 _____ 。

17. 光度法测定某物质，若有干扰，应根据 _____ 原则选择波长。

18. 符合朗伯-比尔定律的有色溶液，当有色物质的浓度增大时，其最大吸收波长 _____ 。（填增大、减小或不变）

19. 已知电对 O_3/O_2、ClO_4^-/ClO_3^-、Cu^{2+}/Cu^+ 的标准电极电势依次减小，则这些电对中最强的氧化剂是 _____ ，最强的还原剂是 _____ 。

三、简答题（每题 5 分，共 15 分）

1. 配位滴定中为什么要用缓冲溶液？

2. 在硫酸铵中氮含量的测定中，如何除去样品中游离酸的影响？

3. 用杂化轨道理论解释 NH_3 的几何构型。

四、计算题（共 25 分）

1.（7 分）将含有 $0.2\ mol \cdot L^{-1}\ NH_3$ 和 $1.0\ mol \cdot L^{-1}\ NH_4^+$ 的缓冲溶液与 $0.02\ mol \cdot L^{-1}$ $[Cu(NH_3)_4]^{2+}$ 溶液等体积混合，有无 $Cu(OH)_2$ 沉淀生成？

已知的 $K_{sp}^{\ominus}\{Cu(OH)_2\} = 2.2 \times 10^{-20}$；$K_f^{\ominus}\{[Cu(NH_3)_4]^{2+}\} = 2.1 \times 10^{13}$；$K_b^{\ominus}(NH_3) = 1.77 \times 10^{-5}$。

2.（10 分）一元弱酸（HA）纯试样 1.250 g，溶于 50.00 mL 水中，需 41.20 mL 0.090 00 $mol \cdot L^{-1}$ NaOH 滴至终点。已知加入 8.24 mL NaOH 时，溶液的 pH＝4.30。

（1）计算该弱酸的解离常数 $K_a^{\ominus}$；（2）求计量点时的 pH。

3.（8 分）将 Cu 片插入 $0.1\ mol \cdot L^{-1}\ [Cu(NH_3)_4]^{2+}$ 和 $0.1\ mol \cdot L^{-1}\ NH_3$ 的混合溶液中，298 K 时测得该电极的电极电势 $\varphi = 0.056\ V$，求 $[Cu(NH_3)_4]^{2+}$ 的稳定常数 $K_f^{\ominus}$ 值。

已知 $\varphi^{\ominus}(Cu^{2+}/Cu) = 0.341\ 9\ V$。

模拟试题七

一、选择题(将正确答案序号填于横线上,单选,每题 2 分,共 30 分)

1. 下列说法中正确的是____。

A. 单质的摩尔生成焓为零

B. 反应的热效应就是反应的摩尔焓变

C. 熵是系统混乱度的量度,在 0℃时,任何完美晶体的绝对熵为零

D. 熵是系统混乱度的量度,相同物质的熵随温度的升高而增大

2. 体系在某一过程中,吸收的热 $Q = 250$ J,对外做功 $W = 120$ J,则环境的热力学能的变化 $\Delta U_{环}$ 为____。

A. 370 J   B. 130 J   C. -130 J   D. -370 J

3. 零级反应的速率应是____。

A. 恒为零

B. 与生成物的浓度成正比

C. 与反应物的浓度成正比

D. 与反应物和生成物的浓度均没关系,是一个常数

4. 在恒压条件下,某一反应在任意温度下均能自发进行,该反应满足的条件是____。

A. $\Delta_r H_m < 0$ $\Delta_r S_m > 0$ B. $\Delta_r H_m < 0$ $\Delta_r S_m < 0$

C. $\Delta_r H_m > 0$ $\Delta_r S_m > 0$ D. $\Delta_r H_m > 0$ $\Delta_r S_m < 0$

5. EDTA 相当于一个六元酸,可与金属离子形成螯合物,所形成的多个环为____。

A. 五元环   B. 六元环   C. 四元环   D. 不成环

6. 有一原电池:

$(-)Pt \mid Fe^{3+}(1 \text{ mol} \cdot dm^{-3}), Fe^{2+}(1 \text{ mol} \cdot dm^{-3}) \parallel Ce^{4+}(1 \text{ mol} \cdot dm^{-3}), Ce^{3+}(1 \text{ mol} \cdot dm^{-3}) \mid Pt(+)$,则该电池的电池反应是____。

A. $Ce^{3+} + Fe^{3+} = Ce^{4+} + Fe^{2+}$ B. $Ce^{4+} + Fe^{2+} = Ce^{3+} + Fe^{3+}$

C. $Ce^{3+} + Fe^{2+} = Ce^{4+} + Fe$ D. $Ce^{4+} + Fe^{3+} = Ce^{3+} + Fe^{2+}$

7. AgI 的溶解度比 AgCl 的溶解度更小,是因为 I^- 比 Cl^- 的____。

A. 极化力强   B. 变形性大   C. 极化力弱   D. 变形性小

8. 以 EDTA 滴定法测定石灰石中 CaO 的含量[已知 $M(CaO) = 56.08$ g $\cdot$ mol^{-1}]。采用 0.02 mol $\cdot$ L^{-1} EDTA 滴定。设试样中含 CaO 约 50%,试样溶解后定容至 250 mL,移取 25 mL 试样溶液进行滴定,则试样称取量宜为____。

A. 0.1 g 左右   B. 0.2~0.4 g

C. 0.4~0.7 g   D. 1.2~2.4 g

9. 下列溶液中不能组成缓冲溶液的是____。

A. NH_3 和 NH_4Cl B. $H_2PO_4^-$ 和 HPO_4^{2-}

C. HCl 和过量的氨水   D. 氨水和过量的 HCl

10. 某溶液的 pH $=0.04$,则其中的 H^+ 浓度为____。

A. 0.912 mol $\cdot$ L^{-1}　　　　　　　　　　B. 0.91 mol $\cdot$ L^{-1}

C. 0.9 mol $\cdot$ L^{-1}　　　　　　　　　　　D. 1.1 mol $\cdot$ L^{-1}

11. Ti^{2+}($Z=22$)的最外层电子的四个量子数应是____。

A. $4,0,0,+1/2;4,0,0,+1/2$　　　　　　　B. $4,0,0,+1/2;3,2,0,+1/2$

C. $3,2,0,+1/2;3,2,-1,+1/2$　　　　　　D. $3,2,-2,-1/2;3,2,-1,+1/2$

12. 氧化还原滴定中,指示剂的变色范围为____。

A. $pK_{In}^{\ominus} \pm 1$　　　　　　　　　　　　B. $pK_{In}^{\ominus}$

C. $E_{In}^{\ominus\prime} \pm (0.059/n)$　　　　　　　　　D. $E_{In}^{\ominus\prime} = \pm 0.059$

13. 某一有色溶液浓度为 c,测得其透光率为 T_0,把浓度增加到原来的 2 倍,在相同的条件下测得的透光率为____。

A. T_0^2　　　　　B. $T_0^{1/2}$　　　　　C. $\frac{1}{2}T_0$　　　　　D. $2T_0$

14. 配位滴定中,滴定曲线突跃大小与溶液 pH 的关系为____。

A. 酸度越小,突跃越小　　　　　　　　　B. 酸度越大,突跃越大

C. pH 越小,突跃越大　　　　　　　　　　D. pH 越大,突跃越大

15. 配制 NaOH 标准溶液的试剂中含有 Na_2CO_3,若用 HCl 标准溶液标定 NaOH 溶液,以甲基橙作指示剂标定浓度为 c_1,以酚酞作指示剂标定浓度为 c_2,则____。

A. $c_1 = c_2$　　　　B. $c_1 > c_2$　　　　C. $c_1 < c_2$　　　　D. 不能确定

二、填空题(每空 1 分,共 30 分)

1. 对一个放热反应,升高温度会使反应速度_____,使平衡转化率_____。

2. 已知下列数据:

$\Delta_f H_m^{\ominus}(CO_2,g) = -393.5$ kJ $\cdot$ mol^{-1}; $\Delta_f H_m^{\ominus}(Fe_2O_3,s) = -822.2$ kJ $\cdot$ mol^{-1};

$\Delta_f G_m^{\ominus}(CO_2,g) = -394.4$ kJ $\cdot$ mol^{-1}; $\Delta_f G_m^{\ominus}(Fe_2O_3,s) = -741.0$ kJ $\cdot$ mol^{-1};

则反应 $Fe_2O_3(s) + \frac{3}{2}C(s) \rightarrow 2Fe(s) + \frac{3}{2}CO_2(g)$ 的 $\Delta_r H_m^{\ominus} = $ _____, $\Delta_r G_m^{\ominus} = $ _____, $\Delta_r S_m^{\ominus} = $ _____;要使反应能自发进行,反应温度应大于_____。

3. 按有效数字运算规则,$0.0122 + 22.64 + 1.25786 + 0.0121 \times 22.64 \times 1.25782 = $ _____。

4. 某溶液氢离子浓度为 2.5×10^{-3} mol $\cdot$ L^{-1},有效数字是_____位,pH 为_____。

5. 某元素在氪($Z=36$)之前,该元素的原子失去两个电子后的离子在角量子数为 2 的轨道中有一个单电子,若只失去一个电子则离子的轨道中没有单电子。该元素的符号为_____,其基态原子核外电子排布为_____,该元素在_____区,第_____族。

6. 按命名原则,配合物 $[Cr(NH_3)_6][Co(CN)_6]$ 的名称为_____,氯化一氯·亚硝酸根·二(乙二胺)合钴(Ⅲ)的化学式为_____。

7. 为了降低测量误差,分光光度分析中比较适宜的吸光度值范围是_____,吸光度值为_____时误差最小。

8. 在 EDTA 直接滴定中,终点溶液呈现的颜色是_____的颜色。

9. 已知某反应在温度为 400 K 时的反应速率常数是它在 408 K 时反应速率常数的 2

倍,该反应的活化能是_____。

10. 浓度为 0.10 $mol \cdot L^{-1}$ 的 NaOH 溶液和浓度为 0.20 $mol \cdot L^{-1}$ 的 HAc 溶液等体积混合后,溶液的 pH 为_____[$pK_a^{\ominus}(HAc) = 4.76$]。

11. 在严寒的季节里,为了防止容器中的水结冰,欲使其凝固点降低到 $-3.00℃$,需在 500 g 水中加入甘油($C_3H_8O_3$)的质量为_____[$K_f(H_2O) = 1.86 \ K \cdot kg \cdot mol^{-1}$]。

12. 在一定温度下,CaF_2 饱和溶液的浓度为 $2 \times 10^{-4} \ mol \cdot L^{-1}$,它的溶度积为_____。

13. 用佛尔哈德法测定 Cl^- 时,为了防止 AgCl 沉淀转化为 AgSCN 沉淀,可采取加入_____的方法,否则会导致测定结果_____(填偏高、偏低)。

14. 在含有 AgCl(s) 的饱和溶液中加入 0.1 $mol \cdot L^{-1}$ 的 $AgNO_3$,AgCl 的溶解度将_____,这是由于_____的结果。

15. 已知反应 $2NO(g) + O_2(g) = 2NO_2(g)$ 为基元反应,在一定温度下,(1)将 NO 的浓度增大为原来的 3 倍,反应速率将为原来的_____倍;(2)若使反应器体积缩小一半,则正反应速率是原来的_____倍。

16. 常用于标定 HCl 溶液的基准物质有_____,常用于标定 NaOH 溶液的基准物质有_____。

三、简答题(每题 5 分,共 15 分)

1. AgCl 与 $CaCO_3$ 的 $K_{sp}^{\ominus}$ 相差不大,但为什么前者不溶于强酸中,后者却可溶解?
[$K_{sp}^{\ominus}(CaCO_3) = 2.5 \times 10^{-9}$,$K_{sp}^{\ominus}(AgCl) = 1.8 \times 10^{-10}$;$H_2CO_3$ 的 $K_{a_1}^{\ominus}(H_2CO_3) = 4.2 \times 10^{-7}$,$K_{a_2}^{\ominus}(H_2CO_3) = 5.6 \times 10^{-11}$]。

2. 如果配离子的中心离子配位数等于 4,其中心离子采取的杂化方式有几种类型?分别是什么?

3. 说"活化能越高的反应,其反应速率越慢",又说"活化能较高的反应,温度上升时反应速率增加较快",有没有矛盾?

四、计算题(共 25 分)

1. (5分)298 K 及标准状态下,反应 $2CO(g) + O_2(g) = 2CO_2(g)$ 中各物质的标准摩尔熵和标准摩尔生成焓分别为:

	$2CO(g)$	$+ O_2(g)$	$= 2CO_2(g)$
$S_m^{\ominus}/(J \cdot K^{-1} \cdot mol^{-1})$	197.9	205.0	213.6
$\Delta_f H_m^{\ominus}/(kJ \cdot mol^{-1})$	-110.5	0	-393.5

计算过程的熵变和焓变,并分析它们对于反应自发性的贡献。

2. (10 分)以 0.100 0 $mol \cdot L^{-1}$ NaOH 溶液滴定 0.100 0 $mol \cdot L^{-1}$ 的某二元弱酸 H_2A 溶液。已知当中和至 pH=1.92 时,$\delta(H_2A) = \delta(HA^-)$,中和至 pH=6.22 时,$\delta(HA^-) = \delta(A^{2-})$。计算:

(1)中和至第一化学计量点时,溶液的 pH 是多少?选用何种指示剂?

(2)中和至第二化学计量点时,溶液的 pH 是多少?选用何种指示剂?

3. (10 分)某试样中含 MgO 约 30%,用重量法测定时,Fe^{3+} 与 Mg^{2+} 产生共沉淀,设试样中的 Fe^{3+} 有 1% 进入沉淀,若要求测量结果的相对误差小于 0.1%,求试样中 Fe_2O_3 允许的最高质量分数。

模拟试题八

一、选择题(将正确答案序号填于横线上,单选,每题 2 分,共 30 分)

1. 由电极 $Cr_2O_7^{2-}/Cr^{3+}$ 和 Fe^{3+}/Fe^{2+} 组成原电池(前者为正极),若增大溶液的 $c(H^+)$ 浓度,原电池的电动势将____。

A. 增大   B. 减小   C. 不变   D. 无法判断

2. 反应 $Zn(s)+H_2SO_4(aq)=ZnSO_4(aq)+H_2(g)$ 中,$\Delta_r H_m^{\ominus}$ 与 $\Delta_r U_m^{\ominus}$ 的关系为____。

A. $\Delta_r H_m^{\ominus}=\Delta_r U_m^{\ominus}$ B. $\Delta_r H_m^{\ominus}=\Delta_r U_m^{\ominus}-RT$

C. $\Delta_r H_m^{\ominus}=\Delta_r U_m^{\ominus}+RT$ D. $\Delta_r H_m^{\ominus}=\Delta_r U_m^{\ominus}+2RT$

3. 下列氧化剂中增加 H^+ 的浓度,其氧化能力增加的物质是____。

A. Cl_2 B. $Cr_2O_7^{2-}$ C. Fe^{3+} D. Cu^{2+}

4. 根据酸碱质子理论,HPO_4^{2-} 的共轭碱是____。

A. H_3PO_4 B. $H_2PO_4^-$ C. PO_4^{3-} D. OH^-

5. 氢氧化钠溶液的标签浓度为 $0.300\,0\ mol \cdot L^{-1}$,该溶液从空气中吸收了少量的 CO_2,现以酚酞为指示剂,用标准盐酸溶液标定,标定结果比标签浓度____。

A. 低   B. 高   C. 不变   D. 不能确定

6. Co^{3+} 形成的配合物,磁矩等于 0,此配合物的构型肯定为____。

A. 直线形   B. 正方形   C. 四面体   D. 八面体

7. 在 $800\ ℃$ 时,反应 $CaCO_3(s)=CaO(s)+CO_2(g)$ 的 $K^{\ominus}=1/277$,则 CO_2 的平衡分压为____。

A. $277p^{\ominus}$ B. $\sqrt{277}p^{\ominus}$ C. $\dfrac{1}{277}p^{\ominus}$ D. $277^2 p^{\ominus}$

8. 在已饱和的 $BaSO_4$ 的水溶液中,加入适量的 $NaCl$ 固体,则 $BaSO_4$ 的溶解度____。

A. 增大   B. 不变   C. 减少   D. 根据浓度变化

9. 乙炔分子中 C 原子采取的杂化形式是____。

A. sp B. sp^2 C. sp^3 D. sp^3d^2

10. 在滴定曲线的 pH 突跃范围内任一点停止滴定,其滴定误差都小于____。

A. $\pm0.2\%$ B. $\pm0.1\%$ C. $\pm0.01\%$ D. $\pm0.02\%$

11. 通常情况下,在各自的配合物中可能生成内轨型配合物的离子是____。

A. Cu^+ B. Ag^+ C. Ni^{2+} D. Zn^{2+}

12. 下列数据中包含两位有效数字的是____。

A. $2.0×10^{-5}$ B. $pH=6.5$ C. $8.10×10^6$ D. -5.38

13. 已知 $[Cu(NH_3)_4]^{2+}$ 的 $K_f^{\ominus}=1×10^{13}$,$[Zn(NH_3)_4]^{2+}$ 的 $K_f^{\ominus}=1×10^9$,配位反应 $[Cu(NH_3)_4]^{2+}+Zn^{2+}=[Zn(NH_3)_4]^{2+}+Cu^{2+}$ 处于标准态时,反应自发进行的方向是____。

A. 向右   B. 向左   C. 平衡态   D. 三种情况都可能

14. AgCl 在其中的溶解度最大的溶液是____。

A. $0.1\ mol \cdot L^{-1}\ NaCl$ B. 纯水

C. $0.1\ mol \cdot L^{-1}\ HCl$ D. $0.1\ mol \cdot L^{-1}\ NH_3 \cdot H_2O$

15. 下列物质中,熔点由低到高排列的顺序应该是____。

A. $NH_3 < PH_3 < SiO_2 < KCl$ B. $PH_3 < NH_3 < SiO_2 < KCl$

C. $NH_3 < KCl < PH_3 < SiO_2$ D. $PH_3 < NH_3 < KCl < SiO_2$

二、填空题(每空 1 分,共 30 分)

1. 已知在标准状态下,下述反应的标准反应热分别为:

$$MnO_2(s) = MnO(s) + \frac{1}{2}O_2 \qquad \Delta_r H_m^{\ominus}(1)$$

$$MnO_2(s) + Mn(s) = 2MnO(s) \qquad \Delta_r H_m^{\ominus}(2)$$

则 MnO_2 的标准生成热 $\Delta_f H_m^{\ominus} = $ _____。

2. 普通 pH 玻璃电极测定溶液酸度的适用范围是_____。

3. 根据阿仑尼乌斯方程,随温度升高,其速率常数 k 将_____;对不同反应$(A_1 = A_2)$,其活化能 E_a 越大,速率常数 k 将_____。

4. 基元反应 $NO_2(g) + CO(g) \rightarrow NO(g) + CO_2(g)$,此反应的总反应级数为_____。

5. 将反应 $Ag^+ + Fe^{2+} = Fe^{3+} + Ag$ 设计成原电池,其电池符号为:_____。

6. 根据元素电势图 $Cu^{2+} \xrightarrow{0.182\ V} Cu^+ \xrightarrow{0.522\ V} Cu$,可推断标准状态下,在 Cu^{2+}、Cu^+、Cu 共存的系统中,正向自发反应的方程式为_____。

7. 某温度下,反应 $H_2(g) + Br_2(g) = 2HBr(g)$ 的 $K_1^{\ominus} = 4.0 \times 10^{-2}$,则反应

$$HBr(g) = \frac{1}{2}H_2(g) + \frac{1}{2}Br_2(g) 的 K_2^{\ominus} 在该温度下为 _____。$$

8. 在一定温度下,对于某个反应使用催化剂,反应的平衡常数与未加催化剂时相比_____。

9. 钻穿效应大的电子,相对于同层其他电子受到的屏蔽作用要_____。

10. 某元素原子基态的电子构型是 $[Ar]\ 3d^5 4s^2$,它在周期表中是_____族元素。

11. 用量子数组 (n, l, m, s_i) 分别表示基态磷原子的三个单电子的运动状态:_____、_____、_____。

12. 在讨论稀溶液的依数性沸点升高时,溶质必须是_____才能适合 $\Delta T_b = K_b b_B$ 关系。

13. 实际气体接近理想气体的条件是_____。

14. 在 $0.1\ mol \cdot L^{-1}\ NH_3$ 溶液中加入 NH_4Cl 固体后,溶液的 pH 将_____。

15. 已知 $Mg(OH)_2$ 饱和水溶液的 $c(OH^-) = 2.88 \times 10^{-4}\ mol \cdot L^{-1}$,则 $Mg(OH)_2$ 的 $K_{sp}^{\ominus}$ 为_____。

16. 质子理论认为:H_2O 既是酸又是碱,其共轭酸是_____,共轭碱是_____。

17. Mg^{2+},Al^{3+},Na^+ 离子半径大小顺序为_____。

18. 共价键具有方向性,是为了满足_____原理的要求。

19. $KHC_2O_4 \cdot H_2C_2O_4 \cdot H_2O$ 作酸时其基本单元为_____;作还原剂时其基本单元为_____。

20. 酸碱反应的实质是酸碱之间的_____作用,它们是靠两对_____相互作用实现的。

21. 已知 $\varphi^{\ominus}(Ce^{4+}/Ce^{3+})=1.44$ V，$\varphi^{\ominus}(Fe^{3+}/Fe^{2+})=0.68$ V，用 $0.100\,0$ mol $\cdot$ L^{-1} $Ce(SO_4)_2$ 滴定 $0.100\,0$ mol $\cdot$ L^{-1} $FeSO_4$ 时，其化学计量点的电势为_____。

22. $[Cr(NH_3)_4Cl_2]NO_3$ 名称为_____，中心离子为_____，配位原子为_____，配位数为_____。

三、简答题(每题 5 分，共 15 分)

1. 利用化学平衡原理，说明下列反应 $N_2+3H_2=2NH_3$，$\Delta_r H_m<0$，如何改变条件提高产率。

2. 如何用简单的化学方法检验蒸馏水中是否含有微量 Ca^{2+}，Mg^{2+}，Al^{3+}，Cu^{2+} 等金属离子？如何确定所含杂质里是否含有 Al^{3+}，Cu^{2+}？

3. 什么是 Lambert-Beer 定律？如果测定结果的吸光度太大，可采用哪些措施避免？

四、计算题(共 25 分)

1. (10 分)在 25℃、101.325 kPa 下，$CaSO_4(s)=CaO(s)+SO_3(g)$，已知的热力学条件如下：

物质	$\Delta_f H_m^{\ominus}/(kJ \cdot mol^{-1})$	$S_m^{\ominus}/(J \cdot K^{-1} \cdot mol^{-1})$
$CaSO_4(s)$	$-1\,434.1$	107
$CaO(s)$	-635.09	39.75
$SO_3(g)$	-395.7	256.6

(1)计算说明在 25℃，标准状态下，上述反应能否自发进行。

(2)为使上述反应正向进行，应升温还是降温？为什么？

(3)计算使上述反应逆向进行所需的温度条件。

2. (5 分)已知 $\varphi^{\ominus}(Cu^{2+}/Cu)=0.34$ V，$K_f^{\ominus}\{[Cu(NH_3)_4]^{2+}\}=2.1\times10^{13}$，计算 $\varphi^{\ominus}\{[Cu(NH_3)_4]^{2+}/Cu\}$。

3. (10 分)准确量取含有 H_3PO_4 和 H_2SO_4 的混合液两份，每份各 25.00 mL，用 $0.100\,0$ mol $\cdot$ L^{-1} NaOH 标准溶液滴定，第一份用甲基红作指示剂，消耗 NaOH 标准溶液 18.20 mL；第二份用酚酞作指示剂，消耗 NaOH 标准溶液 25.40 mL。计算混合液中 H_3PO_4 和 H_2SO_4 的质量浓度(mg $\cdot$ L^{-1})。

模拟试题九

一、选择题(将正确答案序号填于横线上，单选，每题 2 分，共 30 分)

1. 溶剂形成溶液后，其蒸气压____。

A. 一定降低　　　　B. 一定升高　　　　C. 不变　　　　D. 无法判断

2. 有 50 mL 0.4 mol $\cdot$ L^{-1} $AgNO_3$ 和 80 mL 0.5 mol $\cdot$ L^{-1} KCl 溶液混合制备 AgCl 溶胶，该胶团结构式为____。

A. $[(AgCl)_m \cdot nCl^-]^{n-}$

B. $[(AgCl)_m \cdot nAg^+]^{n+} \cdot nCl^-$

C. $[(AgCl)_m \cdot nCl^- \cdot (n-x)K^+]^{x-} \cdot xK^+$

D. $[(AgCl)_m \cdot nAg^+ \cdot (n-x)NO_3^-]^{x+} \cdot xNO_3^-$

3. 将 $0.15\ mol \cdot L^{-1}$ KI 与 $0.1\ mol \cdot L^{-1}$ $AgNO_3$ 溶液等体积混合成水溶胶,使其聚沉的能力最强的电解质是____。

  A. Na_2SO_4 B. NaCl   C. $CaCl_2$ D. $AlCl_3$

4. 下列电对中,标准电极电势最大的是____。

  A. AgI/Ag   B. AgBr/Ag   C. AgCl/Ag   D. Ag^+/Ag

5. 在定温、定压不做非体积功的条件下,能够用于判断过程自发性的物理量是____。

  A. ΔG B. ΔS C. ΔH D. $\Delta G^{\ominus}$

6. 已知:$Mg(s) + Cl_2(g) = MgCl_2(s)$,$\Delta_r H_m^{\ominus} = -642\ kJ \cdot mol^{-1}$,则____。

  A. 在任何温度下正反应都是自发的

  B. 在任何温度下正反应都不是自发的

  C. 高温下正反应自发,低温下正反应不可能自发

  D. 高温下正反应不可能自发,低温下正反应自发

7. 可逆反应:$A(g) + 2B(g) \rightleftharpoons C(g) + D(g)$,$\Delta_r H_m > 0$,提高 A 和 B 转化率的方法是____。

  A. 高温低压   B. 高温高压   C. 低温低压   D. 低温高压

8. 现有不同浓度的 $KMnO_4$ 溶液 A、B,在同一波长下测定,若 A 用 1 cm 比色皿,B 用 2 cm 比色皿,而测得的吸光度相同,则它们浓度关系为____。

  A. $c_A = c_B$ B. $c_B = 2c_A$ C. $c_A = 2c_B$ D. 不能确定

9. 中心原子属于 sp^3 不等性杂化的分子是____。

  A. CH_4 B. NH_3 C. BF_3 D. $BeCl_2$

10. 下列情况引起偶然误差的为____。

  A. 滴定时有少量溶液溅失   B. 试剂中含有被测物质

  C. 读错滴定管刻度   D. 称量时天平的零点稍有变动

11. 为了使称量的相对误差小于 0.1%,若使用千分之一的分析天平,则试样的质量必须大于____。

  A. 0.2 g   B. 2.0 g   C. 0.1 g   D. 1.0 g

12. 用 $0.1000\ mol \cdot L^{-1}$ NaOH 溶液滴定 $0.1\ mol \cdot L^{-1}$ HAc 溶液时,有下列指示剂可供选择,其中最合适的是____。

  A. 甲基橙   B. 甲基红   C. 酚酞   D. 淀粉

13. 在乙炔分子 HC≡CH 中,两碳原子间的三键是____。

  A. 三个 σ 键   B. 三个 π 键

  C. 两个 σ 键,一个 π 键   D. 一个 σ 键,二个 π 键

14. 在沉淀滴定法中,莫尔法所用的指示剂为____。

  A. $NH_4Fe(SO_4)_2$ B. 荧光黄   C. $K_2Cr_2O_7$ D. K_2CrO_4

15. 在铜锌原电池的铜半电池中加入过量氨水,则原电池的电动势将____。

  A. 变大   B. 变小   C. 不变   D. 无法判断

二、填空题(每空 1 分,共 20 分)

1. $KMnO_4$ 中 Mn 的氧化数为_____。

2. 在定量分析中,某学生使用万分之一天平和 50 mL 滴定管,将称量记录和滴定记录分别记为 0.75 g 和 33.0 mL,正确的数据记录应为 _____ g 和 _____ mL。

3. 配离子 $[Fe(CN)_6]^{3-}$ 的空间构型是 _____。

4. 将氧化还原反应:$Zn + Cu^{2+} = Zn^{2+} + Cu$ 设计为原电池,该原电池的符号是 _____。

5. 在国际上规定标准氢电极的标准电极电势值为 _____。

6. 将 $0.2\ mol \cdot L^{-1}$ 的 $NH_3 \cdot H_2O$ 溶液与 $0.1\ mol \cdot L^{-1}$ 的 HCl 溶液等体积混合(设混合前后总体积不变),已知 $pK_b(NH_3 \cdot H_2O) = 4.75$,所得溶液的 pH = _____。

7. 标准状态下,在 C(石墨)、$Br_2(g)$、$CO(g)$、$CO_2(g)$ 四种物质中,$\Delta_f H_m^{\ominus}$ 为 0 的物质是 _____。

8. 在分光光度法中,吸光度测量范围为 _____ 时,浓度测量的相对误差较小。

9. 由 N_2 和 H_2 合成 NH_3,其化学应式可写为 $3H_2 + N_2 = 2NH_3$ 或 $\frac{3}{2}H_2 + \frac{1}{2}N_2 = NH_3$。若反应进度 $\xi = 1\ mol$,则上述两反应式所表示物质的量变化 _____(填是或否)相同。

10. 已知 $M(H_2SO_4) = 98.0\ g \cdot mol^{-1}$,浓硫酸的密度为 $1.84\ g \cdot mL^{-1}$,含硫酸 98.0%,则 $c\left(\frac{1}{2}H_2SO_4\right)$ 为 _____ $mol \cdot L^{-1}$,$c(H_2SO_4)$ 为 _____ $mol \cdot L^{-1}$。

11. 氧化还原滴定化学计量点附近的电位突跃的大小和 _____ 与 _____ 两电对的 _____ 有关,它们相差愈 _____,则电位突跃愈 _____。

12. 原子轨道符号 $3p_x$ 中,3 表示 _____,p 表示 _____,x 表示 _____。

13. 物理量 T, S, Q, H, W 中具有容量性质的状态函数是 _____。

三、简答题(每题 5 分,共 15 分)

1. 某学生将 N 元素的基态原子电子排布式写为:$1s^2 2s^2 2p_x^2 2p_y^1$,是否正确?若不正确,违背了什么原理?请写出正确的电子排布式。

2. 下列 $0.1\ mol \cdot L^{-1}$ 弱酸或弱碱能否用酸碱滴定法直接滴定?为什么?

(1)醋酸($K_a^{\ominus} = 1.76 \times 10^{-5}$)

(2)六次甲基四胺($K_b^{\ominus} = 1.56 \times 10^{-9}$)

3. 在含有 Ag_2CrO_4 沉淀的饱和 Ag_2CrO_4 溶液中,加入 NaCl 溶液后发现,溶液由浅黄色变为黄色,沉淀由橘黄色转为白色,试解释这一现象。$[K_{sp}^{\ominus}(Ag_2CrO_4) = 1.1 \times 10^{-12}$,$K_{sp}^{\ominus}(AgCl) = 1.8 \times 10^{-10}]$

四、计算题(共 35 分)

1. (5 分)在 25℃ 时,1 L 溶液中含 5.00 g 鸡蛋白,溶液的渗透压为 305.8 Pa,求此鸡蛋白的平均摩尔质量。

2. (6 分)某钢样含 Ni($M_r = 58.7$)约 12 %,用丁二酮肟分光光度法测定。若试样溶解后转入 100 mL 容量瓶中,加水稀释至刻度,在 470 nm 处用 1.0 cm 比色皿测量,希望此时测量误差最小,应称取试样多少克?已知 $\varepsilon_{470} = 1.3 \times 10^4\ L \cdot mol^{-1} \cdot cm^{-1}$。

3. (10 分)设 $c(MnO_4^-) = c(Mn^{2+}) = 1\ mol \cdot L^{-1}$,计算 298 K 时电对 MnO_4^- / Mn^{2+} 分

别在 pH $= 1$ 和中性溶液中的电极电势。已知 $\varphi^{\ominus}(MnO_4^-/Mn^{2+}) = 1.507$ V。

4. (6 分)试计算用 0.01 mol $\cdot$ L^{-1} EDTA 滴定 0.01 mol $\cdot$ L^{-1} Fe^{3+} 溶液时的最高酸度和最低酸度。已知:$\lg K(FeY^-) = 25.1$,$K_{sp}\{Fe(OH)_3\} = 2.16 \times 10^{-39}$,有关 pH 所对应的酸效应系数见下表:

pH	0.8	1.0	1.2	1.4	1.6
$\lg \alpha_{Y(H)}$	19.08	18.01	16.98	16.02	15.00

5. (8 分)用浓度为 0.10 mol $\cdot$ L^{-1} 的 HCl 溶液滴定 0.10 mol $\cdot$ L^{-1} 的 NH$_3$ $\cdot$ H$_2$O 溶液 20.00 mL,计算滴定前、化学计量点的 pH 及突跃范围。

模拟试题十

一、选择题(将正确答案序号填于横线上,单选,每题 **2** 分,共 **30** 分)

1. 由两个氢电极组成原电池,其中一个是标准氢电极,为了得到最大的电动势,另一个电极浸入的酸性溶液[设 $p(H_2) = 100$ kPa]应是____。

　A. 0.1 mol $\cdot$ L^{-1} HCl

　B. 0.1 mol $\cdot$ L^{-1} HAc$+0.1$ mol $\cdot$ L^{-1} NaAc

　C. 0.1 mol $\cdot$ L^{-1} HAc

　D. 0.1 mol $\cdot$ L^{-1} H$_3$PO$_4$

2. 将 10.4 g 难挥发非电解质溶于 250 g 水中,该溶液的沸点为 100.78 ℃,已知水的 $K_b = 0.512$ K $\cdot$ kg $\cdot$ mol^{-1},则该溶质的相对分子质量约为____。

　A. 27　　　　　B. 35　　　　　C. 41　　　　　D. 55

3. 在 100 mL 0.10 mol $\cdot$ L^{-1} HAc$[K_a^{\ominus}(HAc) = 1.76 \times 10^{-5}]$ 溶液中加入 50 mL 0.10 mol $\cdot$ L^{-1} NaOH 溶液,所得的缓冲溶液的 pH 为____。

　A. 4.75　　　　B. 9.25　　　　C. 2.75　　　　D. 11.25

4. 在 298.15 K 时下列热力学函数的数值不为零的是____。

　A. $\Delta_f G_m^{\ominus}(Br_2, l)$　　　　　　B. $\Delta_f H_m^{\ominus}(H^+, aq)$

　C. $S_m^{\ominus}(I_2, s)$　　　　　　　　D. $\Delta_f H_m^{\ominus}(C, 石墨)$

5. 根据酸碱质子理论,下列各组物质均可作为质子碱的是____。

　A. $CO_3^{2-}, OH^-, HCO_3^-, NH_3$　　　　B. $Ac^-, H_2O, NH_4^+, HPO_4^{2-}$

　C. $H_3PO_4, HSO_4^-, S^{2-}, H_2O$　　　　D. $HCO_3^-, HS^-, H_3O^+, [Al(H_2O)_6]^{3+}$

6. 下列物质中不能作为配体与中心原子生成配合物的是____。

　A. NH$_3$　　　　　　　　　　B. NH$_2$CH$_2$CH$_2$NH$_2$

　C. NH$_4^+$　　　　　　　　　　D. CO

7. 基态原子的价电子构型为 $4d^{10}5s^2$,其原子序数为____。

　A. 58　　　　　B. 48　　　　　C. 60　　　　　D. 38

8. 给定反应,若只改变反应物的浓度,下列物理量将发生变化的是____。

　A. 反应速率 v　　　　　　　　B. 反应速率常数 k

C. 平衡常数 $K^{\ominus}$　　　　　　　　　D. 活化能 E_a

9. 升高温度可以加快反应速率的主要原因是＿＿＿。

A. 促使平衡向吸热反应方向移动　　　B. 增加了活化分子百分数

C. 降低了反应的活化能　　　　　　　D. 增加了活化能

10. 下列数据,有效数字位数为四位的是＿＿＿。

A. 0.003 0 mol·L^{-1} HCl　　　　　　B. p$K_a^{\ominus}=12.34$

C. pH＝11.42　　　　　　　　　　　D. $w(MnO_2)=0.757\ 8$

11. 下列试剂中可直接配制标准溶液的是＿＿＿。

A. NaOH　　　　B. Na$_2$S$_2$O$_3$　　　　C. KMnO$_4$　　　　D. K$_2$Cr$_2$O$_7$

12. EDTA 的 p$K_{a_1}^{\ominus}$～p$K_{a_6}^{\ominus}$分别为 0.96,1.6,2.0,2.67,6.16,10.26,则 EDTA 的二钠盐 (Na$_2$H$_2$Y)水溶液的 pH 约为＿＿＿。

A. 1.25　　　　　　B. 1.80　　　　　　C. 2.34　　　　　　D. 4.42

13. 有一符合朗伯-比尔定律的有色溶液,当有色溶液的浓度发生改变时,不会引起变化的是＿＿＿。

A. λ_{max}与k　　　B. λ_{max}与A　　　C. A与T　　　D. k与A

14. 1 L HCl 溶液与 35.74 g CaCO$_3$ 相当,则＿＿＿。

A. T(HCl)＝35.47 g·L^{-1}　　　　　B. T(HCl)＝0.035 47 g·mL^{-1}

C. T(CaCO$_3$/HCl)＝35.47 g·L^{-1}　　D. T(CaCO$_3$/HCl)＝0.035 47 g·mL^{-1}

15. 已知 $K_{sp}^{\ominus}$\{Cr(OH)$_3$\}＝6.0×10^{-31},欲使浓度为 0.010 mol·L^{-1} 的 Cr^{3+} 溶液中的 Cr^{3+} 以 Cr(OH)$_3$ 沉淀完全,则溶液的 pH 应大于＿＿＿。

A. 4.6　　　　　　B. 3.9　　　　　　C. 5.9　　　　　　D. 1.4

二、填空题(每空 1 分,共 30 分)

1. 将 12 mL 0.02 mol·L^{-1} KCl 溶液与 100 mL 0.005 mol·L^{-1} AgNO$_3$ 溶液混合制得的 AgCl 溶胶电泳时,溶胶粒子向＿＿＿＿＿极移动,胶团的结构式为＿＿＿＿＿＿＿＿。

2. NaH$_2$PO$_4$ 可与＿＿＿＿＿或＿＿＿＿＿组成缓冲溶液,若共轭酸、碱的浓度相等,则前者 pH＝＿＿＿＿＿,后者 pH ＝＿＿＿＿＿。(H$_3$PO$_4$ 的 p$K_{a_1}^{\ominus}=2.1$,p$K_{a_2}^{\ominus}=7.2$,p$K_{a_3}^{\ominus}=12.4$)

3. 用价层电子对互斥理论和杂化轨道理论填充:

分子	孤电子对数(n)	价电子对数(VP)	分子几何构型	中心原子杂化轨道类型
NF$_3$				

4. NH$_4$HCO$_3$ 水溶液的质子平衡式为＿＿＿＿＿＿＿＿＿＿＿＿。

5. 已知反应 2NO(g)＋O$_2$(g)＝2NO$_2$(g)为基元反应,在一定温度下,(1)将 NO 的浓度增大为原来的 3 倍,反应速率将为原来的＿＿＿＿＿＿倍;(2)若使反应器体积缩小一半,则正反应速率是原来的＿＿＿＿＿＿倍。

6. 在氨水中加入 H$_2$O 后,氨水的解离度将＿＿＿＿＿,pH 将＿＿＿＿＿。

7. 基态 Li 原子的价电子的四个量子数分别为＿＿＿＿＿＿＿＿＿＿。

8. 已知人体正常温度为 37℃,水的 K_f＝1.86 K·kg·mol^{-1}。实验测得人体血浆的渗透压为 780 kPa,则血浆浓度为_____,血浆的凝固点为_____。

9. EDTA 的酸效应系数随溶液 pH 的下降而_____(下降、升高、不变)。

10. 莫尔法沉淀滴定用_____作指示剂,当出现_____色沉淀时即达滴定终点。

11. 0.20 mol NaAc(s)加入到浓度为 1.0 mol·L^{-1} 的 100 mL HCl 溶液中,稀释至 200 mL,最后溶液的 pH 为_____[$pK_a^\ominus$(HAc)=4.76]。

12. 用">、=、<"符号填充下列空格(每空 0.5 分):

键能:N_2 _____ O_2;   键角:NH_3 _____ H_2O;

离子半径:Fe^{3+} _____ Fe^{2+}; $S^\ominus$(298 K):$H_2O(l)$ _____ $H_2O(g)$。

13. 已知反应 $2N_2O_5(g) \rightarrow 4NO_2(g) + O_2(g)$ 在 45℃时的反应速率常数 $k=6.3\times10^{-4}$ s^{-1},此反应为_____级反应,$c(N_2O_5)=13.6$ mol·L^{-1} 时的反应速度 $v=$_____。(注明单位)已知 298.15 K 时,$\Delta_f H_m^\ominus(N_2O_5)=11$ kJ·mol^{-1},$\Delta_f H_m^\ominus(NO_2)=33$ kJ·mol^{-1},此反应 $\Delta H_m^\ominus$(298 K) =_____ kJ·mol^{-1}。

14. CaF_2 的 $K_{sp}^\ominus=4.0\times10^{-11}$,则它在 0.1 mol·$L^{-1}$ $CaCl_2$ 中的溶解度为_____ mol·L^{-1}。

三、简答题(每题 5 分,共 15 分)

1. 用杂化轨道理论解释为何 PCl_3 是三角锥形,且键角为 101°,而 BCl_3 却是平面三角形的几何构型。

2. 请用稀溶液的依数性原理说明施肥过多会将农作物"烧死"。

3. 为什么反应热较大的化学反应,在升高温度时,其平衡常数变化较大?

四、计算题(共 25 分)

1.(10 分)有一含 Ag^+ 和 Pb^{2+} 的混合溶液 100 mL,其浓度均为 0.010 mol·L^{-1},若逐滴加入浓度为 0.100 mol·L^{-1} 的 K_2CrO_4 溶液(忽略体积变化),通过计算说明:

(1)哪种离子先沉淀?[$K_{sp}^\ominus(Ag_2CrO_4)=1.1\times10^{-12}$,$K_{sp}^\ominus(PbCrO_4)=2.8\times10^{-14}$]

(2)能否将两种离子分离?

(3)欲使 0.10 mol 的 Ag_2CrO_4 固体刚好溶于 1.0 L 氨水中,氨水的浓度应为多少?已知 $\beta\{[Ag(NH_3)_2]^+\}=1.12\times10^7$,假设只生成 $[Ag(NH_3)_2]^+$。

2.(5 分)已知在 520 nm 波长处 $KMnO_4$ 溶液的摩尔吸光系数 $\varepsilon=2\,235$ L·mol^{-1}·cm^{-1},比色皿的厚度为 2.00 cm,欲使 $KMnO_4$ 溶液的透过率 T 的读数控制在 0.20~0.65,$KMnO_4$ 溶液的浓度应控制在什么范围?

3.(5 分)298 K 标准状态下,反应 $MnO_2 + 2Cl^- + 4H^+ = Mn^{2+} + Cl_2 + 2H_2O$ 能否正向自发进行? 若用 12.0 mol·L^{-1} HCl 与 MnO_2 作用(设 Mn^{2+}、Cl_2 都是标准态),反应能否正向自发? [已知 $\varphi^\ominus(Cl_2/Cl^-)=1.36$ V,$\varphi^\ominus(MnO_2/Mn^{2+})=1.22$ V]

4.(5 分)欲配制 pH = 10.0 的缓冲溶液,应在 300 mL 0.5 mol·L^{-1} $NH_3·H_2O$ 溶液中,加入 NH_4Cl 多少克? 已知 $K_b^\ominus(NH_3·H_2O)=1.8\times10^{-5}$,$M(NH_4Cl)=53.5$ g·mol^{-1}。

模拟试题十一

一、选择题(将正确答案序号填于横线上,单选,每题 2 分,共 30 分)

1. 在乙醇和苯分子间存在着____。

A. 色散力和取向力
B. 取向力和诱导力
C. 色散力和诱导力
D. 色散力、取向力和诱导力

2. 按 Q 检验法($n=4$ 时 $Q_{0.90}=0.76$)删除可疑值,下列各组中有弃去值的是 ____。

A. 3.03,3.04,3.05,3.13
B. 97.50,98.50,99.00,99.50
C. 0.104 2,0.104 4,0.104 5,0.104 7
D. 0.212 2,0.212 6,0.213 0,0.213 4

3. 硼砂($Na_2B_4O_7 \cdot 10H_2O$)是标定盐酸溶液浓度的基准物质,若事先置于干燥器中保存,对所标定盐酸溶液浓度的结果的影响为 ____。

A. 偏低
B. 偏高
C. 无影响
D. 不能确定

4. $C_6H_5NH_3^+(aq) \rightleftharpoons C_6H_5NH_2(aq) + H^+$,$C_6H_5NH_3^+$ 的起始浓度为 c,解离度为 α,则 $C_6H_5NH_3^+$ 的 $K_a^\ominus$ 值是 ____。

A. $\dfrac{c\alpha^2}{1-\alpha}$
B. $\dfrac{\alpha^2}{c(1-\alpha)}$
C. $\dfrac{c\alpha^2}{1+\alpha}$
D. $\dfrac{\alpha^2}{c(1+\alpha)}$

5. 下列电极的电极电势与介质酸度无关的为 ____。

A. O_2/H_2O
B. MnO_4^-/Mn^{2+}
C. $[Ag(CN)_2]^-/Ag$
D. $AgCl/Ag$

6. 已知,25℃时,PbI_2 的溶度积为 8.4×10^{-9},其溶解度为 ____。

A. 9.1×10^{-4} mol·L^{-1}
B. 1.28×10^{-3} mol·L^{-1}
C. 1.44×10^{-3} mol·L^{-1}
D. 2.03×10^{-3} mol·L^{-1}

7. 反应 $C(s)+H_2O(g)=H_2(g)+CO(g)$ 为吸热反应,则 C 和 H_2O 转化率最大的条件是 ____。

A. 高温高压
B. 高温低压
C. 低温低压
D. 低温高压

8. 用量子数描述的下列亚层中,可以容纳电子数最多的是 ____。

A. $n=2,l=1$
B. $n=3,l=2$
C. $n=4,l=3$
D. $n=5,l=0$

9. 在下列物质中,可以作为合适的螯合剂的为 ____。

A. HO—OH
B. H_2N—NH_2
C. $(CH_3)_2N$—NH_2
D. H_2N—CH_2—CH_2—NH_2

10. 某溶液 pH=12.80,表示其 H^+ 浓度的有效数字位数为 ____。

A. 2 位
B. 3 位
C. 4 位
D. 1 位

11. 一束单色光通过厚度为 1 cm 的有色溶液后,强度减弱 20%,当它通过 5 cm 厚的相同溶液后,强度将减弱 ____。

A. 42%
B. 58%
C. 67%
D. 78%

12. 配合物四氯·二氨合铂中心原子的配位数是 ____。

A. 2
B. 3
C. 4
D. 6

13. 浓度均为 $0.1\ mol \cdot L^{-1}$ 的下列溶液,最先结冰的是 ____。

A. 蔗糖   B. KCl   C. NaAc   D. K_2SO_4

14. 下列过程中系统的 ΔS 为负值的是 ____。

A. 水变成水蒸气   B. 甲苯与二甲苯相溶

C. 盐从过饱和溶液中结晶出来   D. 氧气等温膨胀

15. 已知一反应的反应速率常数的单位是 $L \cdot mol^{-1} \cdot s^{-1}$,可以推断该反应的反应级数为 ____。

A. 1   B. 2   C. 3   D. 0.5

二、填空题(每空 1 分,共 30 分)

1. 配合物二氯化二(乙二胺)合铜(Ⅱ)的化学式是 _____ ,中心离子是 _____,其配位数是 _____。

2. 在配位滴定中,提高滴定的 pH,有利的是 _____,但不利的是 _____,故存在着滴定的最低 pH 和最高 pH。

3. 下列分子或离子:HS^-、CO_3^{2-}、$H_2PO_4^-$、NH_3、H_2S、NO_2^-、HCl、Ac^-、OH^-、H_2O,根据酸碱质子理论,属于酸的有 _____ ,属于碱的有_____ ,既是酸又是碱的有_____。

4. NH_4HS 水溶液的质子平衡式为_____。

5. 电极电位的大小反映了电对中氧化剂和还原剂的强弱。电极电位的代数值越小,其对应电对中_____ 的还原能力越_____。

6. 分光光度法测量时,通常选择_____作测定波长,此时,试样溶液浓度的较小变化将使吸光度产生_____ 改变。

7. 基态 Na 原子的价电子的四个量子数分别为_____。

8. CCl_4 和 NH_3 的中心原子杂化轨道类型分别是 _____ 和_____,其分子空间构型分别是 _____和_____。

9. 某元素与 Kr 同周期,该元素原子失去 3 个电子后,其 $l=2$ 的轨道内呈半充满。推断此元素为_____,此元素离子的外层电子构型为_____。

10. 试样混合不均匀所引起的误差属_____误差,蒸馏水中含有微量的干扰物质所引起的误差属_____误差。

11. 有一磷酸盐混合溶液,今用标准酸溶液滴定至酚酞终点时耗去 V_1 mL 酸;继以甲基橙作指示剂时又耗去 V_2 mL 酸。试依据 V_1 与 V_2 的关系判断该盐溶液的组成:

(1)当 $V_1 = V_2$ 时,组成是_____。

(2)当 $V_1 < V_2$ 时,组成是_____。

(3)当 $V_1 = 0,V_2 > 0$ 时,组成是_____。

(4)当 $V_1 = V_2 = 0$ 时,组成是_____。

12. HCl、$NaOH$、$KMnO_4$、K_2CrO_4、$Na_2S_2O_3 \cdot 5H_2O$ 中,_____ 可以用直接法配制标准溶液;_____ 只能用间接法配制。

13. 在一定范围内,反应 $2NO + Cl_2 = 2NOCl$ 的速率方程为 $v = kc^2(NO) \times c(Cl_2)$ 若已知在某瞬间,Cl_2 的浓度减少了 $0.003\ mol \cdot L^{-1} \cdot s^{-1}$,分别用 NO 或 NOCl 浓度变

化表示该瞬间的反应速率为_____、_____。

三、简答题(每题 5 分,共 15 分)

1. 用杂化轨道理论解释为何 NH_3 是三角锥形,且键角为 $107°18'$,而 H_2O 却是 V 形的几何构型,键角为 $104°45'$。

2. 标定 $Na_2S_2O_3$ 时可以用 $K_2Cr_2O_7$ 等基准物,为何不采用直接法标定,而采用间接碘量法标定?

3. 简述明矾$[KAl(SO_4)_2 \cdot 12H_2O]$净水的基本原理。

四、计算题(共 25 分)

1. (12 分)已知有一化学反应,$ClO_3^- + 6H^+ + 3Cu = 3Cu^{2+} + Cl^- + 3H_2O$,其中 $c(Cu^{2+})=0.10 \ mol \cdot L^{-1}$,$c(ClO_3^-)=2.0 \ mol \cdot L^{-1}$,$c(H^+)=5.0 \ mol \cdot L^{-1}$,$c(Cl^-)=1.0 \ mol \cdot L^{-1}$。$\varphi^\ominus(Cu^{2+}/Cu)=0.34 \ V$,$\varphi^\ominus(ClO_3^-/Cl^-)=1.45 \ V$

(1)设计一电池,并用电池符号表示。

(2)计算 298 K 时,电池电动势 E,判断反应方向。

(3)计算原电池反应的平衡常数 $K^\ominus$。

2. (5 分)为测定水样中 Cu^{2+} 及 Zn^{2+} 的含量,移取水样 100 mL,用碘量法测定 Cu^{2+} 的量,消耗 20.20 mL 的 $0.100\ 0 \ mol \cdot L^{-1}Na_2S_2O_3$ 溶液;另取水样 10.0 mL,调节 pH$=2.5$ 后,加入 50.00 mL 的 $0.010\ 00 \ mol \cdot L^{-1}$ EDTA 溶液,剩余的 EDTA 恰好与 12.00 mL 的 $0.010\ 00 \ mol \cdot L^{-1} Cu^{2+}$ 标准溶液反应完全,计算水样中 Cu^{2+} 和 Zn^{2+} 的含量$(g \cdot L^{-1})$。已知 Cu,Zn 的相对原子质量分别为 63.55 和 65.38。

3. (8 分)反应的相关热力学数据如下:

$$N_2(g) \quad + \quad 3H_2(g) \quad = \quad 2NH_3(g)$$

	$N_2(g)$	$3H_2(g)$	$2NH_3(g)$
$\Delta_f H_m^\ominus / (kJ \cdot mol^{-1})$	0	0	-46.19
$S_m^\ominus/(J \cdot K^{-1} \cdot mol^{-1})$	191.5	130.6	192.5

请判断 298 K 时该反应的方向。若该反应在 1 000 K 时进行,达到平衡时,平衡常数 $K^\ominus$ 为多少?

模拟试题参考答案

Answers

模拟试题一参考答案

一、选择题

1. A 2. B 3. B 4. D 5. D 6. A 7. B 8. A 9. C 10. C 11. A 12. B 13. C 14. C 15. B

二、填空题

1. $1s^2 2s^2 2p^6 3s^2 3p^6 3d^5 4s^1$;$3d^5 4s^1$

2. sp^2;5;1

3. 空轨道;孤对电子

4. 色散力;诱导力;取向力;氢键;色散力;取向力

5. 消除方法误差;消除试剂误差

6. $E^{\ominus} = (RT/nF)\ln K^{\ominus}$

7. 诱导

8. 1.38×10^{-4}

9. 氯化六氨合钴(Ⅲ);$[Co(NH_3)_6]^{3+}$

10. $c(H^+) = c(OH^-) + c(HPO_4^{2-}) + 2c(PO_4^{3-}) - c(H_3PO_4)$

11. 纯溶剂(或蒸馏水);纯溶剂参比;被测试液;试液参比

12. 调节滴定体系为强酸性;降低 Fe^{3+}/Fe^{2+} 的条件电势,扩大滴定突跃范围,使指示剂变色点落在突跃范围之内;消除 Fe^{3+} 的黄色,便于观察终点

13. 每毫升 H_2SO_4 标准溶液恰好能与 0.040 00 g NaOH 完全反应;0.880 0 g

三、简答题

1. 用 HCl 或 H_3PO_4 除 $CaCO_3$,化石中的 $Ca_3(PO_4)_2$ 会转化为可溶的 $Ca(H_2PO_4)_2$,化学平衡关系如下:

$$Ca_3(PO_4)_2 + 4H^+ = 3Ca^{2+} + 2H_2PO_4^-$$

使用 HAc 时,$CaCO_3$ 会溶解,而化石中的 $Ca_3(PO_4)_2$ 不溶。

2. $[FeF_6]^{3-}$ 中配体 F^- 的电负性大，不易给出电子，Fe(Ⅲ)的杂化方式为 sp^3d^2 杂化，形成外轨型配合物；$[FeF_6]^{3-}$ 为外轨型配合物，中心离子未成对电子多，因此磁矩大，稳定性差。

$[Fe(CN)_6]^{3-}$ 中 CN^- 为强的配体，Fe(Ⅲ)的杂化方式为 d^2sp^3 杂化，形成内轨型配合物；$[Fe(CN)_6]^{3-}$ 为内轨型配合物，中心离子未成对电子少，因此磁矩较小，稳定性高。

3. (1)该反应的 $\Delta_r H_m^{\ominus} < 0$，$\Delta_r S_m^{\ominus} < 0$；

(2)由范特霍夫方程，$\ln K^{\ominus} = -\Delta_r H_m^{\ominus}/(RT) + \Delta_r S_m^{\ominus}/R$，由于该反应 $\Delta_r H_m^{\ominus} < 0$，所以，低温对正向反应有利，高温对逆向反应有利，因此可用此法提纯金属镍。

四、计算题

1. (1)能

(2)Fe^{3+}，$\lg\alpha_{Y(H)} \leqslant 17.1$，$pH = 1$；$Zn^{2+}$，$\lg\alpha_{Y(H)} \leqslant 8.5$，$pH = 4$；pH 在 $1.3 \sim 2$ 时滴定 Fe^{3+}，在 $pH > 4$ 时滴定 Zn^{2+}

2. (1)AgBr 先沉淀

(2)不能分步沉淀

3. (1)正极：$Cr_2O_7^{2-} + 6e^- + 14H^+ = 2Cr^{3+} + 7H_2O$

负极：$Fe^{3+} + e^- = Fe^{2+}$

电池符号：$(-)Pt(s)|Fe^{3+}(aq), Fe^{2+}(aq) \parallel H^+(aq), Cr^{3+}(aq), Cr_2O_7^{2-}(aq)|Pt(s)(+)$

(2)$-1\,458\ J \cdot mol^{-1} \cdot K^{-1}$

模拟试题二参考答案

一、选择题

1. C　2. A　3. A　4. C　5. B　6. D　7. B　8. C　9. C　10. B　11. B　12. D　13. C　14. D　15. C

二、填空题

1. 30；Zn；ds；ⅡB

2. 离子；共价；离子；分子；下降

3. 相等；不等；不等

4. 基本不变

5. 标准溶液的配制；标准溶液的标定；试样组分含量的测定

6. 平面三角形；sp^2；三角锥；不等性 sp^3

7. $N_2 < O_2 < H_2S < H_2O < Na_2S < CaO < MgO$

8. 0.1；3.85

9. 2

10. 互补色

11. 1.40

12. $<$；增大；减小

13. 四氯·二氨合铬(Ⅲ)酸钾

209

三、简答题

1. $HgCl_2$ 分子中,Hg 以 sp 杂化轨道与 Cl 成键,键角为 $180°$,直线形;BF_3 中 B 以 sp^2 杂化轨道与 F 成键,键角为 $120°$,平面三角形;NH_3、CCl_4、H_2O 的中心原子均采用 sp^3 杂化轨道成键,CCl_4 无孤对电子,键角为 $109°28'$,正四面体,NH_3 有一对孤对电子,键角为($107°18'$)小于 CCl_4 的键角,三角锥形,H_2O 有两对孤对电子,键角为($104°30'$)小于 NH_3 的键角,V 形。

2. 将溶液 pH 调至 2 左右,以磺基水杨酸为指示剂用 EDTA 标准溶液滴定 Fe^{3+},再将 pH 调至 12 左右(掩蔽 Mg^{2+}),以钙指示剂为指示剂用 EDTA 标准溶液滴定 Ca^{2+}。

3. 由公式 $k=Ae^{-\frac{E_a}{RT}}$ 可以看出,对于不同的化学反应,当温度恒定时,E_a 值大的反应速率慢,E_a 值小的反应速率快;而对于温度发生变化时,由公式 $\lg\dfrac{k_2}{k_1}=\dfrac{E_a}{2.303R}\left(\dfrac{1}{T_1}-\dfrac{1}{T_2}\right)$ 可以看出,升高相同的温度,E_a 值较大的反应,其速率常数 k 增加的幅度大,E_a 值较小的反应,其速率常数 k 增加的幅度小,故二者并不矛盾。

四、计算题

1. (1) $\Delta_r H_m^\ominus = 131.3 \text{ kJ} \cdot \text{mol}^{-1}$;$\Delta_r S_m^\ominus = 133.86 \text{ J} \cdot \text{K}^{-1} \cdot \text{mol}^{-1}$;
$\Delta_r G_m^\ominus = 91.41 \text{ kJ} \cdot \text{mol}^{-1}$
$\Delta_r G_m^\ominus = 91.41 \text{ kJ} \cdot \text{mol}^{-1} > 0$,不能自发进行
$T \geqslant 980.88 \text{ K}$
(2) $\Delta_r G_m^\ominus (1\,000 \text{ K}) = 2.56 \text{ kJ} \cdot \text{mol}^{-1}$,$\lg K^\ominus = 0.134$,$K^\ominus = 1.36$

2. $2.81 < \text{pH} < 6.49$

3. $V = 13.05 \text{ mL}$;$w(\text{NaOH}) = 0.438\,0$;$w(\text{Na}_2\text{CO}_3) = 0.562\,0$

模拟试题三参考答案

一、选择题

1. C 2. A 3. D 4. A 5. A 6. C 7. C 8. D 9. A 10. C 11. D 12. C 13. C 14. C 15. A 16. A 17. A 18. D 19. C 20. B 21. C 22. D 23. D 24. B 25. B

二、是非题

1. × 2. × 3. √ 4. × 5. × 6. × 7. √ 8. √ 9. × 10. √

三、填空题

1. $1 \sim 10$;10;碱差

2. 0.01;3

3. 77%;0.33

4. 三角锥;sp^3 不等性;V 形;sp^3 不等性;正八面体;d^2sp^3

5. 降低;升高

6. 氯化二氯・三氨・一水合钴(Ⅲ);6

7. 内轨型;0

8. 2;20

四、计算题

1. $\Delta_r H_m^{\ominus}(298\text{ K})=292\text{ kJ}\cdot\text{mol}^{-1}$;$\Delta_r S_m^{\ominus}(298\text{ K})=222\text{ J}\cdot\text{K}^{-1}\cdot\text{mol}^{-1}$;$T=1\,315\text{ K}$

2. $2.00\times10^{-5}\text{g}$

3. $\text{pH}=3.75$,$K_a^{\ominus}=1.8\times10^{-4}$

模拟试题四参考答案

一、选择题

1. B　2. A　3. A　4. D　5A　6. D　7. B　8. B　9. B　10. D　11. A　12. B　13. C　14. C　15. D

二、填空题

1. 三;ⅥA;16;S

2. 二;2;1/9

3. 三角锥;直线;平面三角形;sp^3;sp;sp^2

4. n、l、m、s_i;$+1/2$ 和 $-1/2$

5. 酸效应;羟基配位效应;指示剂

6. 10^{-8};10^4;$\dfrac{c(\text{M})K_f'(\text{MY})}{c(\text{N})K_f'(\text{NY})}\geqslant10^5$

7. (1)自身指示剂,高锰酸钾法中的高锰酸钾;

(2)专属指示剂,碘量法中的淀粉;

(3)氧化还原指示剂,重铬酸钾法中的二苯胺磺酸钠

8. 选择性吸收;$A=abc$;$A=\varepsilon bc$;非单色光引起;溶液本身引起

三、简答题

1. (1)能量最低原理:电子在原子轨道上的分布,要尽可能使整个原子系统能量最低。

(2)Pauli 不相容原理:每个原子轨道至多容纳两个自旋方向相反的电子,或者说,同一原子中不能有一组四个量子数完全相同的电子。

(3)Hund 规则:电子在能量相同的轨道(即简并轨道)上排布时,总是尽可能以自旋相同的方式分占不同的轨道,同时电子在简并轨道排布处于半充满、全充满或全空的时候是相对稳定的。

2. 由于稀盐酸中 Cl^- 对 AgCl 的溶解平衡起了同离子效应的作用,溶解度不是增加而是降低。但是在浓盐酸中,高浓度的 Cl^- 起了配位效应,形成配合物,使溶解度增加,所以能适当地溶解于浓盐酸中。

3. 光源,发出所需波长范围内的连续光谱;单色器,将光源发出的连续光谱分解为单色光;吸收池(比色皿),用于盛放试液,能透过所需光谱范围内的光线;检测器,测量光的强度;信号处理系统,将光信号转换成电信号并进行测量的系统。

四、计算题

1. $E_a=114\text{ kJ}\cdot\text{mol}^{-1}$;$k(383\,℃)=4.77\text{ mol}\cdot\text{L}^{-1}\cdot\text{s}^{-1}$

2. AgCl 先沉淀出来;Ag_2CrO_4 开始沉淀时,溶液中 $c(Cl^-)$ 是 5.2×10^{-6} mol·L^{-1}

3. 0.32 V

模拟试题五参考答案

一、选择题

1. B 2. C 3. A 4. C 5. A 6. C 7. D 8. D 9. A 10. A 11. C 12. D 13. D 14. B 15. B

二、填空题

1. 单;色散力;He<Ne<Ar<Kr<Xe

2. $K_2Cr_2O_7$,Na_2CO_3,$Na_2B_4O_7$·$10H_2O$,$Na_2C_2O_4$

3. HAc,OH^-

4. 指示剂的变色范围全部或部分落在 pH 突跃范围之内

5. 1.8×10^{-3}

6. 硝酸二氯·四氨合钴(Ⅲ);d^2sp^3;八面体

7. -102.64

8. $(-)Pt\mid Fe^{2+}(c_1),Fe^{3+}(c_2)\parallel Cr_2O_7^{2-}(c_3),Cr^{3+}(c_4),H^+(c_5)\mid Pt(+)$

9. 不变

10. 4×10^{-4};正反应

11. Cr;$[Ar]3d^54s^1$;四;ⅥB

12. $[CrCl(NH_3)_5]Cl_2$

13. 16.6 kJ·mol^{-1}

14. 二;一

15. 标准缓冲溶液的 pH 和待测溶液的 pH 接近;5.00

16. 增大;增加;向左;向右

三、简答题

1. 滴定前,溶液的 pH 较相同浓度的强酸的 pH 大,滴定突跃的起点高;滴定开始后,溶液的 pH 变化缓慢;滴定突跃落在碱性范围内。酸碱浓度变为 1.000 mol·L^{-1}时,其突跃为 7.7~10.7;酸碱浓度变为 0.010 00 mol·L^{-1}时,其突跃为 7.7~8.7。

2. (1)水和乙醇之间存在取向力、色散力、诱导力和分子间氢键;

(2)苯和甲烷之间存在色散力。

3. $\varphi^{\ominus}(P_4/PH_3)=-0.97$ V;

因 $\varphi^{\ominus}(P_4/PH_3)>\varphi^{\ominus}(H_2PO_2^-/P_4)$,故能发生歧化反应;

$P_4+3OH^-+3H_2O=3H_2PO_2^-+PH_3$。

四、计算题

1. 根据 $V_1>V_2$ 可知,混合碱由 NaOH 和 Na_2CO_3 组成。

$w(Na_2CO_3)=0.2650$,$w(NaOH)=0.5000$,w(中性杂质)$=0.2350$。

2. $Q(B)=5.4\times10^{-12}>K_{sp}^{\ominus}(AgBr)$,有 AgBr 沉淀生成。

要阻止 AgBr 沉淀生成,$c(NH_3)=9.37\ mol\cdot L^{-1}$。

3. $\varphi^{\ominus}(Cu^{2+}/CuI)=0.857\ V$,$K^{\ominus}=6.99\times10^{10}$,

$Q=10^6<K^{\ominus}$,因此,此条件下反应正向自发。

模拟试题六参考答案

一、选择题

1. A　2. D　3. C　4. D　5. A　6. C　7. D　8. B　9. C　10. D　11. A　12. A　13. D

14. C　15. B

二、填空题

1. 返滴定法;间接滴定法

2. 低温

3. 加入电解质;加入带相反电荷的溶胶;加热

4. n,l

5. 20 kJ

6. 80;120;40

7. 色散力;诱导力

8. HCOOH

9. 始态;终态

10. Na_2CO_3;$NaHCO_3$

11. $1s^2 2s^2 2p^6 3s^2 3p^6 3d^1 4s^2$

12. 小

13. $[Co(NH_3)_5Cl]Cl_2$

14. V 形;不等性 sp^3 杂化

15. 基元反应

16. 不变;升高

17. 干扰最小,吸收最大

18. 不变

19. O_3;Cu^+

三、简答题

(略)

四、计算题

1. $Q_i=c(Cu^{2+})c^2(OH^-)=4.76\times10^{-12}\times(3.35\times10^{-6})^2=6.0\times10^{-23}<K_{sp}=2.2\times10^{-20}$,没有 $Cu(OH)_2$ 沉淀生成。

2. $K_a^{\ominus}=1.3\times10^{-5}$;pH$=8.75$。

3. $K_f^{\ominus}=4.59\times10^{12}$。

模拟试题七参考答案

一、选择题

1. D　2. C　3. D　4. A　5. A　6. B　7. B　8. C　9. D　10. B　11. C　12. C　13. A　14. D　15. B

二、填空题

1. 加快；降低

2. 231.95 kJ·mol⁻¹；149.4 kJ·mol⁻¹；277.01 J·K⁻¹·mol⁻¹；837.33 K

3. 24.25

4. 2；2.60

5. Cu；$[Ar]3d^{10}4s^1$；ds；ⅠB

6. 六氰合钴(Ⅲ)酸六氨合铬(Ⅲ)；$[Co(en)_2NO_2Cl]Cl$

7. 0.2～0.8；0.43

8. 金属指示剂

9. 117.58 kJ·mol⁻¹

10. 4.76

11. 74.2 g

12. 3.2×10^{-11}

13. 硝基苯；偏低

14. 减小；同离子效应

15. 9；8

16. Na_2CO_3；$KHC_8H_4O_4$

三、简答题

1. 因为 $CaCO_3$ 在酸中发生反应：

$$CaCO_3(s) + 2H^+ = Ca^{2+} + H_2CO_3$$

此反应的标准平衡常数 $K^\ominus = K_{sp}^\ominus(CaCO_3)/(K_{a_1}^\ominus K_{a_2}^\ominus) = 1.1 \times 10^8$，由于 $K^\ominus$ 大，说明转化反应进行完全。

2. 有 2 种，中心原子以 sp^3 杂化形成外轨型配合物和以 dsp^2 杂化形成内轨型配合物。

3. 不矛盾。从公式 $\ln k = -\dfrac{E_a}{RT} + \ln A$ 可看出 E_a 大，k 小，反应速率慢；从公式 $\ln\dfrac{k_2}{k_1} = \dfrac{E_a}{RT}\left(\dfrac{T_2-T_1}{T_1 T_2}\right)$ 可看出，随着温度升高，E_a 大，$\dfrac{k_2}{k_1}$ 大，反应速率增加较快。

四、计算题

1. 解：$\Delta_r S_m^\ominus = 2S_m^\ominus(CO_2) - [2S_m^\ominus(CO) + S_m^\ominus(O_2)]$

$= 2 \times 213.6 - (2 \times 197.9 + 205.0)$

$= -173.6\ (J·K^{-1}·mol^{-1})$　（阻碍自发）

$$\Delta_r H_m^{\ominus} = 2\Delta_f H_m^{\ominus}(CO_2) - [2\Delta_f H_m^{\ominus}(CO) + \Delta_f H_m^{\ominus}(O_2)]$$
$$= 2\times(-393.5) - [2\times(-110.5)+0] = -566 \text{ (kJ} \cdot \text{mol}^{-1}) \quad \text{(推动自发)}$$

2. (1)pH = 4.12,选甲基橙指示剂;(2)pH = 9.38,选酚酞指示剂

3. 设试样中 Fe_2O_3 允许的最高质量分数为 x,试样质量为 $m(g)$,则

$$\frac{x\times m\times \dfrac{2M(Fe)}{M(Fe_2O_3)}\times 1\%}{30\%\times m} = 0.1\% \qquad x = 4.3\%$$

模拟试题八参考答案

一、选择题

1. A 2. C 3. B 4. C 5. A 6. D 7. C 8. A 9. A 10. B 11. C 12. A 13. B
14. D 15. D

二、填空题

1. $\Delta_r H_m^{\ominus}(2) - 2\Delta_r H_m^{\ominus}(1)$

2. 1~10

3. 增大;越小

4. 二级

5. $(-)Pt \mid Fe^{2+}(c_{Fe^{2+}}), Fe^{3+}(c_{Fe^{3+}}) \parallel Ag^+(c_{Ag^+}) \mid Ag(s)(+)$

6. $2Cu^+ = Cu^{2+} + Cu$

7. 5

8. 不变(或相等)

9. 小

10. ⅦB

11. $(3,1,0,+1/2)(3,1,+1,+1/2)(3,1,-1,+1/2)$
或$(3,1,0,-1/2)(3,1,+1,-1/2)(3,1,-1,-1/2)$

12. 难挥发的非电解质

13. 压力不太高,温度不太低(或高温低压)

14. 下降

15. 1.19×10^{-11}

16. H_3O^+;OH^-

17. $Na^+ > Mg^{2+} > Al^{3+}$

18. 最大重叠

19. $\frac{1}{3}KHC_2O_4 \cdot H_2C_2O_4 \cdot H_2O$;$\frac{1}{4}KHC_2O_4 \cdot H_2C_2O_4 \cdot H_2O$

20. 质子转移;共轭酸碱

21. 1.06 V

22. 硝酸二氯·四氨合铬(Ⅲ);Cr^{3+};N,Cl;6

215

三、简答题

1.(1)增加 N_2、H_2 的浓度(或分压),或减少 NH_3 的浓度(或分压);(2)降低温度;(3)增加系统的总压力。

2. 用 NH_3-NH_4Cl 缓冲溶液调节 pH=10,加入铬黑 T,若呈红色,表示含有金属离子。再滴加 EDTA 溶液,若加入少许后溶液变纯蓝,则蒸馏水中不可能含有 Al^{3+},Cu^{2+} 等杂质离子;若加入很多后仍没有变色,则说明蒸馏水中含有 Al^{3+},Cu^{2+} 等,因为 Al^{3+},Cu^{2+} 封闭了铬黑 T 指示剂。

3. Lambert-Beer 定律:当一束平行非散射单色光通过有色的待测液时,待测液的吸光度与溶液的浓度和液层厚度的乘积成正比。

$$A = \lg \frac{I_0}{I} = \lg \frac{1}{T} = abc$$

吸光度太大时可减少试样的浓度(或试样的体积),或者选择厚度小一点的吸收池。

四、计算题

1.(1)$\Delta_r H_m^\ominus = 403.31$ kJ · mol^{-1},$\Delta_r S_m^\ominus = 189.35$ J · K^{-1} · mol^{-1},$\Delta_r G_m^\ominus(T) = 346.86$ kJ · $mol^{-1} > 0$,因此,在 25℃时,上述反应不能自发进行

(2)因 $\Delta_r H_m^\ominus > 0$,$\Delta_r S_m^\ominus > 0$,故升高温度有利于反应正向自发

(3)$T \leqslant \Delta_r H_m^\ominus / \Delta_r S_m^\ominus = 403.31/(189.35 \times 10^{-3}) \approx 2\,130$(K)

2. $\varphi^\ominus\{[Cu(NH_3)_4]^{2+}/Cu\} = \varphi(Cu^{2+}/Cu) = \varphi^\ominus(Cu^{2+}/Cu) + (0.059\,2/n)\lg c(Cu^{2+})$

又 $K_f^\ominus\{[Cu(NH_3)_4]^{2+}\} = c\{[Cu(NH_3)_4]^{2+}\}/[c(Cu^{2+}) \times c^4(NH_3)]$

其中 $c\{[Cu(NH_3)_4]^{2+}\} = c(NH_3) = 1$,则 $c(Cu^{2+}) = 1/K_f^\ominus\{[Cu(NH_3)_4]^{2+}\}$

所以 $\varphi^\ominus\{[Cu(NH_3)_4]^{2+}/Cu\} = 0.34 - (0.059\,2/2)\lg(2.1 \times 10^{13}) = 0.05$(V)

3. $\rho(H_3PO_4) = \dfrac{cV_2M(H_3PO_4)}{V_s} \times 10^3$

$$= \frac{0.100\,0 \times (25.40 - 18.20) \times 98.00}{25.00} \times 10^3 = 2.822 \times 10^3 \,(mg \cdot L^{-1})$$

$\rho(H_2SO_4) = \dfrac{c(V_1 - V_2)M\left(\frac{1}{2}H_2SO_4\right)}{V_s} \times 10^3$

$$= \frac{0.100\,0 \times (18.20 - 7.20) \times 49.03}{25.00} \times 10^3 = 2.157 \times 10^3 \,(mg \cdot L^{-1})$$

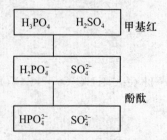

模拟试题九参考答案

一、选择题

1. A　2. C　3. D　4. D　5. A　6. D　7. B　8. C　9. B　10. D　11. B　12. C　13. D　14. D　15. B

二、填空题

1. ＋7

2. 0.750 0；33.00

3. 正八面体

4. （一）Zn｜Zn^{2+}‖Cu^{2+}｜Cu（＋）

5. 0

6. 9.25

7. C(石墨)

8. 0.2～0.8

9. 不同

10. 36.8；18.4

11. 氧化剂；还原剂；条件电极电势；大；大

12. 主量子数为3的第三电子层；角量子数为1的电子亚层；最大伸展方向在 x 轴上

13. S, H

三、简答题

1. 不正确；洪特规则；N：$1s^2 2s^2 2p_x^1 2p_y^1 2p_z^1$。

2. （1）能，$cK_a^{\ominus} > 10^{-8}$；（2）不能，$cK_b^{\ominus} < 10^{-8}$。

3. 因为发生了如下反应：$Ag_2CrO_4(s) + 2Cl^-(aq) = 2AgCl(s) + CrO_4^{2-}$

　　　　　　　　　　　（砖红色）　　　　　　　（白色）　　　（黄色）

此反应的平衡常数 $K^{\ominus} = K_{sp}^{\ominus}(Ag_2CrO_4)/[K_{sp}^{\ominus}(AgCl)]^2 = 3.4 \times 10^7$。由于 $K^{\ominus}$ 大，说明转化反应进行完全。

四、计算题

1. $M_B = \dfrac{5.00 \times 8.314 \times 298}{0.305\,8 \times 1} = 40\,510 (\text{g} \cdot \text{mol}^{-1})$

2. 应称取的试样质量为 0.163 g(提示：测量误差最小时的 A 值应为 0.434)。

3. 1.412 V；0.844 V

4. 滴定时的最低 pH 为 1.2；滴定时的最高 pH 为 2.2

5. 11.13，5.28，4.26～6.26

模拟试题十参考答案

一、选择题

1. B 2. A 3. A 4. C 5. A 6. C 7. B 8. A 9. B 10. D 11. D 12. D 13. A 14. D 15. C

二、填空题

1. 负；$[(AgCl)_m \cdot nAg^+ \cdot (n-x)NO_3^-]^{x+} \cdot xNO_3^-$

2. H_3PO_4；Na_2HPO_4；2.1；7.2

3. 1；4；三角锥；sp^3

4. $c(H_2CO_3) + c(H^+) = c(OH^-) + c(CO_3^{2-}) + c(NH_3)$

5. 9；8

6. 增大；减小

7. $n=2, l=0, m=0, s_i = +1/2$（或$-1/2$）

8. 0.312 $mol \cdot L^{-1}$；$-0.58℃$

9. 升高

10. K_2CrO_4；砖红

11. 4.76

12. $>$；$<$；$<$；$<$

13. 一；8.568×10^{-3} $mol \cdot (L \cdot s)^{-1}$；110

14. 1.0×10^{-5}

三、简答题

1. PCl_3分子中 P 原子以不等性杂化轨道与 Cl 原子成键，四个 sp^3 杂化轨道指向四面体的四个顶点，其中三个顶点被氧原子占据，另一个顶点是一对孤对电子，对成键电子对有较大的排斥力，使 PCl_3 的键角小于 $109.5°$，成为 $101°$。

BCl_3 分子中 B 原子采用 sp^2 杂化，三个杂化轨道呈平面三角形，三角形顶点被三个 Cl 原子占据。因而 BCl_3 分子构型呈平面三角形。

2. 施肥过多，土壤溶液的浓度增大，其渗透压将大于植物体内细胞液的渗透压。此时，植物体内的水分将从植物体内通过细胞膜渗透到植物体外的土壤中，从而导致植物枯死，即"烧死"的现象。

3. 从公式 $\ln \dfrac{K_2^{\ominus}}{K_1^{\ominus}} = \dfrac{\Delta_r H_m^{\ominus}}{R}\left(\dfrac{T_2 - T_1}{T_2 T_1}\right)$ 可看出，相同温度下，$\Delta_r H_m^{\ominus}$ 越大，$\ln \dfrac{K_2^{\ominus}}{K_1^{\ominus}}$ 越大。所以说在升高温度时，其平衡常数变化较大。

四、计算题

1. $PbCrO_4$ 先沉淀；无法分离；0.63 $mol \cdot L^{-1}$

2. 浓度应控制在 $4.2 \times 10^{-5} \sim 1.6 \times 10^{-4}$ $mol \cdot L^{-1}$ 之间

3. **解**：若利用该反应设计原电池，则电极反应为

正极　　$MnO_2 + 4H^+ + 2e^- = Mn^{2+} + 2H_2O$

负极　　　$2Cl^- = Cl_2 + 2e^-$

(1)标准状态下：$\varphi^{\ominus}(MnO_2/Mn^{2+}) = 1.22\ V < \varphi^{\ominus}(Cl_2/Cl^-) = 1.36\ V$，反应正向不能自发进行。

(2)若用 $12.0\ mol \cdot L^{-1}$ 的浓 HCl 与 MnO_2 作用

$$\varphi(MnO_2/Mn^{2+}) = \varphi^{\ominus}(MnO_2/Mn^{2+}) + \frac{0.0592\ V}{2} \lg \frac{[H^+]^4}{[Mn^{2+}]}$$

$$= 1.22\ V + \frac{0.0592\ V}{2} \lg 12.0^4 = 1.35\ V$$

$$\varphi(Cl_2/Cl^-) = \varphi^{\ominus}(Cl_2/Cl^-) + \frac{0.0592\ V}{2} \lg \frac{p(Cl_2)}{[Cl^-]^2}$$

$$= 1.36\ V + \frac{0.0592\ V}{2} \lg \frac{1}{12.0^2} = 1.30\ V$$

由于 $\varphi(MnO_2/Mn^{2+}) > \varphi(Cl_2/Cl^-)$，反应正向进行。

4. 解：

$$pH = pK_w^{\ominus} - pK_b^{\ominus} - \lg \frac{[NH_4^+]}{[NH_3]}$$

$$10.0 = 14.0 - 4.75 - \lg \frac{[NH_4^+]}{0.5}$$

$$\lg[NH_4^+] = 0.09$$

$$m(NH_4Cl) = c(NH_4Cl)VM = 0.09\ mol \cdot L^{-1} \times 0.3\ L \times 53.5\ g \cdot mol^{-1} = 1.4\ g$$

模拟试题十一参考答案

一、选择题

1. C　2. A　3. A　4. A　5. D　6. B　7. B　8. C　9. D　10. A　11. C　12. D　13. A　14. C　15. B

二、填空题

1. $[Cu(en)_2]Cl_2$；Cu^{2+}；4

2. 配合物稳定性高；金属离子容易发生水解

3. H_2S，HCl；OH^-，CO_3^{2-}，NO_2^-，Ac^-；HS^-，$H_2PO_4^-$，NH_3，H_2O

4. $c(H_2S) + c(H^+) = c(OH^-) + c(S^{2-}) + c(NH_3)$

5. 还原型；强

6. 最大吸收波长；较大

7. $n=3$，$l=0$，$m=0$，$s_i=+1/2$（或$-1/2$）

8. 等性 sp^3；不等性 sp^3；正四面体；三角锥形

9. Fe；$3d^5$

10. 操作；系统

11. Na_3PO_4；$Na_3PO_4 + Na_2HPO_4$；$Na_2HPO_4 + NaH_2PO_4$（或为 Na_2HPO_4）；NaH_2PO_4

12. K_2CrO_4；HCl、NaOH、$KMnO_4$、$Na_2S_2O_3 \cdot 5H_2O$

13. $0.006\ mol \cdot L^{-1} \cdot s^{-1}$；$0.006\ mol \cdot L^{-1} \cdot s^{-1}$

三、简答题

（略）

四、计算题

1. （1）电池符号

$(-)$Cu$|$Cu^{2+}(0.10 mol $\cdot$ L^{-1})$\parallel$ClO$_3^-$(2.0 mol $\cdot$ L^{-1}),H$^+$(5.0 mol $\cdot$ L^{-1}),Cl$^-$(1.0 mol $\cdot$ L^{-1})$|$Pt$(+)$

（2）电池电动势 $E = 1.18$ V；反应正向进行

（3）$K^\ominus = 3.2 \times 10^{112}$

2. 1.287 g $\cdot$ L^{-1}；1.164 g $\cdot$ L^{-1}

3. $\Delta_r G_m^\ominus$(298 K) $= -33.29$ kJ $\cdot$ mol $\cdot$ L^{-1} < 0，反应正向自发；

$K^\ominus$(1 000 K) $= 2.9 \times 10^{-6}$

参考文献

References

[1] 倪静安,商少明,翟滨. 无机及分析化学学习释疑. 北京:高等教育出版社,2009.

[2] 黄蔷蕾,冯贵颖. 无机及分析化学习题精解与学习指导. 北京:高等教育出版社,2002.

[3] 贾之慎. 无机及分析化学. 2 版. 北京:高等教育出版社,2008.

[4] 浙江大学. 普通化学. 5 版. 北京:高等教育出版社,2002.

[5] 赵士铎,周乐,张曙生. 化学复习指南暨习题解析. 北京:中国农业大学出版社,2007.

[6] 钟国清,朱云云. 无机及分析化学学习指导. 北京:科学出版社,2007.

[7] 赵晓农. 无机及分析化学:导教·导学·导考. 西安:西北工业大学出版社,2006 .

[8] 宣贵达. 无机及分析化学学习指导. 2 版. 北京:高等教育出版社,2009.

[9] 高胜利. 无机化学与化学分析学习指导. 北京:高等教育出版社,2005.

[10] 迟玉兰,于永鲜,牟文生,等. 无机化学释疑与习题解析. 北京:高等教育出版社,2002.

[11] 虎玉森. 普通化学学习指导. 北京:高等教育出版社,2007.

[12] 孟凡昌,张学俊. 大学化学习题集. 北京:科学技术文献出版社,2002.

[13] Housecroft C E,Sharpe A G. Inorganic Chemistry. London:Pearson Education Limited,2001.

[14] Rayner-Canham G. Description Inorganic Chemistry. New York:W. H. Freeman and Company,1996.

[15] Holtzciaw H F,Bobinson W R,Odom J D. General Chemistry with Qualitative Analysis. 9th ed. Lexington:D. C. Head and Company,1991.

[16] E·戈德堡. 夏定国,译. 全美精典学习指导系列:3000 化学习题精解. 北京:科学出版社,2003.

[17] L·罗森堡,M·爱泼斯坦. 孙家跃,杜海燕,译. 全美精典学习指导系列:大学化学习题精解. 北京:科学出版社,2003.

[18] 武汉大学《定量分析习题精解》编写组. 定量分析习题精解. 北京:科学出版社,2000.